［対応試験：FE］

出るとこだけ！基本情報技術者 科目B

橋本祐史

―第4版―

本書内容に関するお問い合わせについて

このたびは翔泳社の書籍をお買い上げいただき、誠にありがとうございます。弊社では、読者の皆様からのお問い合わせに適切に対応させていただくため、以下のガイドラインへのご協力をお願い致しております。下記項目をお読みいただき、手順に従ってお問い合わせください。

●ご質問される前に

弊社Webサイトの「正誤表」をご参照ください。これまでに判明した正誤や追加情報を掲載しています。

正誤表　https://www.shoeisha.co.jp/book/errata/

●ご質問方法

弊社Webサイトの「書籍に関するお問い合わせ」をご利用ください。

書籍に関するお問い合わせ　https://www.shoeisha.co.jp/book/qa/

インターネットをご利用でない場合は、FAXまたは郵便にて、下記"翔泳社 愛読者サービスセンター"までお問い合わせください。
電話でのご質問は、お受けしておりません。

●回答について

回答は、ご質問いただいた手段によってご返事申し上げます。ご質問の内容によっては、回答に数日ないしはそれ以上の期間を要する場合があります。

●ご質問に際してのご注意

本書の対象を超えるもの、記述個所を特定されないもの、また読者固有の環境に起因するご質問等にはお答えできませんので、予めご了承ください。

●郵便物送付先およびFAX番号

送付先住所　〒160-0006　東京都新宿区舟町5
FAX番号　03-5362-3818
宛先　（株）翔泳社 愛読者サービスセンター

※著者および出版社は、本書の使用による情報処理技術者試験の合格を保証するものではありません。
※本書の出版にあたっては正確な記述につとめましたが、著者や出版社などのいずれも、本書の内容に対してなんらかの保証をするものではなく、内容やサンプルに基づくいかなる運用結果に関してもいっさいの責任を負いません。
※本書の内容は著者の個人的見解であり、所属する組織を代表するものではありません。
※本書に記載されたURL等は予告なく変更される場合があります。
※本書に記載されている会社名、製品名はそれぞれ各社の商標および登録商標です。
※本書では、™、®、©は割愛させていただいている場合があります。

はじめに

◎ 試験への不安を，自信と希望に変えるために

基本情報技術者試験（科目B）では，苦手な受験者が多い**擬似言語**の学習は，避けては通れません。試験問題の**8割**が**擬似言語**分野からの出題だからです。せっかく科目Aで合格基準点600点（1,000点満点）を獲得しても，**科目B**のせいで**不合格**になりかねないのです。「自分には無理かも」と感じる人もいることでしょう。

本書は，そんな方々に向けて「合格への自信と希望をもっていただきたい」というコンセプトのもと執筆した，2017年に初版，2019年に第2版，2022年に第3版を刊行した書籍の第4版です。

◎ 初めて学ぶ人が，効率よく合格するために

本書に盛り込んだ対策は，次のとおりです。

◆文法

擬似言語の文法をていねいに説明しました。基礎的な内容が分からなければ，プログラムを読む際に疑問と不安を抱（いだ）くからです。**第1部 第1章の［文法］**（➡p.026）

◆トレース

トレース力を問う試験問題が大半を占めるため，トレースによる解法を中心に解説しました。**［こう解く 擬似言語の問題を解く手順］**（➡p.073）

◆数多くの練習問題

新試験になり圧倒的に不足している過去問題。その対策として著者が作成したオリジナル問題13問を含め，練習問題を本書に38問，付録 解説PDFファイルに45問掲載しました。

◆情報セキュリティ

情報セキュリティ分野の出題範囲は，すべて情報セキュリティマネジメント試験（科目B）の範囲に含まれます。この試験の参考書で**売上1位**（5年連続）でもある著者が，そのノウハウを結集しました。**第2部の［情報セキュリティ］**（➡p.293）

本書が，読者のみなさんの**合格**の一助になれば，幸いです。

2023年9月
橋本 祐史

Contents

▸基本情報技術者試験とは

試験について，よくある質問を，Q＆A形式で説明します。

基本情報技術者試験とは？

ＩＴエンジニアとして，キャリアをスタートする人のための**国家試験**です。「**高度ＩＴ人材**となるために必要な基本的知識・技能をもち，実践的な活用能力を身に付けた者」を認定するための試験です。

科目Ａと**科目Ｂ**があり，両科目で**合格点**を取ることで，基本情報技術者試験の**合格**となります。科目Ａは2022年までの午前試験と同範囲ですが，科目Ｂは従来の午後試験とは**大きく異なる**試験となりました。特徴は，次のとおりです。

- **科目Ａ**と**科目Ｂ**の評価点（1,000点満点）が，全て基準点（**600点**）以上の場合に合格となる。つまり，科目Ｂについては20問中おおむね12問の正解が必要。8問しか間違えられない。
- 全国にある試験会場に出向き，コンピュータに向かって受験する**CBT方式**。受験者はコンピュータに表示された試験問題に対して，マウスやキーボードを用いて解答する。試験問題は画面に映っているため，試験問題にはメモ書きができない。CBTは，Computer Based Testingの略。
- 万一，不合格でも**１か月後**以降に**再受験**できる。

基本情報技術者試験 科目Ｂの特徴は？

科目Ｂの特徴は，次のとおりです。

- **擬似言語**分野から16問（８割）出題，**情報セキュリティ**分野から４問（２割）出題される。
- 100分間で20問出題されるため，**１問あたり５分**で解答しなければならない。

- 選択問題がなく，全問必須解答。苦手な受験者が多い**擬似言語**の学習は避けて通れない。
- 擬似言語分野も情報セキュリティ分野も，2022年までの過去問題はほぼ参考にならない。別物の内容が出題される。
- 情報セキュリティ分野では，例えば暗号化（公開鍵暗号方式 など）・認証・ネットワークプロトコルなどの**技術的対策**は出題範囲から除外された。
- 擬似言語分野では，暗記は少ない一方で，**技能**と**スキル**が必要。情報セキュリティ分野では，**暗記**と**読解力**が必要。

科目Bの出題範囲は？

A **擬似言語**分野と**情報セキュリティ**分野です。公表されている出題範囲は，次のとおりです。

1 **プログラミング全般に関すること**
実装するプログラムの要求仕様（入出力，処理，データ構造，アルゴリズムほか）の把握，使用するプログラム言語の仕様に基づくプログラムの実装，既存のプログラムの解読及び変更，処理の流れや変数の変化の想定，プログラムのテスト，処理の誤りの特定（デバッグ）及び修正方法の検討 など
注記 プログラム言語について，基本情報技術者試験では擬似言語を扱う。

2 **プログラムの処理の基本要素に関すること**
型，変数，配列，代入，算術演算，比較演算，論理演算，選択処理，繰返し処理，手続・関数の呼出し など

3 **データ構造及びアルゴリズムに関すること**
再帰，スタック，キュー，木構造，グラフ，連結リスト，整列，文字列処理 など

4 **プログラミングの諸分野への適用に関すること**
数理・データサイエンス・AI などの分野を題材としたプログラム など

5 **情報セキュリティの確保に関すること**
情報セキュリティ要求事項の提示（物理的及び環境的セキュリティ，技術的及び運用のセキュリティ），マルウェアからの保護，バックアップ，ログ取得及び監視，情報の転送における情報セキュリティの維持，脆弱性管理，利用者アクセスの管理，運用状況の点検 など

試験形式は？

基本情報技術者試験では，**科目Aと科目B**の評価点が全て基準点（600点）以上の場合に**合格**となります。試験時間・出題数・基準点などは，次のとおりです。

	科目A	科目B
試験時間	**90分**	**100分**
出題形式	多肢選択式（四肢択一）	多肢選択式
出題数	**60問**（全問必須解答）	**20問**（全問必須解答） （擬似言語　：16問 情報セキュリティ：4問）
評価対象別の出題数	受験者の評価用　：56問 今後出題する問題の評価用：4問	受験者の評価用　：19問 今後出題する問題の評価用：1問

⬇ **IRT**に基づいた科目評価点 ⬇（科目A・科目Bそれぞれ）

	科目A	科目B
基準点	科目評価点：**600点** （1,000点満点）	科目評価点：**600点** （1,000点満点）
合格条件	科目Aの科目評価点と科目Bの科目評価点が **全て基準点**（600点）**以上**の場合に**合格**。	

解答した問題の一部は，今後出題する問題の評価用であり，受験者の評価点を求めるためには使われません。しかもそれがどの問題かは不明です。

つまり，受験者はどの問題を採点すれば自分の得点となるのか不明のため，正確な**自己採点**はできないでしょう，また，同じ理由で異なる試験問題を解答した場合，仮に正解数が同じでも，得点が同じになるとは限らないでしょう。

次の手順で，両科目を連続で受験します。なお，科目Aや科目Bの解答を途中で切り上げたり，休憩を取らずにすぐに科目Bを受験したりできます。

① **科目A**（90分）を解答する。
② 休憩　（10分）を取る。
③ **科目B**（100分）を解答する。

IRTとは？

IRT（Item Response Theory：項目応答理論）とは，各受験者の設問に対する正答・誤答に基づいて，設問の特性と受験者の能力を分けて推定する統計理論です。ＩＴパスポート試験をはじめ，多くのCBT方式の試験で採用されています。

まず「今後出題する問題の評価用の解答データ」をもとに，各設問の品質を推定します。例えば，難しすぎる・やさしすぎる・能力の高い受験者と低い受験者で正答率があまり変わらない設問などです。それをもとに設問ごとに**項目パラメタ**を算出します。

IRTに基づいた評価では，各設問に配点（素点（そてん））は設定せず，各設問の項目パラメタを用いたIRTの数式により受験者の能力値を推定し，それをもとに**評価点**を求めます。

IRTにより，受験者が，異なる試験問題に解答しても，不公平なく評価点を求められます。

合格のメリットは？

合格により得られるものの例は，次のとおりです。

- 割いた時間と労力が「**合格**」という形になり，達成感と自信を手にできる。
- 経済産業大臣の名前が入った**合格証書**が交付される。企業や社会から信頼される。
- ＩＴ・プログラム・情報セキュリティに関する知識・スキルを体系的に習得できる。
- 情報セキュリティ分野は，実際の事例に基づく出題内容のため，業務に役立つ実践力が身につく。
- ニュースや記事で目にしても，今までは気に留めなかったＩＴ・プログラム・情報セキュリティに関する話題が理解できるようになる。
- **次なるステップ**への向上心が高まる。

合格率は？

全国平均の合格率は，40％台です。毎月約11,000人が応募しています。本書執筆時点のデータをもとに説明します。

◆科目別，基準点以上の割合

令和5年（2023年）12月度における，各科目の基準点（600点）以上の割合は，次のとおりです。科目Bの方が科目Aよりも難しいです。

- **科目A**の600点以上は，**59.4％**。
- **科目B**の600点以上は，**50.0％**。——**科目Bの方が科目Aよりも難しい。**
- **両科目**ともに600点以上は，**41.7％**。——基準情報技術者試験の合格率。

合格発表は，受験月の**翌月中旬**に，合格者の受験番号が，独立行政法人 情報処理推進機構（IPA）のWebサイトに掲載されます。後日，合格者の受験番号が官報に公示されます。

申込み方法は？

株式会社シー・ビー・ティ・ソリューションズ（CBT-Solutions）のWebサイト上で受験申込みを行います。CBT方式による試験実施については，試験実施者である独立行政法人 情報処理推進機構（IPA）が，試験運営会社である同社に試験実施業務を委託しています。そのため，受験者は，同社のWebサイト・試験会場・試験システムなどを使用して，基本情報技術者試験を受験します。

- **試験会場検索・申込み**
  https://cbt-s.com/examinee/examination/fe

次のWebサイトで最新情報を確認してください。

- **情報処理推進機構（IPA）のWebサイト**
  https://www.ipa.go.jp/shiken/

▶付録 解説PDFファイル

本書の付録として，情報処理推進機構（IPA）により公開されたサンプル問題の**解説PDFファイル**をダウンロードできます。次の目的で，このサンプル問題と模擬問題に取り組んでみましょう。

- **1問あたり5分**で解けるかを計測する目的。
- 本書を学習する前に試験の**概要を把握**する目的。
- 学習の終盤に**理解度を把握**する目的。

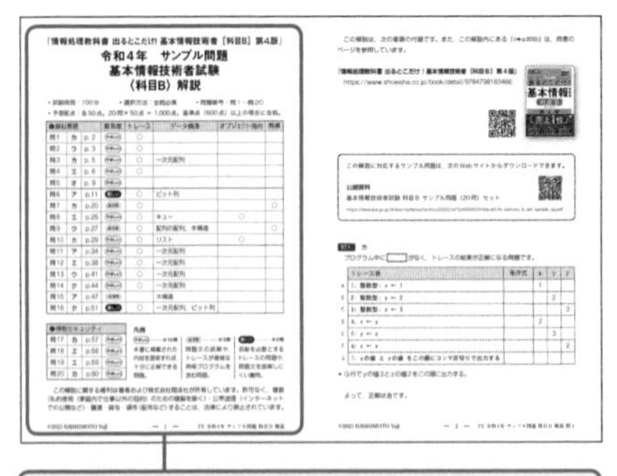

●分析：問題を難易度別にやさしい・ふつう・難しいに分類しています。また，出題されたテーマを一覧表にしました。

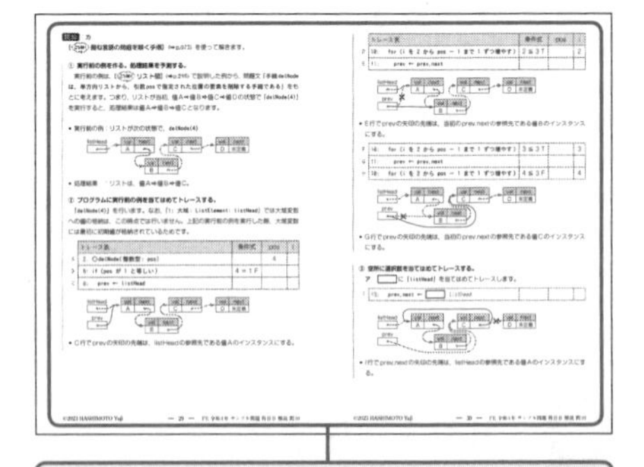

●解説：本書と完全に同じ方法（手順・トレース・インスタンス図）で解説しているため，本書の復習用として最適です。

基本情報技術者試験（科目Bの情報セキュリティ分野）は，情報セキュリティマネジメント試験の出題範囲に100%含まれます。（➡p.294）　せっかく出題範囲がかぶるのですから，情報セキュリティマネジメント試験のサンプル問題を活用して，出題された**事例**を体験するとよいでしょう。

正解するためには，**第2部 第1章の「虎の巻」**（➡p.295）に掲載された**知識**・**着眼点**・**考え方**に加え，**事例**について記述された長めの問題文と表や図から，設問で問われる部分を抽出し，それを根拠に解答する必要があります。その経験を積めるのです。

なお，一部，本書と重複して掲載された問題の解説があります。

◆付録の内容

公開されたサンプル問題の解説PDFファイルと模擬問題をダウンロードできます。

- **付録1：擬似言語**の**サンプル問題・解説**　　21問

擬似言語　16問（2022年12月26日公開）
擬似言語　 5問（2023年 7月 6日公開）
※解説PDFファイルのみを提供。
　問題冊子は情報処理推進機構（IPA）のWebサイトからダウンロードしてください。

- **付録2：情報セキュリティ**の**サンプル問題・解説**　12問

基本情報技術者試験・情報セキュリティマネジメント試験〈科目B〉の
サンプル問題と解説PDFファイル

- **付録3：情報セキュリティ**の**模擬問題・解説**　　12問

過去の情報セキュリティマネジメント試験から抜粋した問題と解説PDFファイル

2024年12月までに，情報処理推進機構（IPA）から公表された試験問題については，その解説PDFファイルもWebサイトに公開する予定です。

◆付録 解説PDFファイルのWebダウンロード
https://www.shoeisha.co.jp/book/present/9784798182520

上記のURLにアクセスしたあと，画面の指示に従って，本書の該当するページにあるアクセスキーを入力してください。

解説PDFファイルのWebダウンロードに際しては，SHOEISHA iD（翔泳社が運営する無料の会員制度）への登録をおすすめしていますが，登録しなくてもダウンロードできます。その場合は「登録せずにダウンロード」をクリックしてください。

この付録は，予告なく公開を終了することがあります。あらかじめご了承ください。

解説PDFファイルに関する権利は著者および株式会社翔泳社が所有しています。許可なく，複製（私的使用（家庭内で仕事以外の目的）のための複製を除く）・公衆送信（インターネットでの公開など）・譲渡・貸与・頒布（配布など）することは，法律により禁止されています。

▸学習法

科目Bの学習法について，よくある質問を，Q＆A形式で説明します。

科目Aと同じ学習法をするの？

科目Aと科目Bとでは，学習法が決定的に違います。科目Aは過去問題とまったく同じ問題の再出題が多く，問題の丸暗記により得点が上がります。しかし，科目Bではまったく同じ問題の再出題はありません。ただし，同じ**解き方**で解く問題・**類題**は，出題されています。

知識がないから不正解になるのではありません。多くの場合，**解き方**が分からないことが，不正解の原因です。そのため，「解ければよい」と考えるのではなく，次回出題される類題でも正解できるように，**解き方**に**こだわった**学習法をすべきです。

科目A ➡ 科目Bの順で学習するの？

「科目Aの学習を終えてから，科目Bの対策に取り組もう」と考えていると，科目Bの学習に力を注げない事態におちいりがちです。時間切れにより，「**ノー勉強**」で試験当日を迎えることすらありえます。しかし，科目Bが合格不合格の**分かれ目**です。科目Bのための学習時間を十分に確保すべきです。

また，科目Aの問題演習は，すきま時間を使った学習に向いています。一方で，科目Bは，問題文が長く，内容も複雑なため，じっくりと腰を据えて学習する必要があるでしょう。

- 科目Aは，１問**1.5分**で解く知識問題のため，**すきま**時間に学習。
- 科目Bは，１問**5分**で解く応用問題のため，**じっくり**と学習。

本書の構成

本書の構成と特徴は，次のとおりです。

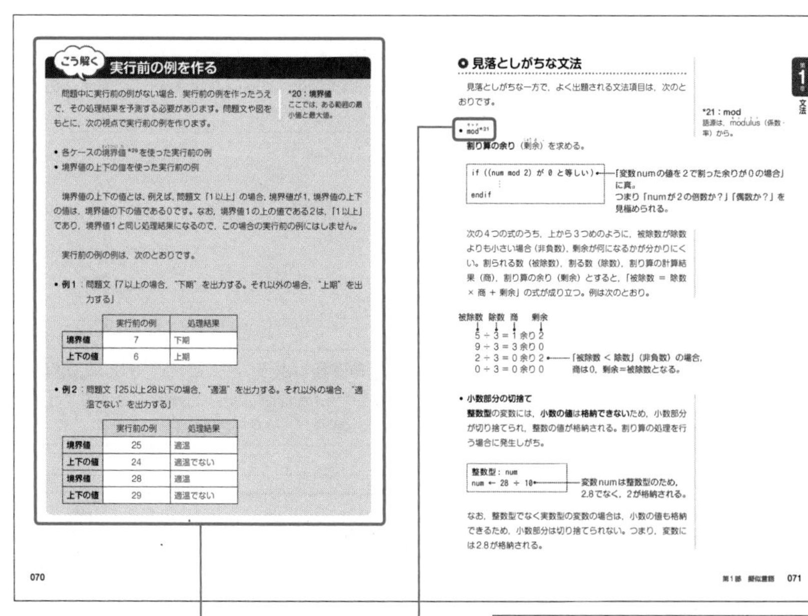

こう解く 実行前の例を作る

問題中に実行前の例がない場合，実行前の例を作ったうえで，その処理結果を予測する必要があります。問題文や図をもとに，次の視点で実行前の例を作ります。

*20：境界値
ここでは，ある範囲の最小値と最大値。

- 各ケースの境界値*20を使った実行前の例
- 境界値の上下の値を使った実行前の例

境界値の上下の値とは，例えば，問題文「1以上」の場合，境界値が1，境界値の上下の値は，境界値の下の値である0です。なお，境界値1の上の値である2は，「1以上」であり，境界値1と同じ処理結果になるので，この場合の実行前の例にはしません。

実行前の例の例は，次のとおりです。

- 例1：問題文「7以上の場合，"下期"を出力する。それ以外の場合，"上期"を出力する」

	実行前の例	処理結果
境界値	7	下期
上下の値	6	上期

- 例2：問題文「25以上28以下の場合，"適温"を出力する。それ以外の場合，"適温でない"を出力する」

	実行前の例	処理結果
境界値	25	適温
上下の値	24	適温でない
境界値	28	適温
上下の値	29	適温でない

070

◎ 見落としがちな文法

見落としがちな一方で，よく出題される文法項目は，次のとおりです。

*21：mod
語源は，modulus（係数・率）から。

- mod*21

割り算の余り（剰余）を求める。

```
if ((num mod 2) が 0 と等しい)
    ⋮
endif
```

「変数numの値を2で割った余りが0の場合」に真。
つまり「numが2の倍数か？」「偶数か？」を見極められる。

次の4つの式のうち，上から3つめのように，被除数が除数よりも小さい場合（非負数），剰余が何になるかが分かりにくい。割られる数（被除数），割る数（除数），割り算の計算結果（商），割り算の余り（剰余）とすると，「被除数 = 除数 × 商 + 剰余」の式が成り立つ。例は次のとおり。

被除数 除数 商 剰余
5 ÷ 3 = 1 余り 2
9 ÷ 3 = 3 余り 0
2 ÷ 3 = 0 余り 2 ←「被除数 < 除数」（非負数）の場合，商は0，剰余＝被除数となる。
0 ÷ 3 = 0 余り 0

- **小数部分の切捨て**

整数型の変数には，**小数の値は格納できない**ため，小数部分が切り捨てられ，整数の値が格納される。割り算の処理を行う場合に発生しがち。

```
整数型: num
num ← 28 ÷ 10
```

変数numは整数型のため，2.8でなく，2が格納される。

なお，整数型でなく実数型の変数の場合は，小数の値も格納できるため，小数部分は切り捨てられない。つまり，変数には2.8が格納される。

第1章 文法

第1部 擬似言語 071

●こう解く：「必ず知っておきたい」得点直結の解き方・解法を説明しています。本書で核となる部分です。

●**用語**：このテーマの解法を解説するこう解くや，問題解説を理解するうえで，前提となる知識を説明しています。

出題例の一部には，受験テクニックにより選択肢が不正解だと判断できるものの，それだけでは正解を1つに絞れない問題も含まれています。

●**赤シート**：本書は赤色の透過シートを同梱しています。本書の重要箇所である赤色文字を赤シートで隠すことで，解答する練習ができます。

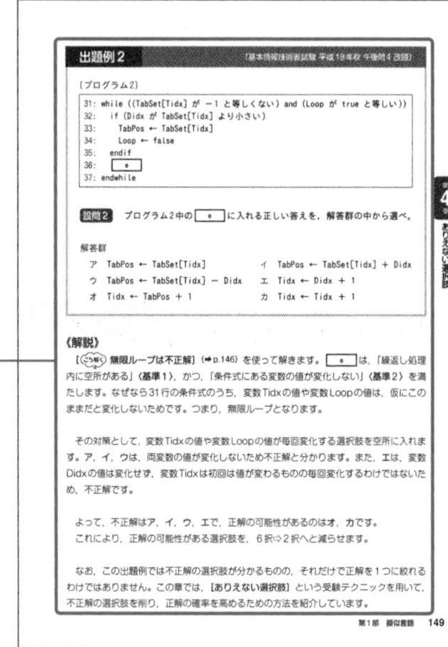

出題例2 （基本情報技術者試験 平成18年秋 午後問4 改題）

〔プログラム2〕

```
31: while ((TabSet[Tidx] が −1 と等しくない) and (Loop が true と等しい))
32:   if (Didx が TabSet[Tidx] より小さい)
33:     TabPos ← TabSet[Tidx]
34:     Loop ← false
35:   endif
36:   [ e ]
37: endwhile
```

設問2 プログラム2中の [e] に入れる正しい答えを，解答群の中から選べ。

解答群

ア TabPos ← TabSet[Tidx]
イ TabPos ← TabSet[Tidx] + Didx
ウ TabPos ← TabSet[Tidx] − Didx
エ Tidx ← Didx + 1
オ Tidx ← TabPos + 1
カ Tidx ← Tidx + 1

《解説》

【こう解く 無限ループは不正解】（➡p.146）を使って解きます。[e] は，「繰返し処理内に空所がある」〈基準1〉，かつ，「条件式にある変数の値が変化しない」〈基準2〉を満たします。なぜなら31行の条件式のうち，変数Tidxの値や変数Loopの値は，仮にこのままだと変化しないためです。つまり，無限ループとなります。

その対策として，変数Tidxの値や変数Loopの値が毎回変化する選択肢を空所に入れます。ア，イ，ウは，両変数の値が変化しないため不正解と分かります。また，エは，変数Didxの値は変化せず，変数Tidxは初回は値が変わるものの毎回変化するわけではないため，不正解です。

よって，不正解はア，イ，ウ，エで，正解の可能性があるのはオ，カです。
これにより，正解の可能性がある選択肢を，6択⇨2択へと減らせます。

なお，この出題例では不正解の選択肢が分かるものの，それだけで正解を1つに絞れるわけではありません。この章では，【ありえない選択肢】という受験テクニックを用いて，不正解の選択肢を削り，正解の確率を高めるための方法を紹介しています。

第4章 ありえない選択肢

第1部 擬似言語 149

例題2

問 関数 large を large({2, 7, 4}) として呼び出した場合のプログラムをトレースし，トレース表に記入せよ。ここで，配列の要素番号は1から始まる。

〔プログラム〕

```
1: ○整数型: large(整数型の配列: num)
2:   整数型: j
3:   整数型: tmp ← num[1]
4:   for (j を 2 から numの要素数 + 1まで 1 ずつ増やす)
5:     if (num[j] > tmp)
6:       tmp ← num[j]
7:     endif
8:   endfor
9:   return tmp
```

	トレース表	条件式			
A	1:				
B					
C					
D					
E					
F					
G					
H					
I					

第1部 擬似言語 103

第2章 一次元配列

●例題：直前に学習した内容を，すぐに試すための問題です。本書に直接手書きで書き込めるようにしています。

●確認しよう：ここまでで説明した知識と こう解く を理解したかを確認できます。正解は参照ページに掲載されています。

《解説》

［こう解く 配列のトレース］（➡p.100）を使って解きます。最終的にエラーになり，プログラムは途中で終了します。

forのトレースでは条件式欄にも変数欄にも記入が必要。［forのトレース］（➡p.049）
large({2, 7, 4}) として呼び出すと，初めに引数 {2, 7, 4} がnumに格納される。
for内の「まで」はその値を含むため「≦」で表す。

	トレース表	条件式	num	tmp	j
A	1: ○整数型: large(整数型の配列: num)		2 7 4		
B	3: 整数型: tmp ← num[1]			2	
C	4: for (jを 2から numの要素数 + 1まで 1ずつ増やす)	2 ≦ 4 T			2
D	5: if (num[j] > tmp)	7 > 2 T			
E	6: tmp ← num[j]			7	
F	4: for (jを 2から numの要素数 + 1まで 1ずつ増やす)	3 ≦ 4 T			3
G	5: if (num[j] > tmp)	4 > 7 F			
H	4: for (jを 2から numの要素数 + 1まで 1ずつ増やす)	4 ≦ 4 T			4
I	5: if (num[j] > tmp)	? > 7 ?			

num[4]は存在しないためエラーになる。

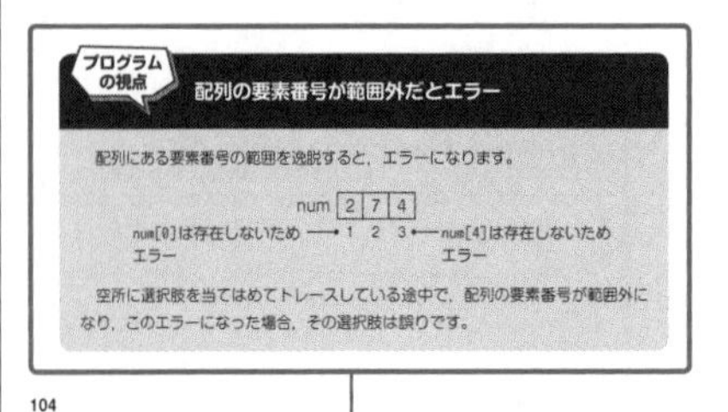

プログラムの視点　配列の要素番号が範囲外だとエラー

配列にある要素番号の範囲を逸脱すると，エラーになります。

num [2|7|4]
num[0]は存在しないため エラー ⟶ 1 2 3 ⟵ num[4]は存在しないため エラー

空所に選択肢を当てはめてトレースしている途中で，配列の要素番号が範囲外になり，このエラーになった場合，その選択肢は誤りです。

104

▸確認しよう

- □ 問1 次の用語を説明せよ。（➡p.097）
  - ・要素数　・要素番号
- □ 問2 要素という用語は2つの意味で使われる。それぞれ挙げよ。（➡p.097）
- □ 問3 「整数型の配列: value ← {10, 20, 30, 40, 50}」によりできる一次元配列図を描け。（➡p.097）
- □ 問4 ［こう解く 配列のトレース］で説明した，すべての要素の値を書き込むタイミングを2つ挙げよ。（➡p.100）

第2章 一次元配列

トピックス　だらだら長い？

本書について，「だらだらと同じような説明が多い」，「もっとクールに解けるのに」，「トレースばかりだ」という声が聞こえてきそうです。また，解き方が，プログラムの**解釈**によるものでなく，**トレース**ばかりであることに拒否反応を示す人もいるかもしれません。

本書は，初めてその問題を解く人の**目線**で解説をしています。もちろんクールに解ける問題も中にはあります。しかし，初学者がそのクールな方法を試験中に見つけられるとは限りません。試験中という緊張が強いられる環境の中ではなおさらです。

そこで，本書は手順にこだわりました。そのとおりに行うことで，確実に正解に近づける手順です。場当たり的でなく，どの試験問題であっても，その手順を毎回同じように行えば，**正解にたどり着ける**のです。たしかに，すこし遠回りはしますが，手順に沿って**トレースを粘ればよい**のです。

その安心感が，試験に向けての勇気とやる気につながればと思っています。

第1部 擬似言語 105

●プログラムの視点：プログラムを解釈するための手がかりや視点をまとめています。このプログラムだけでなく，他のプログラムでも共通して活用できる内容です。

●トピックス：問題分析のほか，本書のスタンスを著者からのメッセージとして，まとめています。

●練習問題：ここまでのまとめとして，問題と解説を掲載しています。「量よりも質」を重視し，今後出題される類題でも問われる内容の良問だけに絞っています。

●解説：（こう解く）を使った解法により，問題をていねいに解説しています。

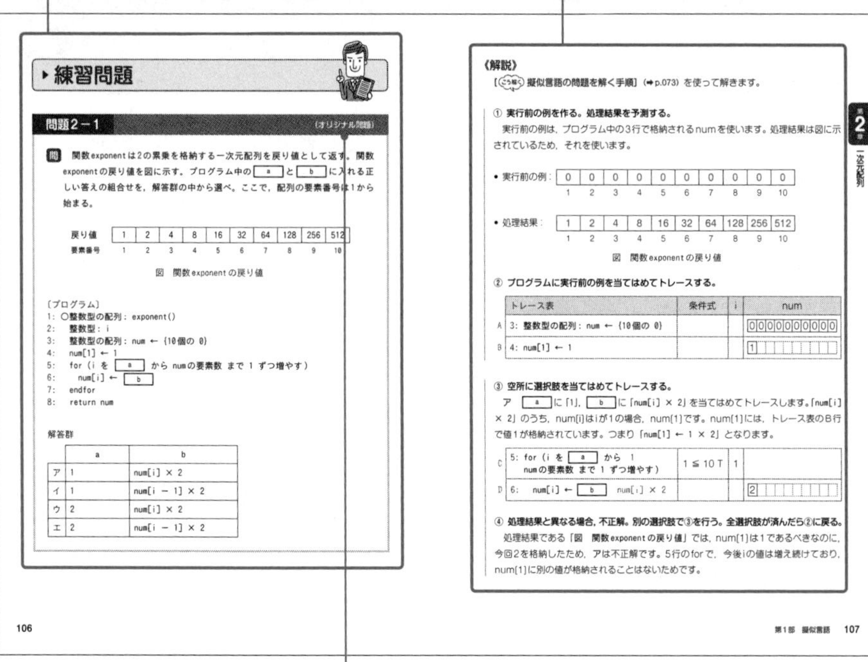

▶ 練習問題

問題2－1　（オリジナル問題）

問　関数exponentは2の累乗を格納する一次元配列を戻り値として返す。関数exponentの戻り値を図に示す。プログラム中の［ a ］と［ b ］に入れる正しい答えの組合せを，解答群の中から選べ。ここで，配列の要素番号は1から始まる。

戻り値	1	2	4	8	16	32	64	128	256	512
要素番号	1	2	3	4	5	6	7	8	9	10

図　関数exponentの戻り値

〔プログラム〕
```
1: ○整数型の配列: exponent()
2:   整数型: i
3:   整数型の配列: num ← {10個の 0}
4:   num[1] ← 1
5:   for (i を [ a ] から numの要素数 まで 1 ずつ増やす)
6:     num[i] ← [ b ]
7:   endfor
8:   return num
```

解答群

	a	b
ア	1	num[i] × 2
イ	1	num[i − 1] × 2
ウ	2	num[i] × 2
エ	2	num[i − 1] × 2

106

《解説》

［（こう解く）擬似言語の問題を解く手順］（➡p.073）を使って解きます。

① 実行前の例を作る。処理結果を予測する。

実行前の例は，プログラム中の3行で格納されるnumを使います。処理結果は図に示されているため，それを使います。

• 実行前の例：

0	0	0	0	0	0	0	0	0	0
1	2	3	4	5	6	7	8	9	10

• 処理結果：

1	2	4	8	16	32	64	128	256	512
1	2	3	4	5	6	7	8	9	10

図　関数exponentの戻り値

② プログラムに実行前の例を当てはめてトレースする。

	トレース表	条件式	i	num
A	3: 整数型の配列: num ← {10個の 0}			0 0 0 0 0 0 0 0 0 0
B	4: num[1] ← 1			1

③ 空所に選択肢を当てはめてトレースする。

ア［ a ］に「1」，［ b ］に「num[i] × 2」を当てはめてトレースします。「num[i] × 2」のうち，num[i]はiが1の場合，num[1]です。num[1]には，トレース表のB行で値1が格納されています。つまり「num[1] ← 1 × 2」となります。

	トレース表	条件式	i	num
C	5: for (i を [a] から 1 numの要素数 まで 1 ずつ増やす)	1 ≦ 10 T	1	
D	6: num[i] ← [b] num[i] × 2			2

④ 処理結果と異なる場合，不正解。別の選択肢で③を行う。全選択肢が済んだら②に戻る。

処理結果である「図　関数exponentの戻り値」では，num[1]は1であるべきなのに，今回2を格納したため，アは不正解です。5行のforで，今後iの値は増え続けており，num[1]に別の値が格納されることはないためです。

第1部　擬似言語　107

第2章　一次元配列

●オリジナル問題：著者が作成した問題です。癖が少なく，標準的な内容のプログラムを盛り込みました。

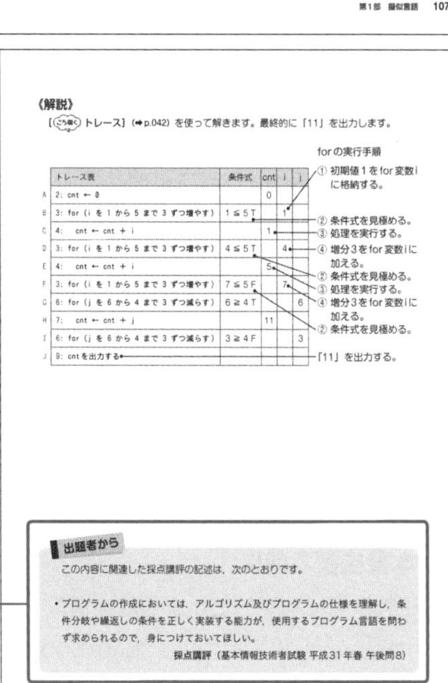

《解説》

［（こう解く）トレース］（➡p.042）を使って解きます。最終的に「11」を出力します。

	トレース表	条件式	cnt	i	j
A	2: cnt ← 0		0		
B	3: for (i を 1 から 5 まで 3 ずつ増やす)	1 ≦ 5 T		1	
C	4: cnt ← cnt + i		1		
D	3: for (i を 1 から 5 まで 3 ずつ増やす)	4 ≦ 5 T		4	
E	4: cnt ← cnt + i		5		
F	3: for (i を 1 から 5 まで 3 ずつ増やす)	7 ≦ 5 F		7	
G	6: for (j を 6 から 4 まで 3 ずつ減らす)	6 ≧ 4 T			6
H	7: cnt ← cnt + j		11		
I	6: for (j を 6 から 4 まで 3 ずつ減らす)	3 ≧ 4 F			3
J	9: cntを出力する				

出題者から

この内容に関連した採点講評の記述は，次のとおりです。

• プログラムの作成においては，アルゴリズム及びプログラムの仕様を理解し，条件分岐や繰返しの条件を正しく実装する能力が，使用するプログラム言語を問わず求められるので，身につけておいてほしい。

採点講評（基本情報技術者試験 平成31年春 午後問8）

054

●出題者から：情報処理推進機構（IPA）の出題者の考察です。学習した内容の重要度を理解できます。

トピックス

必要なのは書く力？ 読む力？

出題者が，擬似言語の問題を通じて測りたい，受験者の能力は何でしょうか。プログラムを**書く力**？　**読む力**？　いいえ，違います。**トレースする力**です。

「プログラムは書くものだから，書く力が大切」という固定観念にとらわれている受験者や，プログラムを読む・解釈する力が重要と思い込むケースが多いです。

しかし，それらの思い込みを取り払い，じっくりと試験問題を見てみてください。驚くほど多くの試験問題は，トレース一辺倒で解けるのです。

なぜトレースを重視するのでしょう。それはトレースは**技能**だからです。知っている知らないという**知識**ではなく，思いつく思いつかないという**発想**でもありません。そのため，基本情報技術者試験ではこの名称となった2009年からずっとトレースを重視した擬似言語の問題を出題してきたのです。

◆本書を読む前に

これまでに判明した正誤や追加情報を掲載しています。

https://www.shoeisha.co.jp/book/detail/9784798182520

第1部

擬似言語

科目Bの20問中，16問（80%）は擬似言語分野からの出題です。擬似言語の出来不出来が合格不合格に直結します。避けては通れない重要な学習内容です。

アクセスキー　**e**（小文字のイー）

▸傾向と対策

擬似言語で正解するための切り札が，**トレース**（➡p.042）です。トレースを有効活用すれば，合格点を十分に取れます。

トレースとは，プログラムを，実行順どおりに1行ずつ追っていきながら，その途中の変数の値・条件式の真偽を記入する作業です。これにより，プログラムの実行途中で，現在の変数の値を忘れる事態を避けられます。

◆出題者が29問中28回もトレースの重要性を説く

試験問題を作成する情報処理推進機構（IPA）がWebサイト上に公開した「**採点講評**」を分析すると，過去29問中28回も「**トレース**」や「**追跡**」（トレースと同義）が重要であると解説しています。つまり「トレースを活用できれば，正答率が上がる」とほぼ毎回，教えてくれているのです。採点講評の例は，次のとおりです。

> • プログラムを**トレース**して処理の流れを理解することは，ソフトウェア開発者に必要とされる能力なので，身につけておいてほしい。
>
> **採点講評**（基本情報技術者試験 平成27年春 午後問8）

なお，「採点講評」とは，情報処理推進機構（IPA）が，採点結果のフィードバックのために，解答の傾向と状況・出題者の考察をまとめたものです。過去29問とは，採点講評が公開された平成18年（2006年）秋から令和元年（2019年）秋までの期間の擬似言語の出題数です。

◆トレースをパターン化

トレースがとても重要なのに，解答段階でうまく活用されていない現実があります。トレースの具体的なやり方があいまいなため，粗くメモ書きする程度にとどまっているのです。また，「メモを書け」と言われても「一体どう書けばよいの？」との声が多いのです。

そこで本書では，トレースをパターン化・定式化・標準化し，学習しやすい形式にまとめました。つまり，試験に出るあらゆるケースに対応したトレース方法を本書で提案しているのです。

トレースについて，よくある質問を，Q＆A形式で説明します。

Q　トレースは面倒くさい？

A　トレースは**機械的に行う作業**です。面倒くさい一方で，ていねいに正確にトレースをすれば，確実に正解に近づける手法です。思いつきや経験により処理内容を解釈しなくても，作業をしさえすれば，得点に結びつくのだと前向きに捉えましょう。

Q　コンピュータでの試験なのに，トレースをどこに書くの？

A　試験中に**白紙のメモ用紙**（通常，A4サイズ）と**ボールペン**を使用できます。それらを使ってトレースを記入するとよいでしょう。

Q　長くてトレースしきれない？

A　たしかに2022年までの擬似言語の問題は，プログラムが長く，すべてをトレースするのは現実的ではありませんでした。しかし，2023年からの擬似言語の問題は，コンピュータで行う前提の試験であり，画面１～２ページに収まる比較的短めのプログラムが出題されます。さらに最後までトレースしなくても，途中で正解が分かる問題であるため，トレースは現実的で有効な手段です。

◆プログラムを解釈しない

問題中のプログラムをもとに，各行がどんな処理を実行しているかを**解釈**しようとしがちです。それ自体は間違ってはいないのですが，その前に，やるべきことがあります。それが**トレース**です。

たしかにプログラムの解釈により，正解できる設問もあります。しかし，すべてのプログラムを解釈できるかというと，それはあやしいでしょう。なぜなら受験者が初めて見るアルゴリズムのプログラムを出題者はあえて出題するからです。つまり，プログラムを解釈するという解き方は，あるプログラムではうまくいっても，別の問題ではうまくいかないケースが少なくないのです。**［トピックス だらだら長い？］**（➡p.105）

つまり，プログラムの解釈は，当たりはずれが大きいのです。試験という緊張した環境下では安定して正解できる**トレース**がまず最初に行うべき解法です。要するに，**当たりはずれ**がある「解釈」でなく，**当たりばかり**の「トレース」がよいのです。

そして，トレースをしながら，処理内容を解釈するのが最善の方法です。

第1部 擬似言語

第1章 文法

この章で扱う文法とは，擬似言語の問題を解くための道具です。文法の理解があいまいだと，試験で思いもよらぬ失点につながりかねません。少々細かな内容を含みますが，擬似言語の攻略には欠かせないものであるため，文法の正確な理解に努めましょう。

擬似言語(ぎじげんご)

基本情報技術者試験の科目Bで出題されるプログラム言語です。この試験でしか登場しないプログラム言語ですが，多くの言語に共通して存在する要素が盛り込まれています。

2022年までの基本情報技術者試験では，擬似言語の仕様は，ＩＴパスポート試験や応用情報技術者試験とは大きく異なっていましたが，2023年４月からはほぼ同じ仕様で出題されるようになりました。

変数 [*1]

値を一時的に格納するための箱のようなものです。プログラムは，変数に値を格納したり，変数から値を取り出したりして，現時点の値を記憶・処理します。現時点の値を格納しておけば，その値により処理の進み具合を確認できます。また，例えば入力された値を記憶しておけば，その値をプログラム内で利用できます。

なお，変数は２個以上の値を同時には格納できません。つまり，変数に新たに値を格納すると，以前格納されていた値は無視され，その新たな値が格納されます。

***1：変数**
ここ以外で説明する変数は，次のとおり。
- **[変数の有効範囲]** (➡p.057)
- **[インスタンス]** (➡p.182)
- **[8ビット型]** (➡p.254)

◆変数の型(かた)

変数の型により，変数にどのような種類の値が格納されるかを指定します。変数の型と格納される値の種類は，次のとおりです。

変数の型	格納される値の種類	例
文字型	1字の文字。	A
文字列型	複数の文字。	ABC
整数型	整数。	123
実数型	整数と小数。	3.14
論理型	true（真）またはfalse（偽）のみ。	true, false

◆変数の宣言

次の例では「整数型： a」により，格納する値は整数型である変数aを宣言します。なお，「1:」などは**行番号**[*2]です。

```
1: 整数型: a
```

➡ a □

次の例では「a ← 1」により，変数aに値1を格納します。

```
2: a ← 1
```

➡ a [1]

次の例では「文字型：b, c」により，格納する値は文字型である変数bと変数cを宣言します。

```
3: 文字型: b, c
```

➡ b □ c □

次の例では「b ← "A"」「c ← "Z"」により，変数bに値Aを，変数cに値Zを格納します。

```
4: b ← "A"
5: c ← "Z"
```

➡ b [A]
➡ c [Z]

***2：行番号**
本書では説明のために，プログラムに行番号を付けている。

次の例では「実数型： d ← 42.195」により，格納する値は実数型である変数dを宣言すると同時に，変数dに値42.195を格納します。

```
6: 実数型： d ← 42.195
```

➡ d 42.195

次の例では「f ← e ＋ 2」により，変数eの値1を取り出して2を加算し，変数fに値3を格納します。

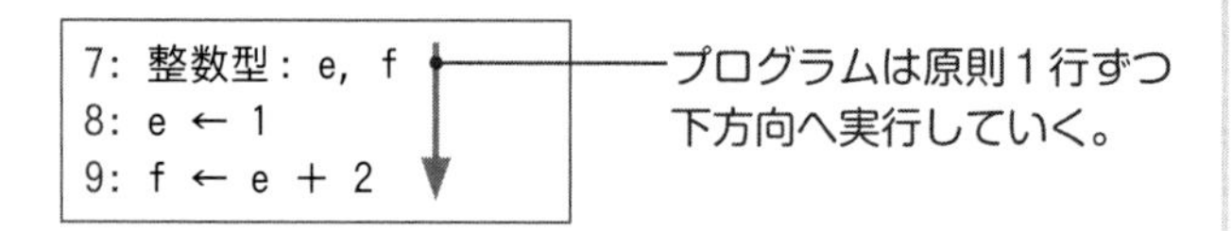

◆変数名

変数名に使われる英単語の意味を覚えておくと，プログラムの処理内容を解釈する際に役立ちます。代表的な変数名と意味は，次のとおりです。

変数名	意味
array	配列。
count　cnt	個数。
current　curr	現在の値。
index　idx	要素番号，添字。
length　len	長さ。lengthはlong（長い）の名詞形。
matrix	行列。
number　num	数，数値。
pos	位置。positionの略。
prev	前の。previousの略。
ptr	次の位置を指し示す添字。pointer（ポインタ）の略。
ret	戻り値。returnの略。
temp　tmp　work	値を一時保存する変数。temporary（一時的な）の略。
value　val	値。

◆未定義

変数に値が格納されていない状態です。「a ← 未定義の値」により，変数aは未定義になります。

また，後述する**インスタンスへの参照**（➡p.185）が未定義の場合，**どのインスタンスも参照しない**ことを意味します。

○ 条件式

処理を進めるかどうかを見極めるための式です。条件式の計算結果は，**真**または**偽**となります。

- **真**（しん）（true）（トゥルー）
  条件式に値を当てはめると，式として**正しい**場合。例えば，条件式「a が 5 と等しい」で，変数aに値5を当てはめると「5 が 5 と等しい」となり，式として正しいため真。

- **偽**（ぎ）（false）（フォルス）
  条件式に値を当てはめると，式として**正しくない**場合。例えば，条件式「a が 5 より大きい」で，変数aに値5を当てはめると「5 が 5 より大きい」となり，式として正しくないため偽。5と5は等しいのであって，5が5より大きくはないので。

○ 算術演算子（えんざんし）

四則演算と，問題文で登場する計算の種類・計算結果の名称は，次のとおりです。

擬似言語の表記	計算の種類	計算結果の名称
＋	足し算（加算）	和（わ）
－	引き算（減算）	差（さ）
×	掛け算（乗算）	積（せき）
÷	割り算（除算）	商（しょう）
mod（モッド）	割り算の余り（剰余算）	剰余（じょうよ）

関係演算子[*3]

2つの値について，大小関係の比較や一致・不一致の判定を行うための表記や記号です。例えば，「a が 5 より大きい」や「a ＞ 5」が該当します。if・elseif・while・doなどの中で，処理を分岐するために使います。

試験問題の表記は「a が 5 より大きい」などのこともありますが，本書のトレース表では，すばやく記入するために，それを「a ＞ 5」と記述します。

*3：**関係演算子**
比較演算子ともいう。

試験問題の表記	トレース表	試験問題の表記の例	トレース表の例	真になる変数aの値の例（値が整数の場合）
より大きい	＞	a が 5 より大きい	a ＞ 5	6，7，8…（5は含まず）
以上	≧	a が 5 以上	a ≧ 5	5，6，7…（5を含む）
より小さい	＜	a が 5 より小さい	a ＜ 5	4，3，2…（5は含まず）
以下	≦	a が 5 以下	a ≦ 5	5，4，3…（5を含む）
等しい	＝	a が 5 と等しい	a ＝ 5	5
等しくない	≠	a が 5 と等しくない	a ≠ 5	3，4，6，7…

論理演算子

条件式を複数組み合わせる場合に使う演算子です。and（かつ）とor（または）が出題されます。

◆and

論理積，「かつ」。「条件式1 and 条件式2」では，条件式1と条件式2のどちらとも真の場合，結果は真（true）となります。それ以外は偽（false）となります。

条件式「(i が 25 以上) and (i が 28 より小さい)」に，iが25，28，24をそれぞれ当てはめた場合の条件式の真偽は，次のとおりです。

条件式1 論理演算子 条件式2 結果

- iが25の場合：
  (i が 25 以上) and (i が 28 より小さい)
  (25 が 25 以上) and (25 が 28 より小さい)
  真 and 真 ⇨ 真

- iが28の場合：
  (i が 25 以上) and (i が 28 より小さい)
  (28 が 25 以上) and (28 が 28 より小さい)
  真 and 偽 ⇨ 偽

- iが24の場合：
  (i が 25 以上) and (i が 28 より小さい)
  (24 が 25 以上) and (24 が 28 より小さい)
  偽 and 真 ⇨ 偽

◆or

論理和,「または」。「条件式1 or 条件式2」では,条件式1と条件式2のどちらか一方でも真の場合,結果は真（true）となります。それ以外は偽（false）となります。

条件式「(i が 25 より小さい) or (i が 28 以上)」に,iが25,28,24をそれぞれ当てはめた場合の条件式の真偽は,次のとおりです。

条件式1 論理演算子 条件式2 結果

- iが25の場合：
  (i が 25 より小さい) or (i が 28 以上)
  (25 が 25 より小さい) or (25 が 28 以上)
  偽 or 偽 ⇨ 偽

- iが28の場合：
  (i が 25 より小さい) or (i が 28 以上)
  (28 が 25 より小さい) or (28 が 28 以上)
  偽 or 真 ⇨ 真

- iが24の場合：
  (i が 25 より小さい) or (i が 28 以上)
  (24 が 25 より小さい) or (24 が 28 以上)
  真 or 偽 ⇨ 真

● if

条件式が真の場合，ifの次行を実行し，偽の場合，ifの次行を実行せず，その次にあるelseif・else・endifへと進みます。

ifの条件式が真の場合と偽の場合で，実行する行とその説明は，次のとおりです。このプログラムと流れ図を見比べると，実行する行がどこなのかを理解しやすいでしょう。

なお，「if (a が 5 と等しい)」の行は，条件式の真偽を見極めるために，真偽がどちらであるかにかかわらず必ず実行します。

***4：a ← a + 1**
例えば，変数aが5である場合，次の手順で実行する。
①「←」の右辺である「a ＋ 1」を実行する。6となる。
a ← a ＋ 1
② その結果の値6を「a ← 」により変数aに格納する。
a ← 6

◆ifの条件式が真の場合

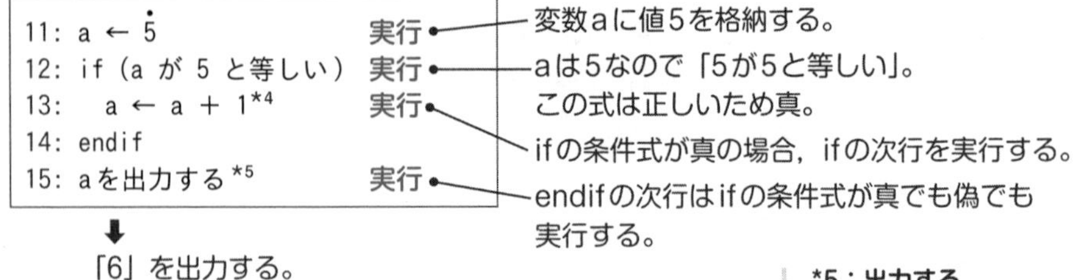

⬇
「6」を出力する。

***5：出力する**
ここでは，変数aに格納された値を画面に表示する処理。

◆ifの条件式が偽の場合

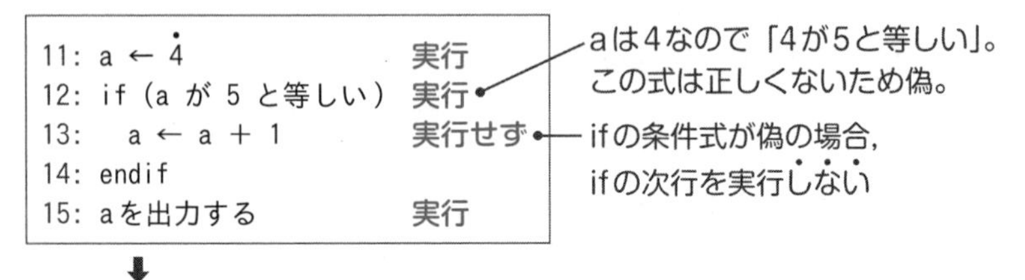

⬇
「4」を出力する。

本書に同梱された**赤シート**を活用して，**赤色文字**の箇所を確認するとよいでしょう。

◆プログラムと同内容の流れ図

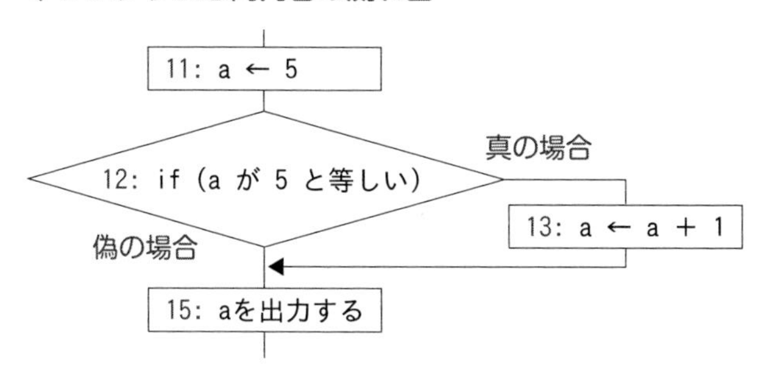

else

ifとそれまでのelseifがすべて偽の場合，elseの次行を実行します。条件式が真の場合と偽の場合とで，実行する処理を分けたい場合に使います。

◆ifの条件式が真の場合

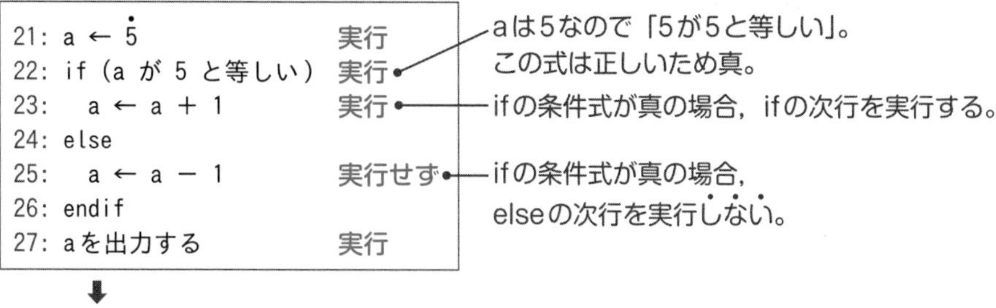

◆ifの条件式が偽の場合

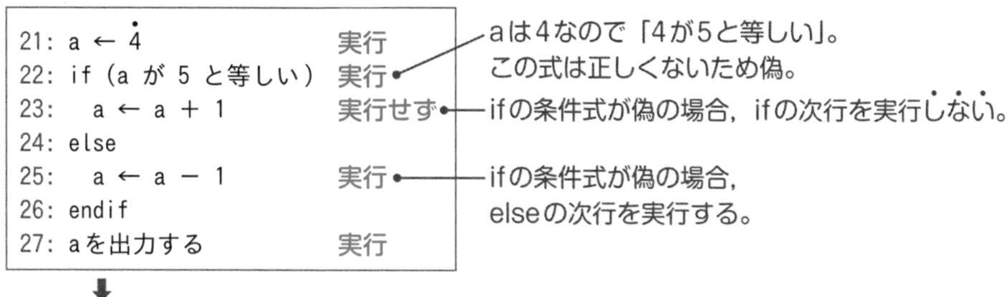

◆プログラムと同内容の流れ図

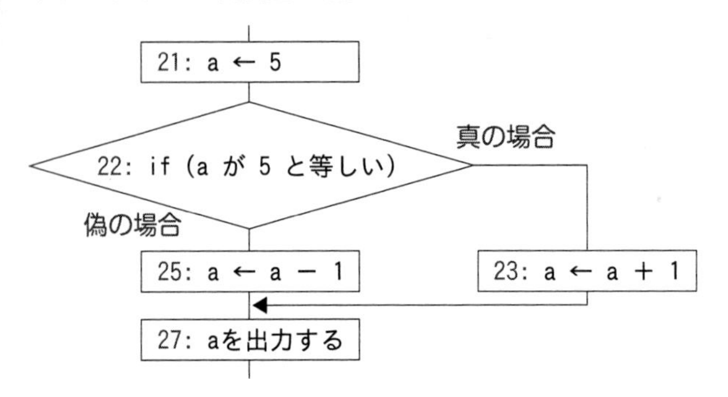

◆ifだけと，ifとelseとの違い

両者の違いは，次のとおりです。

- ifだけの場合は，ifの条件式が偽の場合，ifとendifの間の処理を1行も実行しない。
- ifとelseの場合は，真の場合でも偽の場合でも，ifとendifの間のどちらかの処理を必ず実行する。具体的には，真の場合はifの次行を，偽の場合はelseの次行を実行する。

○ elseif（エルスイフ）

ifとそれまでのelseifがすべて偽の場合，elseifの条件式の真偽を見極めます。elseifの条件式が真の場合，elseifの次行を実行します。

◆elseifの条件式が真の場合

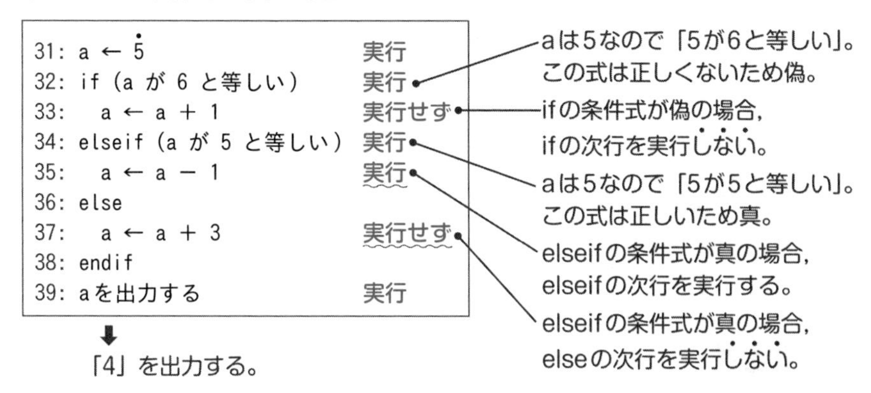

◆elseifの条件式が偽の場合

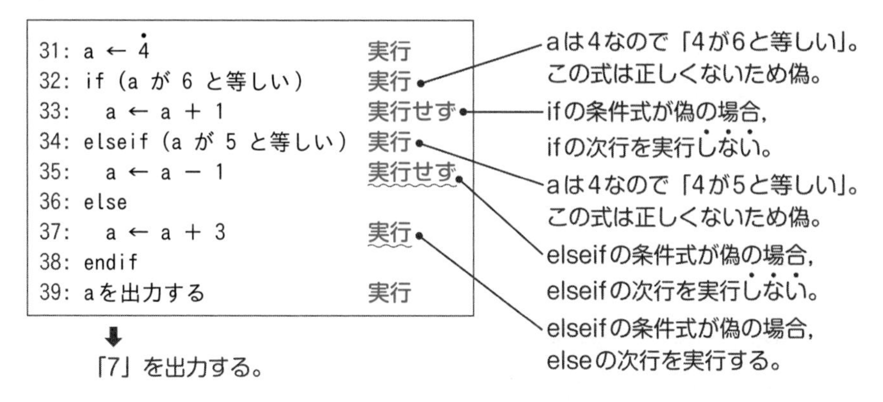

◆プログラムと同内容の流れ図

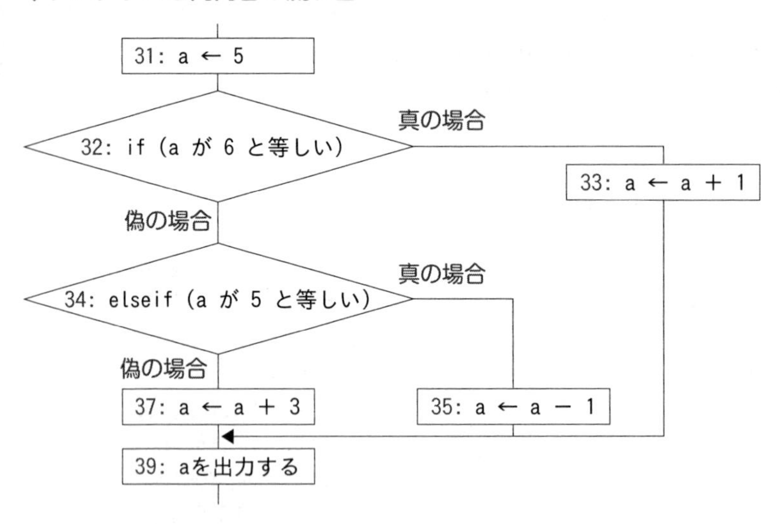

ifのまとめ

選択処理は，if→elseif→else→endifの順に記述され，条件式の真偽により**場合分け**をします。

●if（条件式） 省略不可能

条件式の真偽を見極めます。

- 真の場合，ifの次行を実行する。
- 偽の場合，ifの次行を実行せず，その次にあるelseif・else・endifへと進む。

●elseif（条件式） 省略可能 複数可能

ifとそれまでのelseifがすべて偽の場合に，条件式の真偽を見極めます。elseifだけ複数個，記述可能です。

- 真の場合，elseifの次行を実行する。
- 偽の場合，elseifの次行を実行せず，その次にあるelseif・else・endifへと進む。

●else　省略可能

ifとそれまでのelseifがすべて偽の場合に，elseの次行を実行します。

●endif　省略不可能

ifの範囲が終了したことを意味します。

変数pointの値に応じて，場合分けをした結果，変数resultに格納される値の例は，次のとおりです。

変数pointの値の例

	39の場合	59の場合	79の場合	80の場合
if (point ＜ 40)	真	偽	偽	偽
result ← "不可"	実行			
elseif (point ＜ 60)		真	偽	偽
result ← "可"		実行		
elseif (point ＜ 80)			真	偽
result ← "良"			実行	
else				
result ← "優"				実行
endif				
	不可	可	良	優

変数resultに格納される値

◆ while（ホワイル）

whileの条件式が真の間，whileとendwhileの間にある処理を行う**繰返し処理**です。同じ処理を何回も繰り返して実行したい場合に使います。条件式が偽の場合，endwhileの次行へと進みます。

なお，endwhileの行は必ず「実行せず」のため何も書きません。後述するトレースにおける手間を減らすためです。**【トレース表に記入しない行】（➡p.043）**

whileの条件式が真の場合と偽の場合で，実行する行とその説明は，次のとおりです。このプログラムと流れ図を見比べると，実行する行がどこなのかを理解しやすいでしょう。

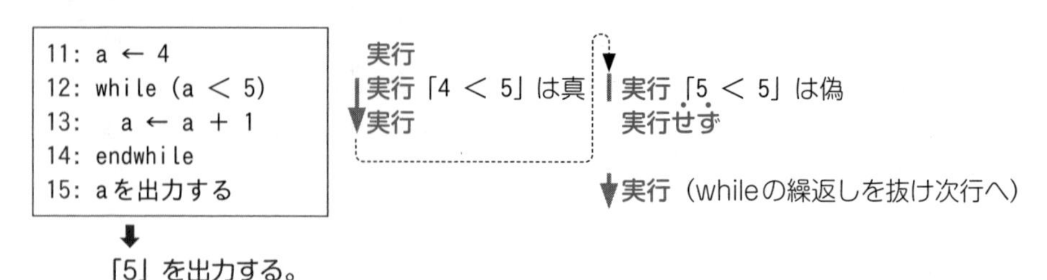

◆プログラムと同内容の流れ図

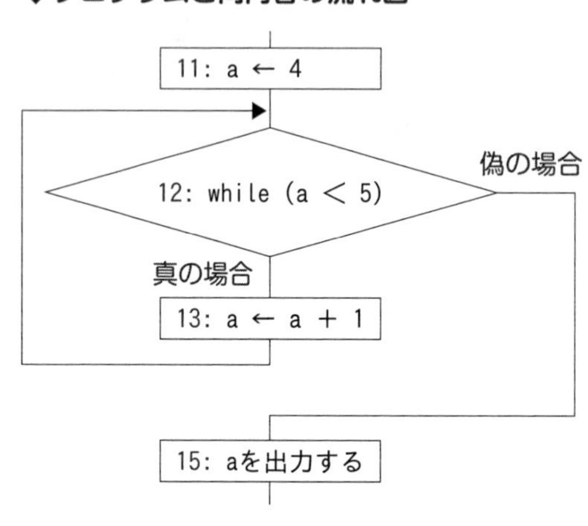

do

doとともに記述されるwhileの条件式が真の間，doとwhileの間にある処理を行う**繰返し処理**です。まずdoとwhileの間にある処理を実行し，そのあとに条件式を見極めます。条件式の真偽にかかわらず，一度は必ずdoとwhileの間にある処理を実行します。条件式が偽の場合，whileの次行へと進みます。

なお，doの行は必ず「実行せず」のため何も書きません。後述するトレースにおける手間を減らすためです。**［トレース表に記入しない行］**（➡p.043）

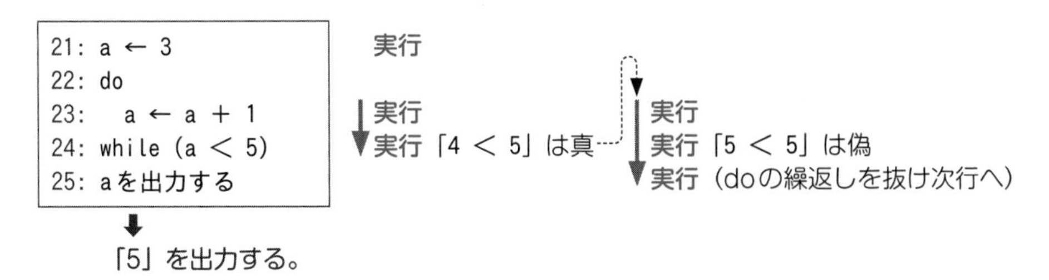

◆プログラムと同内容の流れ図

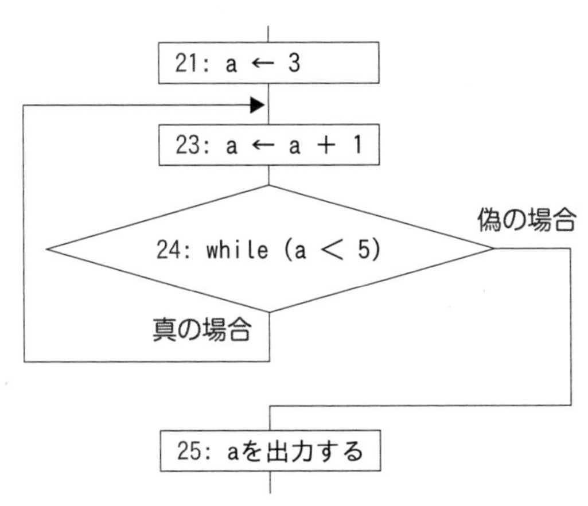

◎ 繰返し処理のまとめ

繰返し処理（while・do）のポイントをまとめました。

◆whileとdoの違い

条件式が真の場合，処理を実行するという点で両者は同じですが，次の点で違いがあります。

- whileは，初めから条件式が偽の場合，一度も処理を実行しない。処理が条件式よりも後にあるため。

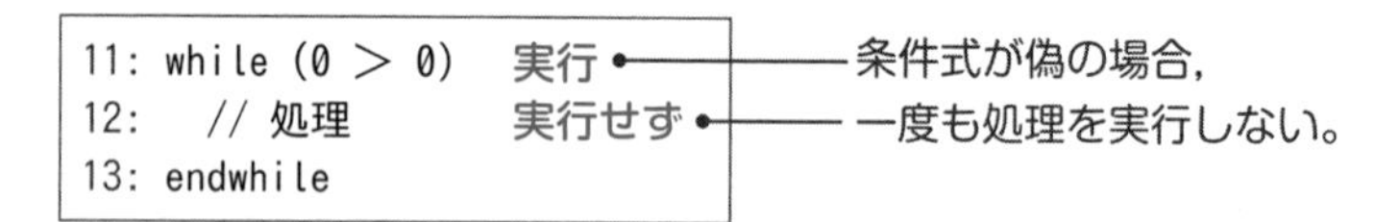

- doは，初めから条件式が偽の場合でも，一度は処理を実行する。処理が条件式よりも前にあるため。

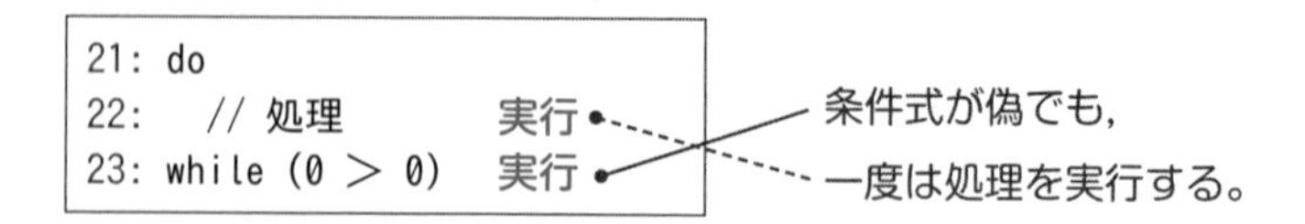

◆無限ループ

繰返し処理が永久に繰り返す状態です。繰返し処理は，通常，何回か繰り返したあと，その繰返し処理を終了し，次の処理へ進みますが，無限ループとなった場合，処理が次に進まずエラーとなり，プログラムが停止します。

空所に選択肢を当てはめると，無限ループとなる場合，その選択肢は不正解です。

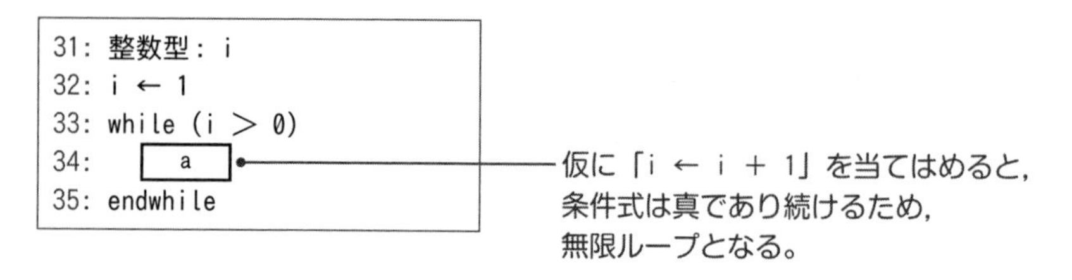

◆while (true)

「while (true)」とある場合，繰返し処理は無限ループになります。ただし，そのままだとバグ（欠陥）となるため，その繰返し処理内に，「**繰返し処理を終了する**」などの記述が存在します。

```
41: while (true)
42:   if (i > 0)
43:     繰返し処理を終了する
44:   endif
45: endwhile
```

ある条件の場合に，無限ループから抜ける処理が必ず存在する。

◆whileの覚え方

whileの条件式が真の場合に処理を繰り返すのか，または偽の場合に処理を繰り返すのかを混乱しないように，ifと関連付けて覚えるとよいでしょう。つまり，whileで混乱したら，**ifと同じ**だと思い出すとよいでしょう。

- ifは条件式が真の場合，処理を実行する。

```
51: if (1 > 0)      実行
52:   // 処理        実行
53: endif
```

- whileも条件式が真の場合，処理を実行する。

同じ。

```
61: while (1 > 0)   実行
62:   // 処理        実行
63: endwhile
```

こう解く トレース[*6]

プログラムを，実行順どおりに1行ずつ追っていきながら，その途中の変数の値・条件式の真偽を記入する作業です。擬似言語において最も基本となる解法です。実行途中で，現在の変数の値を忘れる事態を避ける目的で，トレース表に記入しながら，プログラムを追っていく方法です。

***6：トレース**
英語で，trace（跡をたどる）。計算途中の値や繰り上がりを記入して忘れる事態を避けるという点で，計算で使う筆算と似ている。

***7：T**
真の別名。Trueの略。画数が多い「真」でなく，「T」を記入する。

***8：F**
偽の別名。Falseの略。画数が多い「偽」でなく，「F」を記入する。

〔プログラム〕

```
1: 整数型：a, b
2: a ← 1
3: b ← 0
4: while (a < 3)
5:   b ← b + a
6:   a ← a + 1
7: endwhile
8: bを出力する
```

	トレース表	条件式	a	b
A	2: a ← 1		1	
B	3: b ← 0			0
C	4: while (a < 3)	1 < 3 T		
D	5: b ← b + a			1
E	6: a ← a + 1		2	
F	4: while (a < 3)	2 < 3 T		
G	5: b ← b + a			3
H	6: a ← a + 1		3	
I	4: while (a < 3)	3 < 3 F		
J	8: bを出力する			

- 変数名を記入する。
- 変数aに値「1」を格納するため，a列に「1」を記入する。
- 同じく，b列に「0」を記入する。
- aの値を当てはめた条件式を記入する。真ならば「T」[*7]を，偽ならば「F」[*8]を記入する。
- 条件式が真（T）ならば，whileとendwhileの間を繰り返す。
- 「3」を出力する。

手書きでトレースする場合は，疲労を抑えるため，命令語自体は記入せず，行番号のみ記入すればよい。つまり「2: a ← 1」でなく「2」とだけ記入すればよい。

トレースした行の通し記号。プログラムの行番号と区別するため，A，B，Cと記載している。

◆トレース表に記入しない行

すばやく記入するために，次の命令語については，トレース表に記入しません。これらの命令語では変数の値が変わることがないため，記入を省略します。

- **変数の宣言**。ただし，例えば「整数型: a ← 0」のように，変数の宣言と値の格納を1行で行っている場合は，変数の値が変わるためトレース表に記入する。
- else
- endif
- endwhile
- do
- endfor

（else, endif, endwhile, do, endfor：変数の値が変わらないため，トレース表に記入しない。）

◆トレース表に記入する条件式

試験問題の表記は「a が 5 より大きい」などのこともありますが，本書のトレース表では，すばやく記入するために，それを「a ＞ 5」と記述します。

試験問題の表記	トレース表	試験問題の表記の例	トレース表の例	真になる変数aの値の例（値が整数の場合）
より大きい	＞	a が 5 より大きい	a ＞ 5	6，7，8…（5は含まず）
以上	≧	a が 5 以上	a ≧ 5	5，6，7…（5を含む）
より小さい	＜	a が 5 より小さい	a ＜ 5	4，3，2…（5は含まず）
以下	≦	a が 5 以下	a ≦ 5	5，4，3…（5を含む）
等しい	＝	a が 5 と等しい	a ＝ 5	5
等しくない	≠	a が 5 と等しくない	a ≠ 5	3，4，6，7…

例題 1

問 次のプログラムをトレースし，トレース表に記入せよ。

〔プログラム〕

```
1: 整数型: val, num
2: val ← 1
3: num ← 5
4: while (num > 1)
5:   val ← val × num
6:   num ← num − 2
7: endwhile
8: valを出力する
```

	トレース表	条件式		
A	2:			
B				
C				
D				
E				
F				
G				
H				
I				
J				

《解説》

[こう解く トレース] (➡p.042) を使って解きます。最終的に「15」を出力します。

	トレース表	条件式	val	num
A	2: val ← 1		1	
B	3: num ← 5			5
C	4: while (num ＞ 1)	5 ＞ 1 T		
D	5: 　val ← val × num		5	
E	6: 　num ← num － 2			3
F	4: while (num ＞ 1)	3 ＞ 1 T		
G	5: 　val ← val × num		15	
H	6: 　num ← num － 2			1
I	4: while (num ＞ 1)	1 ＞ 1 F		
J	8: valを出力する			

num — 変数名を記入する。

E — 次の手順で実行する。
① 「←」の右辺である「num － 2」を実行する。3となる。
② その結果の値3を「num ← 」により変数numに格納する。

J — 「15」を出力する。

出題者から

この内容に関連した採点講評の記述は，次のとおりです。なお，採点講評では，トレースを**追跡**と表現しています。

- プログラムの**追跡**では，繰返し処理や選択処理に着目し，どのような条件や順序で処理が進行していくかを大枠で捉えて，プログラム全体の動きを把握することが重要である。

  採点講評（基本情報技術者試験 平成28年春 午後問8）

- プログラムでアルゴリズムが正しく実現されていることを確認するためには，プログラムの説明とプログラム中で使用されている変数の意味や処理の条件を対応付けてプログラムの動きを**追跡**する能力が求められるので，身につけておいてほしい。

  採点講評（基本情報技術者試験 平成30年春 午後問8）

例題2

問 次のプログラムをトレースし，トレース表に記入せよ。

〔プログラム〕

```
1: 整数型: c, d
2: c ← 0
3: d ← 3
4: do
5:   c ← c + d
6:   d ← d − 1
7: while (d > 0)
8: cを出力する
```

	トレース表	条件式		
A	2:			
B				
C				
D				
E				
F				
G				
H				
I				
J				
K				
L				

《解説》

[こう解く トレース] (➡p.042) を使って解きます。最終的に「6」を出力します。

	トレース表	条件式	c	d
A	2: c ← 0		0	
B	3: d ← 3			3
C	5:　c ← c + d		3	
D	6:　d ← d − 1			2
E	7: while (d > 0)	2 > 0 T		
F	5:　c ← c + d		5	
G	6:　d ← d − 1			1
H	7: while (d > 0)	1 > 0 T		
I	5:　c ← c + d		6	
J	6:　d ← d − 1			0
K	7: while (d > 0)	0 > 0 F		
L	8: cを出力する			

「do」の行は記入しない。[トレース表に記入しない行] (➡p.043)

「6」を出力する。

for（フォー）

あらかじめ**決まった回数**を**繰り返す**場合に特化した**繰返し処理**です。次の例では「for (iを 1 から 3 まで 2 ずつ増やす)」により，変数iを1から3まで2ずつ増やしながら，処理を繰り返します。変数iが3より大きくなると，繰返し処理を終了しendforの次行へと進みます。

```
1: for (iを 1 から 3 まで 2 ずつ増やす)
2:    // 処理
3: endfor
```

◆forの各部の名称

forは，１行で数多くの要素を盛り込んでいるため，最初に各部に分けて，内容を読み取ります。

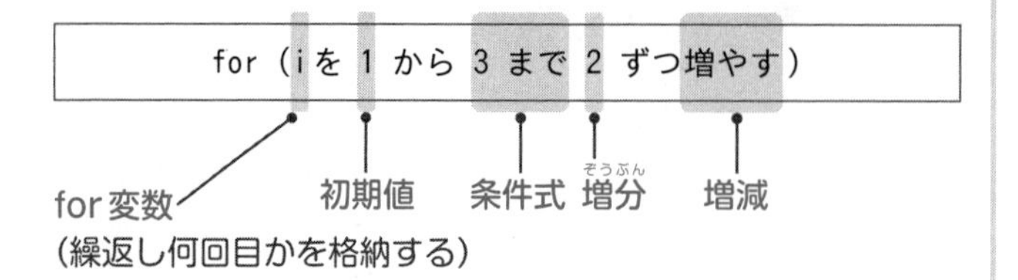

◆forの実行手順

forの実行手順は，次の流れ図のとおりです。つまり，①は，初回だけ実行し，それ以降は，条件式が真の間，②→③→④，②→③→④，…と繰り返します。②で，条件式が偽になると，forを終了しendforの次行へと進みます。

forの実行手順・流れ図

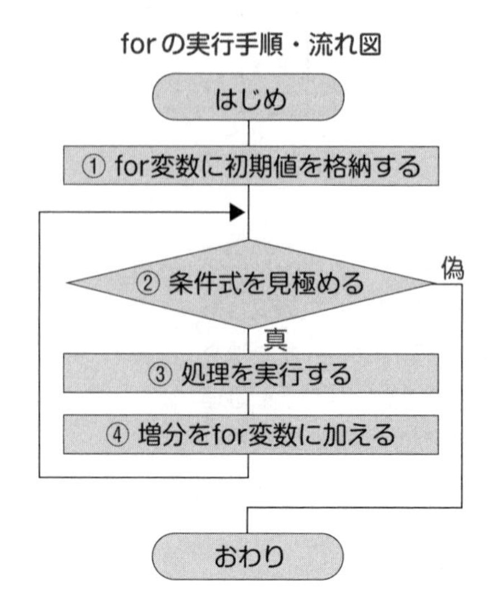

◆forのトレース

forを含むプログラムのトレース表は，次のとおりです。

〔プログラム〕

```
1: 整数型: a, i
2: a ← 0
3: for (i を 1 から 3 まで 2 ずつ増やす)
4:   a ← a + i
5: endfor
6: aを出力する
```

トレース表	条件式	a	i	forの実行手順
2: a ← 0		0		
3: for (iを1から3まで2ずつ増やす)			1	① 初期値1をfor変数iに格納する。
	1 ≦ 3 T			② 条件式を見極める。
4: a ← a + i		1		③ 処理を実行する。
3: for (iを1から3まで2ずつ増やす)			3	④ 増分2をfor変数iに加える。
	3 ≦ 3 T			② 条件式を見極める。
4: a ← a + i		4		③ 処理を実行する。
3: for (iを1から3まで2ずつ増やす)			5	④ 増分2をfor変数iに加える。
	5 ≦ 3 F			② 条件式が偽のため，繰返しを終了する。
6: aを出力する				「4」を出力する。

注意点は，次のとおりです。

- トレース表が2行にわたると，スペースを必要とするため，次のとおり1行にまとめる。つまり，forのトレースでは1行で条件式欄にも変数欄にも記入が必要。

トレース表	条件式	a	i
3: for (iを1から3まで2ずつ増やす)			1
	1 ≦ 3 T		

2行を

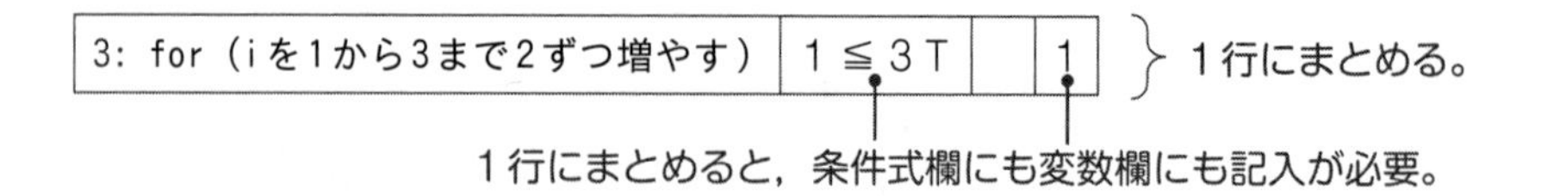

◆増やす・減らす

forの条件式には「増やす」と「減らす」があります。例は次のとおりです。

- for (i を 1 から 3 まで 2 ずつ増やす)
- for (i を 6 から 3 まで 3 ずつ減らす)

また，条件式にある「3まで」とは3を含む表現です。つまり「i ＜ 3」でなく「i ≦ 3」となります。ただし，同じ「3まで」であっても,「増やす」と「減らす」とでは条件式の関係演算子が異なります。

●増やす

条件式「3まで」は「○ ≦ 3」です。「for (i を 1 から 3 まで 2 ずつ増やす)」のように，初期値1が，条件式にある3より小さいためです。プログラムの例とトレース表は，次のとおりです。

〔プログラム〕

```
1: 整数型: a, i
2: a ← 0
3: for (i を 1 から 3 まで 2 ずつ増やす)
4:   a ← a + i
5: endfor
6: aを出力する
```

	トレース表	条件式	a	i
A	2: a ← 0		0	
B	3: for (i を 1 から 3 まで 2 ずつ増やす)	1 ≦ 3 T		1
C	4: a ← a + i		1	
D	3: for (i を 1 から 3 まで 2 ずつ増やす)	3 ≦ 3 T		3
E	4: a ← a + i		4	
F	3: for (i を 1 から 3 まで 2 ずつ増やす)	5 ≦ 3 F		5
G	6: aを出力する ――「4」を出力する			

- iは，1→3→5と変化し，5で条件式がF（偽）になりforを終了する。
- 条件式は「i ≦ 3」。初期値1が，条件式にある3より小さい値のため。

なお，「3: for (i を 1 から 3 まで 2 ずつ増やす)」のとおり，条件式は「3まで」ですが，forを終了するのは，iが3になった場合でなく，iが5になった場合です。

●減らす

条件式「3まで」は「○ ≧ 3」です。「for (i を 6 から 3 まで 3 ずつ減らす)」のように，初期値6が，条件式にある3より大きいためです。プログラムの例とトレース表は，次のとおりです。

なお，「減らす」ではforの実行手順の「④ 増分をfor変数に加える」を，「④ 増分をfor変数から減らす」に読み替えます。

〔プログラム〕

```
1: 整数型: a, i
2: a ← 0
3: for (i を 6 から 3 まで 3 ずつ減らす)
4:   a ← a + i
5: endfor
6: aを出力する
```

	トレース表	条件式	a	i
A	2: a ← 0		0	
B	3: for (i を 6 から 3 まで 3 ずつ減らす)	6 ≧ 3 T		6
C	4: a ← a + i		6	
D	3: for (i を 6 から 3 まで 3 ずつ減らす)	3 ≧ 3 T		3
E	4: a ← a + i		9	
F	3: for (i を 6 から 3 まで 3 ずつ減らす)	0 ≧ 3 F		0
G	6: aを出力する ―「9」を出力する。			

- iは，6→3→0と変化し，0で条件式がF（偽）になりforを終了する。
- 条件式は「i ≧ 3」。初期値6が，条件式にある3より大きい値のため。

なお，「3: for (i を 6 から 3 まで 3 ずつ減らす)」のとおり，条件式は「3まで」ですが，forを終了するのは，iが3になった場合でなく，iが0になった場合です。

例題3

問 次のプログラムをトレースし，トレース表に記入せよ。

〔プログラム〕

```
1: 整数型：cnt, i, j
2: cnt ← 0
3: for (i を 1 から 5 まで 3 ずつ増やす)
4:   cnt ← cnt ＋ i
5: endfor
6: for (j を 6 から 4 まで 3 ずつ減らす)
7:   cnt ← cnt ＋ j
8: endfor
9: cntを出力する
```

	トレース表	条件式			
A	2:				
B					
C					
D					
E					
F					
G					
H					
I					
J					

《解説》

[こう解く トレース]（➡p.042）を使って解きます。最終的に「11」を出力します。

	トレース表	条件式	cnt	i	j
A	2: cnt ← 0		0		
B	3: for (i を 1 から 5 まで 3 ずつ増やす)	1 ≦ 5 T		1	
C	4: 　cnt ← cnt ＋ i		1		
D	3: for (i を 1 から 5 まで 3 ずつ増やす)	4 ≦ 5 T		4	
E	4: 　cnt ← cnt ＋ i		5		
F	3: for (i を 1 から 5 まで 3 ずつ増やす)	7 ≦ 5 F		7	
G	6: for (j を 6 から 4 まで 3 ずつ減らす)	6 ≧ 4 T			6
H	7: 　cnt ← cnt ＋ j		11		
I	6: for (j を 6 から 4 まで 3 ずつ減らす)	3 ≧ 4 F			3
J	9: cntを出力する				

forの実行手順

① 初期値1をfor変数iに格納する。
② 条件式を見極める。
③ 処理を実行する。
④ 増分3をfor変数iに加える。
② 条件式を見極める。
③ 処理を実行する。
④ 増分3をfor変数iに加える。
② 条件式を見極める。
「11」を出力する。

出題者から

この内容に関連した採点講評の記述は，次のとおりです。

- プログラムの作成においては，アルゴリズム及びプログラムの仕様を理解し，条件分岐や繰返しの条件を正しく実装する能力が，使用するプログラム言語を問わず求められるので，身につけておいてほしい。

採点講評（基本情報技術者試験 平成31年春 午後問8）

◯ 関数 *9

何度も使うためのひとまとまりの処理です。同じ処理内容を複数回実行したい場合，同じ内容のプログラムを何度も書くことはせず，関数として一度書いておき，それを何度も呼び出して再利用する形式にします。これにより，プログラム量が減り，プログラムの誤りが少なくなったり，作業効率が上がったりします。

◆関数の各部の名称

関数は，**丸かっこ**により判別できます。丸かっこの左隣にあるものが関数名です。プログラム中に関数が存在すると，その関数を呼び出します。関数の各部の名称は，次のとおりです。

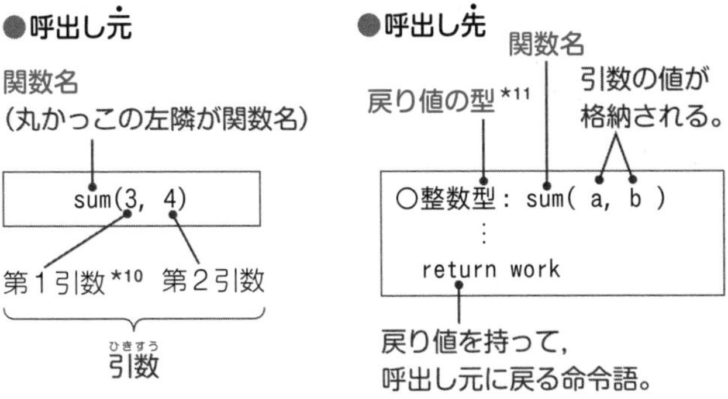

●呼出し元

関数名（丸かっこの左隣が関数名）

```
sum(3, 4)
```

第１引数 *10　第２引数

引数（ひきすう）

●呼出し先

戻り値の型 *11　関数名　引数の値が格納される。

```
○整数型: sum( a, b )
    ⋮
  return work
```

戻り値を持って，呼出し元に戻る命令語。

関数の呼出しがあると，同じ関数名で定義された，関数の宣言の行（呼出し先の関数）へジャンプします。その後，「return（リターン）」があると，戻り値を持って，呼出し元に戻ります。関数の実行手順は，次のとおりです。

***9：関数**
C言語の関数・Javaのメソッドと似ている。

***10：第１引数（ひきすう）**
「,」で区切って，左からの順で，第１引数，第２引数と呼ぶ。

***11：戻り値の型（もどりちのかた）**
関数から呼出し元に戻るときに，関数から返される値の型。
［変数の型］（➡p.027）

◆関数の実行手順

① **引数** *12を持って，呼出し先の関数へジャンプする。
② 関数の引数に値を格納する。
③ 関数内の処理を実行する。
④ returnにより**戻り値** *13を持って元に戻る。

*12：**引数（ひきすう）**
呼出し元から関数へジャンプするときに，関数へ渡す値。

*13：**戻り値**
関数から呼出し元に戻るときに，関数から返される値。

関数の実行手順を使った処理イメージは，次のとおりです。

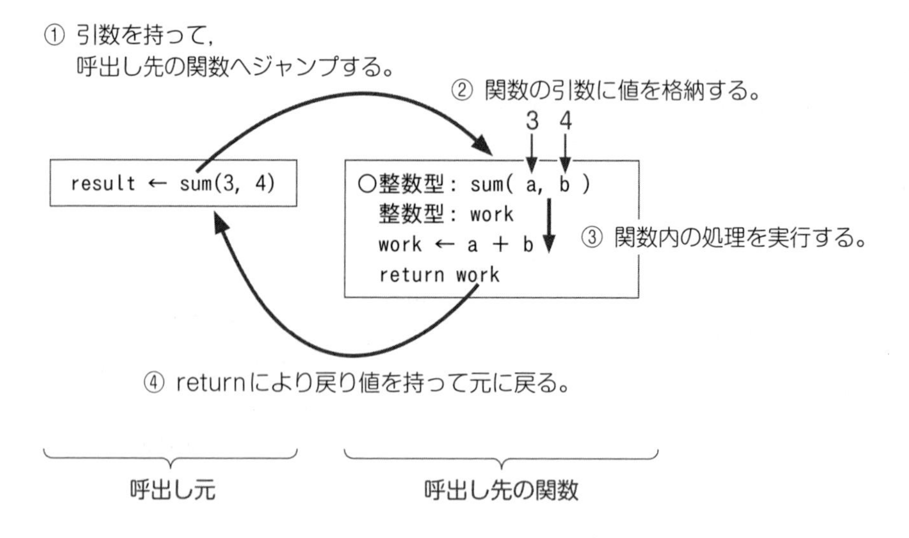

「sum(3, 4)」として呼出し先の関数へジャンプすると，戻り値7を持って呼出し元に戻ります。さらに，呼出し元の「result ←」により，戻り値7が変数resultに格納されます。

◆手続（てつづき）*14

戻り値を返さない種類の関数です。手続の場合，**［関数の実行手順］**の④から「returnにより戻り値を持って」を取り去り，単に「元に戻る」となります。

*14：**手続**
C言語・Javaにおいて，戻り値の型に「void」と指定した関数・メソッドと似ている。

◆プログラムの終了

プログラム（**関数**・**手続**）の終了は，次の手がかりにより見つけられます。

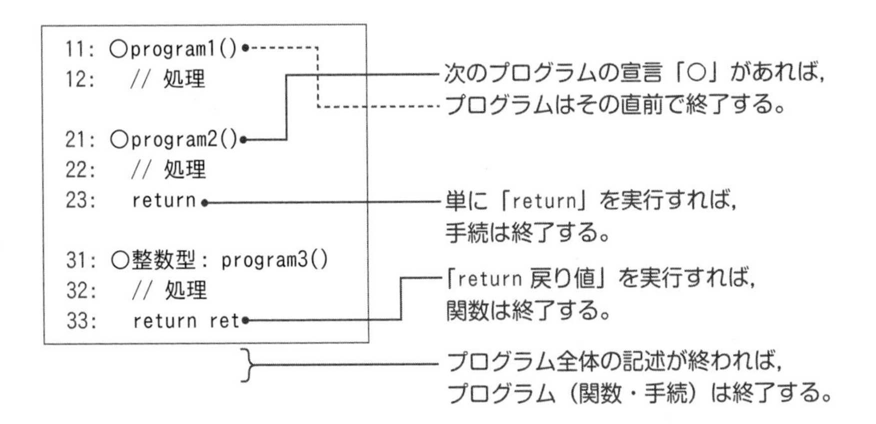

◎ 変数の有効範囲[*15]

変数をどこから利用（値の格納・値の取出し）できるかという範囲です。プログラムでは，変数の有効範囲ができるだけ狭い**局所変数**・**引数**を使用するようにして，プログラム内で思いがけず変数の値が変更されるリスクを低減させます。

一方で，利便性を高めたり，プログラム終了後も値を残して再利用したりするために，変数の有効範囲が広い**大域変数**を使用することがあります。変数の種類と，対応する有効範囲は，次のとおりです。

*15：**有効範囲**
スコープともいう。

◆局所（きょくしょ）変数[*16]・引数（ひきすう）

見分け方・有効範囲・トレースでの注意点は，次のとおりです。

- 見分け方：プログラム（関数・手続）内で宣言された変数・引数。

*16：**局所変数**
一般にローカル変数ともいう。

- 有効範囲：局所変数・引数が定義された行以降の，同一プログラム内からのみ利用できる。つまり，**他のプログラム**からは**利用できない。**
- トレース：**プログラム**が**終了**すると，局所変数・引数の値は**すべて消去**され，再利用はできない。

◆大域(たいいき)変数*17

見分け方・有効範囲・トレースでの注意点は，次のとおりです。

- 見分け方：「**大域：**」付きで宣言された変数。プログラムの冒頭で宣言されることが多い。
- 有効範囲：**どこから**でも**利用できる。**
- トレース：プログラム実行前に**最初に初期値**が格納される。すべての**プログラム**（関数・手続）が**終了**しても，大域変数の値は残り，そのまま**再利用できる。**

有効範囲の例は，次のとおりです。矢印（◀━━▶）は，プログラム中の各変数の有効範囲を示します。

```
 1: 大域： 文字型： a ← "A"
11: ○programA()
12:   aを出力する
13:   文字型： a ← "B"
14:   aを出力する
15:   programB(a)
16:   programC()

21: ○programB(文字型： b)
22:   bを出力する
23:   文字型： a ← b
24:   aを出力する

31: ○programC()
32:   aを出力する
33:   a ← "C"
34:   aを出力する
```

大域変数 a　どこからでも利用できる。（1〜34行）

1行目：「大域：」付きで宣言されているため，大域変数。

局所変数 a（13〜16行）：定義された行以降の，同一プログラムからのみ利用できる。

引数 b（21〜24行）：定義された行以降の，同一プログラムからのみ利用できる。

局所変数 a（23〜24行）

*17：**大域変数**
一般にグローバル変数ともいう。

◆局所変数と大域変数

局所変数と大域変数の違いをまとめると，次のとおりです。

- 局所変数は，**プログラム**が**終了**すると，局所変数の値は**すべて消去**され，再利用はできない。
- 大域変数は，**プログラム実行前**に最初に**初期値が格納**される。すべての**プログラム**が**終了**しても，大域変数の値は残り，そのまま**利用できる**。

◆変数名の重複（ちょうふく）

局所変数・引数・大域変数の名前が重複する場合の考え方は，次のとおりです。

- 局所変数・引数・大域変数の名前が重複する場合，**局所変数・引数**の値を用いる。
- つまり，大域変数sと局所変数sが両方とも存在する状況で，「sを出力する」を実行すると，出力するのは局所変数sの値である。

なお，局所変数と引数は，名前が重複することはありません。

こう解く 別のプログラムのトレース

あるプログラム（関数・手続）から**別のプログラム**へのトレースにおける注意点は，次のとおりです。

- 呼出し先のトレース表を右に**字下げ**して書く。呼出し元と呼出し先の関係を理解しやすくするために。
- 本書では別のプログラムについては，トレース表の通し記号を「A」でなく，「AA」から始める。呼出し先では，「BA」から始める。
- **大域変数**の値は，すべての**トレース表**を**またいで使用**する。

- 局所変数・引数・大域変数の名前が重複する場合，大域変数に「大域」を付ける。
- 例えば，大域変数sと局所変数sが両方とも存在するプログラムでは，トレース表では大域変数は「大域」を付け，「大域s」と記入する。

次のプログラムを例に説明します。

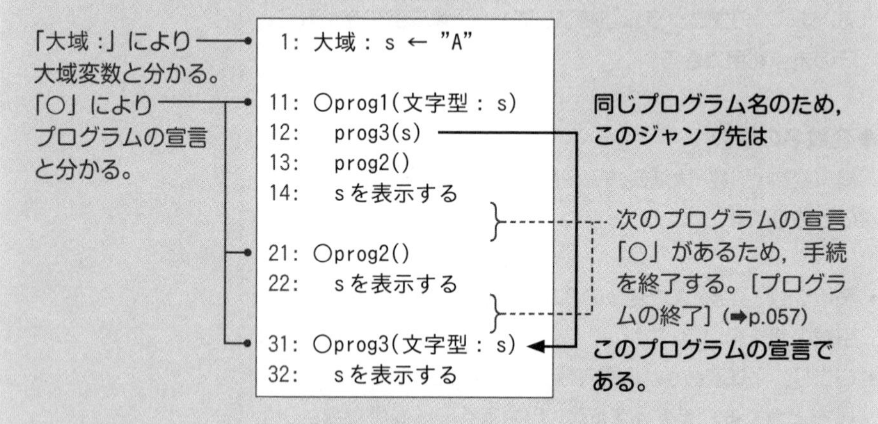

prog1("B")として手続prog1を呼び出す場合の実行手順は，次のとおりです。最終的に，表示は「BAB」となります。

① prog1("B")として呼び出す。

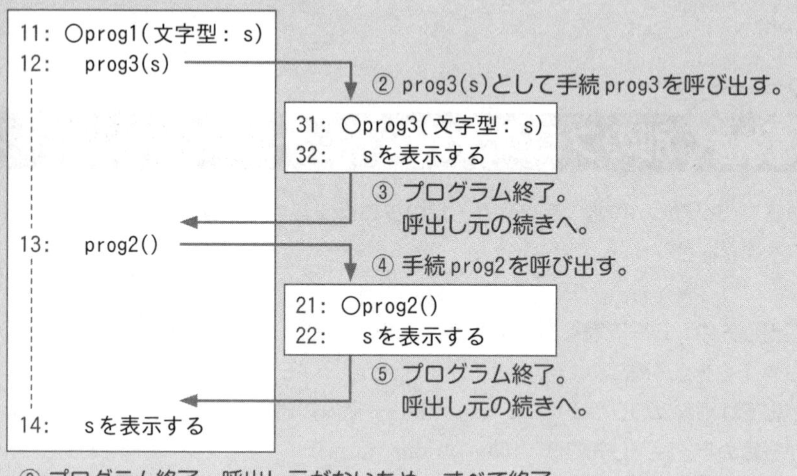

⑥ プログラム終了。呼出し元がないため，すべて終了。

トレース表は，次のとおりです。「1: 大域: s ← "A"」で，大域変数はプログラム実行前に最初に初期値が格納されます。**[局所変数と大域変数]**（➡p.059） prog1("B")として手続prog1を呼び出します。

大域変数と引数の名前が重複するため，大域変数sは「大域s」と記入する。

通し記号は「AA」から。

	トレース表	条件式	大域s	s	表示
AA	1: 大域: s ← "A"		A		
AB	11: ○prog1(文字型: s)			B	
AC	12: prog3(s)				

- AC行でprog3(s)として手続prog3を呼び出す。引数sの値は"B"。

手続prog1の引数sと，手続prog3の引数sでは，別の引数であるため，トレース表の見出しは，別の列を使う。共用しない。

右に字下げして書く。また，通し記号は「BA」から。

	トレース表	条件式	大域s	s	表示
BA	31: ○prog3(文字型: s)			B	
BB	32: sを表示する				B

- BB行で表示するのは大域変数sでなく，引数sの値B。**[変数名の重複]**（➡p.059） prog3(s)を終了する。AD行でprog1("B")の続きを実行する。

AD	13: prog2()				

- AD行で手続prog2を呼び出す。

	トレース表	条件式	大域s	表示
CA	21: ○prog2()			
CB	22: sを表示する			A

- CB行で表示するのは大域変数sの値A。引数sは存在しないため。prog2()を終了する。AE行でprog1("B")の続きを実行する。

AE	14: sを表示する				B

- AE行で表示するのは，AB行で格納された引数sの値Bであり，AA行で格納された大域変数sの値Aではない。**[変数名の重複]**（➡p.059） 最終的に，表示は「BAB」となる。

例題 4

問 次の関数 funcA を呼び出す。トレースし，トレース表に記入せよ。

〔プログラム〕

```
11: ○文字型: funcA()
12:   文字型: ret
13:   if (funcB() ＞ 1)
14:     ret ← "あ"
15:   elseif (funcC())
16:     ret ← "い"
17:   else
18:     ret ← "う"
19:   endif
20:   return ret
```

```
21: ○整数型: funcB()
22:   return 1

31: ○論理型: funcC()
32:   return false
```

	トレース表	条件式	
AA	11:		
AB			

	トレース表	条件式
BA		
BB		

AC			
AD			

	トレース表	条件式
CC		
CD		

AE			
AF			
AG			

《解説》

[こう解く 別のプログラムのトレース] (➡p.059) を使って解きます。最終的に，戻り値は「う」となります。

- 問題文のとおり関数funcAを呼び出す。

	トレース表	条件式	ret
AA	11: ○文字型: funcA()		
AB	13: 　if (funcB() > 1)		

- AB行でfuncBを呼び出す。

	トレース表	条件式
BA	21: ○整数型: funcB()	
BB	22: 　return 1 ←戻り値は1。	

- BB行でfuncB()の戻り値1を返す。

	トレース表	条件式	ret
AC	13: 　if (funcB() > 1)	1 > 1 F	
AD	15: 　elseif (funcC())		

- AC行でfuncA()の続きを実行する。戻り値が1のため，「if (1 > 1)」でF（偽）。
- AD行で関数funcCを呼び出す。

	トレース表	条件式
CC	31: ○論理型: funcC()	
CD	32: 　return false ←戻り値はfalse。	

- CD行でfuncC()の戻り値falseを返す。

	トレース表	条件式	ret
AE	15: 　elseif (funcC())	F	
AF	18: 　　ret ← "う"		う
AG	20: 　return ret ←戻り値は"う"。		

- AE行でfuncA()の続きを実行する。戻り値がfalseのため，「elseif (false)」でF（偽）。
- AG行でfuncA()の戻り値"う"を返す。

こう解く 当てはめ法

実行前の例[*18]を当てはめて，トレースし，空所まで到達したら，**選択肢**を当てはめる方法です。その値が処理結果のとおりでない選択肢を不正解にします。

試験で出題されるのは，呼出し先の関数です。そのため，問題中にある実行前の例の値を，関数の引数に当てはめなければ，呼出し先の関数をトレースできません。

***18：実行前の例**
図や問題文などにより，問題中に示された例。ただしあえて示されないこともある。

***19：定義された関数**
関数floorは，引数tNum以下で，引数sNumの倍数の最大値を返す。

実行前の例を当てはめたうえで，トレースし，プログラム中の空所まで到達したら，空所に**選択肢**を当てはめて，トレースを続けます。その結果，処理結果のとおりにならない選択肢は，不正解だと分かります。

次の〔プログラム〕で定義された関数[*19]を，floor(13, 6)として呼び出すと，戻り値12を返します。当てはめ法を使って，実行前の例と選択肢を当てはめます。

〔プログラム〕

```
1: ○整数型: floor(整数型: tNum, 整数型: sNum)
2:   整数型: work
3:   work ← 0
4:   while (work ≦ tNum)
5:     work ← work + sNum
6:   endwhile
7:   work ← [     a     ]
8:   return work
```

解答群

ア work × sNum

イ work ＋ sNum

ウ sNum － work

エ work － sNum

まず，**実行前の例**「floor(13, 6)」を当てはめます。つまり，引数tNumに13を，引数sNumに6を格納します。

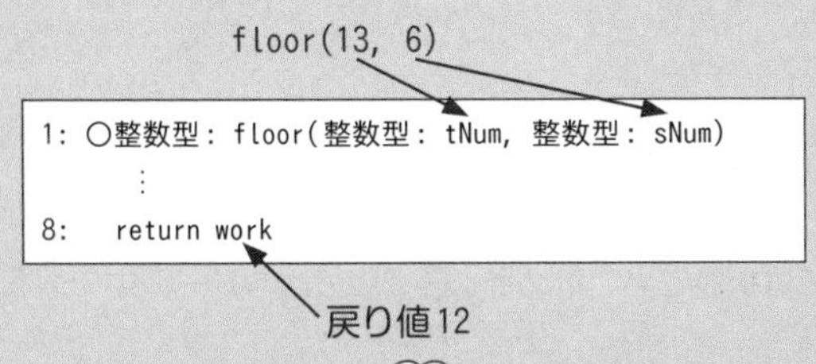

次に，これをもとに，［こう解く トレース］（➡p.042）を使って，トレースします。

	トレース表	条件式	tNum	sNum	work
A	1: ○整数型: floor(整数型: tNum, 整数型: sNum)		13	6	
B	3: work ← 0				0
C	4: while (work ≦ tNum)	0≦13 T			
D	5: work ← work + sNum				6
E	4: while (work ≦ tNum)	6≦13 T			
F	5: work ← work + sNum				12
G	4: while (work ≦ tNum)	12≦13 T			
H	5: work ← work + sNum				18
I	4: while (work ≦ tNum)	18≦13 F			
J	7: work ← [a]				12
K	8: return work				

最後に，[a]まで到達したら，**選択肢**を当てはめます。選択肢には，トレース中の値を当てはめ，変数workに格納する値を求めます。処理結果は「戻り値12を返す」べきで，変数workは，8行で戻り値となるため，12を格納しなければなりません。つまり，処理結果が12とならない選択肢は不正解です。

ア work × sNum	18 × 6 = 108	不正解
イ work + sNum	18 + 6 = 24	不正解
ウ sNum − work	6 − 18 = − 12	不正解
エ work − sNum	18 − 6 = 12	

よって，正解は**エ**です。

◆当てはめ法の手順

当てはめ法の手順は，次のとおりです。実行前の例と選択肢の２つを当てはめる点がポイントです。

① プログラムに**実行前の例**を，当てはめる。
② トレースする。
③ 空所まで到達したら，空所に**選択肢**を当てはめる。選択肢にはトレース中の値を当てはめる。
④ 処理結果と異なる場合，選択肢を不正解にする。

すべての問題をトレースのみで解くべきだと，本書で言うつもりはありません。処理内容の解釈や，問題文からの当てはめだけで解けるのであれば，それで解けばよいでしょう。

トレース力を問う試験問題が大半を占めるため，本書はその出題傾向に合わせて，トレースによる解法を中心に紹介しています。プログラム経験のまだ浅いエンジニアや学生にとって，プログラムの処理内容の解釈はハードルが高い一方で，トレースで解けるのは朗報だからです。

また，トレースを脳内で暗算できるのであれば，それに越したことはありません。すべてのトレースをメモ用紙に書く必要はないでしょう。トレース表も書籍のままでなく，自分流に簡略化してもよいでしょう。

ただし，トレース以外の解き方により埋めた選択肢については，トレースを用いて**確かめ算**をし，正しい処理結果になるかを確認することをおすすめします。トレースにより，ミスを未然に防げるからです。

例題5

問　次の〔プログラム〕で定義された関数を，remainder(5, 3)として呼び出すと，戻り値2を返す。トレースし，トレース表に記入せよ。また，解答群の表を埋めよ。

〔プログラム〕

```
1: ○整数型: remainder(整数型: val, 整数型: quo)
2:   整数型: ret
3:   ret ← 0
4:   while (ret ≦ val)
5:     ret ← ret + quo
6:   endwhile
7:   ret ← [ b ]
8:   return ret
```

	トレース表	条件式			
A	1:				
B					
C					
D					
E					
F					
G					
H					
I					

解答群

ア　val ＋ ret － quo		
イ　ret － val ＋ quo		
ウ　quo － ret ＋ val		
エ　quo － val － ret		

《解説》

［こう解く 当てはめ法］（➡p.064）を使って解きます。

まず，**実行前の例**「remainder(5, 3)」を当てはめます。つまり，引数valに5を，引数quoに3を格納します。

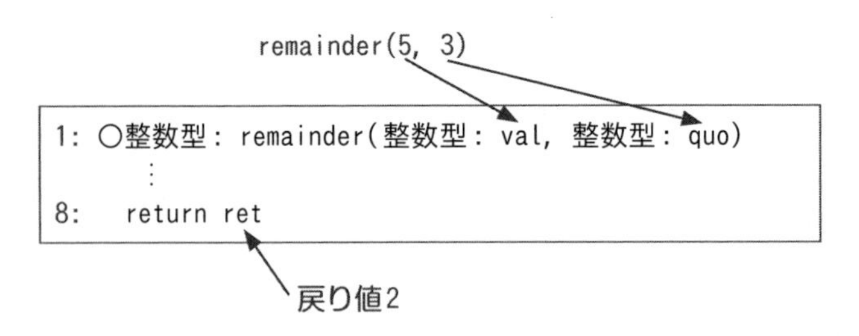

次に，これをもとに，［こう解く トレース］（➡p.042）を使って，トレースします。

	トレース表	条件式	val	quo	ret
A	1: ○整数型： remainder(…)		5	3	
B	3: ret ← 0				0
C	4: while (ret ≦ val)	0 ≦ 5 T			
D	5: ret ← ret ＋ quo				3
E	4: while (ret ≦ val)	3 ≦ 5 T			
F	5: ret ← ret ＋ quo				6
G	4: while (ret ≦ val)	6 ≦ 5 F			
H	7: ret ← [b]				2
I	8: return ret				

最後に，[b]まで到達したら，**選択肢**を当てはめます。選択肢には，トレース中の値を当てはめ，変数retに格納する値を求めます。処理結果は「**戻り値2を返す**」べきで，変数retは，8行で戻り値となるため，2を格納しなければなりません。つまり，計算結果が2とならない選択肢は不正解です。

ア val ＋ ret － quo	5＋6－3＝ 8	不正解
イ ret － val ＋ quo	6－5＋3＝ 4	不正解
ウ quo － ret ＋ val	3－6＋5＝ 2	
エ quo － val － ret	3－5－6＝－8	不正解

よって，正解は**ウ**です。

トピックス

トレースは筆算に似ている。

トレースは計算問題で使う**筆算**に似ています。例えば「123×456＝？」のように桁数の多い掛け算では，各桁の計算結果や繰り上がりを覚えていられません。筆算は，これらを**メモ書き**するという手法です。

トレースも同じです。長いトレースの過程にある変数の値を覚えていられないため，**メモ書き**をします。

また，時間がないと焦る人ほど，トレースをせず，頭の中だけで考えようとします。ところが，解答に時間がかかる主な原因は，解答に**自信がなく悩む時間**が長いことです。手を動かさず，頭の中で考えてばかりだと確信がもてず，かえって時間がかかります。

地道にトレースをすれば，迷いなく答えられるため，逆に解答時間は短くなることでしょう。

実行前の例を作る

問題中に実行前の例がない場合，実行前の例を作ったうえで，その処理結果を予測する必要があります。問題文や図をもとに，次の視点で実行前の例を作ります。

***20：境界値**
ここでは，ある範囲の最小値と最大値。

- 各ケースの境界値（きょうかいち）*20を使った実行前の例
- 境界値の上下の値を使った実行前の例

境界値の上下の値とは，例えば，問題文「1以上」の場合，境界値が1，境界値の上下の値は，境界値の下の値である0です。なお，境界値1の上の値である2は，「1以上」であり，境界値1と同じ処理結果になるので，この場合の実行前の例にはしません。

実行前の例の例は，次のとおりです。

- **例1**：問題文「7以上の場合，“下期”を出力する。それ以外の場合，“上期”を出力する」

	実行前の例	処理結果
境界値	7	下期
上下の値	6	上期

- **例2**：問題文「25以上28以下の場合，“適温”を出力する。それ以外の場合，“適温でない”を出力する」

	実行前の例	処理結果
境界値	25	適温
上下の値	24	適温でない
境界値	28	適温
上下の値	29	適温でない

見落としがちな文法

見落としがちな一方で，よく出題される文法項目は，次のとおりです。

- mod（モッド）*21

割り算の余り（剰余（じょうよ））を求める。

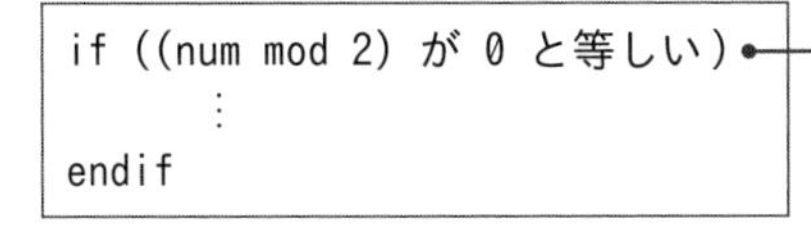

「変数numの値を2で割った余りが0の場合」に真。
つまり「numが2の倍数か？」「偶数か？」を見極められる。

次の4つの式のうち，上から3つめのように，被除数が除数よりも小さい場合（非負数），剰余が何になるかが分かりにくい。割られる数（被除数），割る数（除数），割り算の計算結果（商），割り算の余り（剰余）とすると，「被除数 ＝ 除数 × 商 ＋ 剰余」の式が成り立つ。例は次のとおり。

被除数　除数　商　剰余

5 ÷ 3 ＝ 1 余り 2
9 ÷ 3 ＝ 3 余り 0
2 ÷ 3 ＝ 0 余り 2 ―「被除数 ＜ 除数」（非負数）の場合，商は0，剰余＝被除数となる。
0 ÷ 3 ＝ 0 余り 0

- **小数部分の切捨て**

整数型の変数には，**小数の値**は**格納できない**ため，小数部分が切り捨てられ，整数の値が格納される。割り算の処理を行う場合に発生しがち。

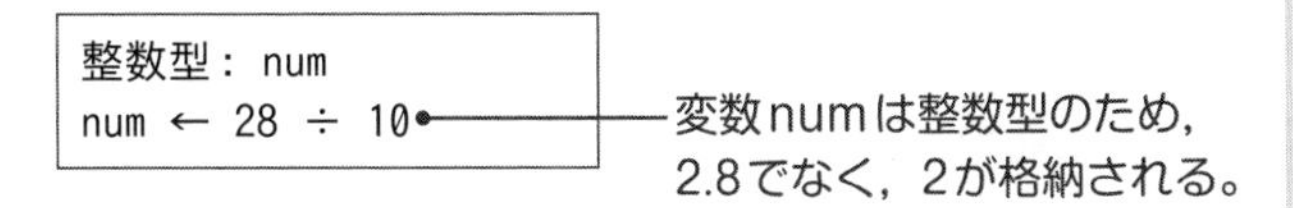

なお，整数型でなく実数型の変数の場合は，小数の値も格納できるため，小数部分は切り捨てられない。つまり，変数には2.8が格納される。

*21：mod
語源は，modulus（モジュラス）（係数・率）から。

● not

否定。つまり，falseならtrueになり，trueならfalseになる。

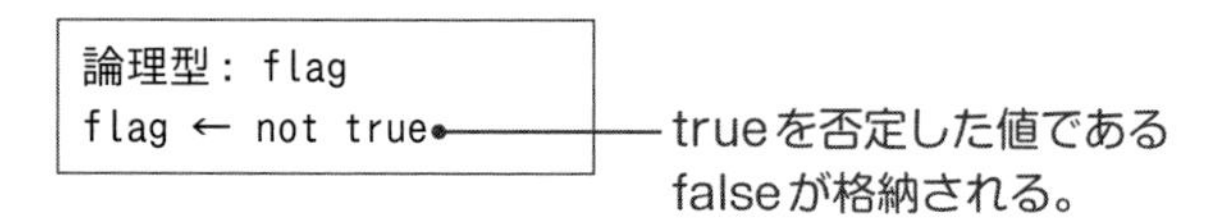

● //

コメント・注釈。プログラムを説明した文章であり，プログラムとしては実行しない。// から行末までがコメントとなる。

● /*　*/

コメント・注釈。プログラムを説明した文章であり，プログラムとしては実行しない。/* と */ に挟まれた部分がコメントとなる。途中に改行があってもよい。

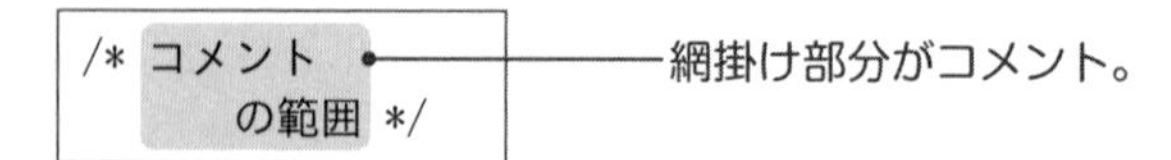

● ＋

文字列連結の演算子。ある文字列と別の文字列をつなぎ合わせる役割を担う。算術演算子の「＋」と見た目は同じだが，文字列連結の場合は，コメントにその記載があることが多い。

次の例では「文字列型：a ← "1" ＋ "2"」により，変数aに文字列「1」と文字列「2」をつなぎ合わせた文字列「12」を格納する。1と2を加算した値3を格納するのではない。

```
文字列型：a ← "1" ＋ "2"    // 演算子“＋”は文字列連結を行う。
```

擬似言語の問題を解く手順

擬似言語の問題を解くための手順です。この手順は，本書を通じて使われるものです。

試験問題に直面すると，そのときの思いつきで解こうとする受験者が多いです。その結果，ある問題では正解できても別の問題では不正解になるケースがあります。この手順に沿って解くことで，少し手間はかかりますが，確実に正解に近づけられます。

◆擬似言語の問題を解く手順

① 実行前の例を作る。処理結果を予測する。 ― [こう解く 実行前の例を作る] (➡p.070)

② プログラムに実行前の例を当てはめてトレースする。 ― [こう解く トレース] (➡p.042)、[こう解く 当てはめ法]

③ 空所に選択肢を当てはめてトレースする。 ― [こう解く 当てはめ法] (➡p.064)

④ 処理結果と異なる場合，不正解。
別の選択肢で③を行う。全選択肢が済んだら②に戻る。

この手順は，この章で説明した上記3つの[こう解く]を含んでいます。つまり，それらをまとめたものが，擬似言語の問題を解く手順という位置付けです。

出題者から

この内容に関連した採点講評の記述は，次のとおりです。

- プログラムの動作を理解することは重要である。そのためには，プログラムの説明をよく読んでプログラムの機能を理解し，具体的な数値を用いてプログラムの動作を実際に**追跡**してみることが有効である。

採点講評（基本情報技術者試験 平成23年特別 午後問8）

▸確認しよう

□ 問1	次の変数の型では，変数にどのような種類の値が格納されるか。（➡p.027） • 文字型　• 文字列型　• 整数型 • 実数型　• 論理型
□ 問2	次の用語を説明せよ。（➡p.029～031） • mod　• and　• or
□ 問3	ifだけと，ifとelseとの違いを説明せよ。（➡p.034）
□ 問4	whileとdoの違いを説明せよ。（➡p.040）
□ 問5	トレース表に記入しない行として，変数の宣言のほかに，5つの命令語がある。その命令語を挙げよ。（➡p.043）
□ 問6	次の用語を説明せよ。（➡p.055～056） • return　• 引数　• 戻り値
□ 問7	関数と手続の違いを説明せよ。（➡p.056）
□ 問8	次の各変数の有効範囲とトレースにおける注意点を説明せよ。（➡p.057～058） • 局所変数　• 大域変数
□ 問9	［こう解く **当てはめ法**］で説明した**「当てはめ法の手順」**において，当てはめるものを2つ挙げよ。（➡p.066）
□ 問10	［こう解く **実行前の例を作る**］で説明した実行前の例を作る際の視点を2つ挙げよ。（➡p.070）
□ 問11	小数部分の切捨ては，どのような処理を行う場合に発生しがちか。（➡p.071）
□ 問12	コメント・注釈を示す記号を2つ挙げよ。（➡p.072）
□ 問13	［こう解く **擬似言語の問題を解く手順**］で説明した**「擬似言語の問題を解く手順」**を説明せよ。（➡p.073）

▸練習問題

問題1－1

〔ITパスポート試験 令和3年サンプル問題 問2〕

問 手続printStarsは，“☆”と“★”を交互に，引数numで指定された数だけ出力する。プログラム中のa，bに入れる字句の適切な組合せはどれか。ここで，引数numの値が0以下のときは，何も出力しない。

〔プログラム〕

```
 1: ○printStars(整数型: num)          /* 手続の宣言 */
 2:   整数型: cnt ← 0                  /* 出力した数を初期化する */
 3:   文字列型: starColor ← "SC1"      /* 最初は“☆”を出力させる */
 4:   [   a   ]
 5:     if (starColor が "SC1" と等しい)
 6:       "☆"を出力する
 7:       starColor ← "SC2"
 8:     else
 9:       "★"を出力する
10:       starColor ← "SC1"
11:     endif
12:     cnt ← cnt + 1
13:   [   b   ]
```

	a	b
ア	do	while (cnt が num 以下)
イ	do	while (cnt が num より小さい)
ウ	while (cnt が num 以下)	endwhile
エ	while (cnt が num より小さい)	endwhile

《解説》

[こう解く 擬似言語の問題を解く手順]（➡p.073）を使って解きます。

① 実行前の例を作る。処理結果を予測する。

[こう解く 実行前の例を作る]（➡p.070）を使って実行前の例を作ります。問題文「ここで，引数numの値が0以下のときは，何も出力しない」をもとに，実行前の例は境界値0，境界値の上下の値1を使って作り，処理結果を予測します。

	実行前の例	処理結果
境界値	numが0	何も出力しない
上下の値	numが1	☆

② プログラムに実行前の例を当てはめてトレースする。

実行前の例numが0を当てはめてトレースします。

	トレース表	条件式	num	cnt	starColor
A	1: ○printStars(整数型: num)		0		
B	2: 整数型: cnt ← 0			0	
C	3: 文字列型: starColor ← "SC1"				SC1

③ 空所に選択肢を当てはめてトレースする。

ア [a] に「do」，[b] に「while (cnt が num 以下)」を当てはめてトレースします。

D	4: [a] do				
E	5: if (starColor が "SC1" と等しい)	SC1 = SC1 T			
F	6: "☆"を出力する ←「☆」を出力する。				

④ 処理結果と異なる場合，不正解。別の選択肢で③を行う。全選択肢が済んだら②に戻る。

処理結果は“何も出力しない”であるべきなのに，今回「☆」を出力したため，不正解です。なお，[a] の選択肢は**ア**と**イ**が同じため，**ア**だけでなく**イ**も不正解です。別の選択肢で③を行います。

③ 空所に選択肢を当てはめてトレースする。

ウ [a] に「while (cnt が num 以下)」，[b] に「endwhile」を当てはめてトレースします。

	トレース表	条件式	num	cnt	starColor
D	4: [a] while (cnt が num 以下)	0 ≦ 0 T			
E	5: if (starColor が "SC1" と等しい)	SC1 = SC1 T			
F	6: "☆"を出力する•──「☆」を出力する。				

④ 処理結果と異なる場合，不正解。別の選択肢で③を行う。全選択肢が済んだら②に戻る。

処理結果は“何も出力しない”であるべきなのに，今回「☆」を出力したため，不正解です。別の選択肢で③を行います。

③ 空所に選択肢を当てはめてトレースする。

エ [a] に「while (cnt が num より小さい)」，[b] に「endwhile」を当てはめてトレースします。

D	4: [a] while (cnt が num より小さい)	0 < 0 F			

④ 処理結果と異なる場合，不正解。別の選択肢で③を行う。全選択肢が済んだら②に戻る。

処理結果は“何も出力しない”であるべきで，今回そのとおりのため，正しいです。

よって，正解は**エ**です。

初めから条件式が偽の場合，whileは処理を実行しないが，doは実行する。

whileとdoの違いを理解しているかが問われています。**[whileとdoの違い]** **(➡p.040)**

- whileは，初めから条件式が偽の場合，一度も処理を実行しない。
- doは，初めから条件式が偽の場合，一度は処理を実行する。

[a] に「do」を入れると，条件式が偽の場合でも一度は処理（“☆”を出力）を実行するため，不正解になります。問題文の「ここで，引数numの値が0以下のときは，何も出力しない」に該当しないためです。

問題1－2 〔ITパスポート試験 令和4年公開問題 問96〕

問 関数calcXと関数calcYは，引数inDataを用いて計算を行い，その結果を戻り値とする。関数calcXをcalcX(1)として呼び出すと，関数calcXの変数numの値が，1→3→7→13と変化し，戻り値は13となった。関数calcYをcalcY(1)として呼び出すと，関数calcYの変数numの値が，1→5→13→25と変化し，戻り値は25となった。プログラム中のa，bに入れる字句の適切な組合せはどれか。

〔プログラム1〕

```
11: ○整数型: calcX(整数型: inData)
12:   整数型: num, i
13:   num ← inData
14:   for (i を 1 から 3 まで 1 ずつ増やす)
15:     num ← [  a  ]
16:   endfor
17:   return num
```

〔プログラム2〕

```
21: ○整数型: calcY(整数型: inData)
22:   整数型: num, i
23:   num ← inData
24:   for ([  b  ])
25:     num ← [  a  ]
26:   endfor
27:   return num
```

	a	b
ア	2 × num ＋ i	i を 1 から 7 まで 3 ずつ増やす
イ	2 × num ＋ i	i を 2 から 6 まで 2 ずつ増やす
ウ	num ＋ 2 × i	i を 1 から 7 まで 3 ずつ増やす
エ	num ＋ 2 × i	i を 2 から 6 まで 2 ずつ増やす

《解説》

［こう解く 擬似言語の問題を解く手順］（➡p.073）を使って解きます。
まず，〔プログラム1〕を行います。

① 実行前の例を作る。処理結果を予測する。

処理結果は「変数numの値が，1→3→7→13と変化」と記載されているので，それを使います。

② プログラムに実行前の例を当てはめてトレースする。

calcX(1)として呼び出すと，inDataに1が格納されます。

	トレース表	条件式	inData	num	i
A	11: ○整数型: calcX(整数型: inData)		1		
B	13: num ← inData			1	
C	14: for (i を 1 から 3 まで 1 ずつ増やす)	1 ≦ 3 T			1

③ 空所に選択肢を当てはめてトレースする。

ア［a］に「2 × num + i」を当てはめてトレースします。

D	15: num ← ［a］ 2 × num + i			3	
E	14: for (i を 1 から 3 まで 1 ずつ増やす)	2 ≦ 3 T			2
F	15: num ← ［a］ 2 × num + i			8	

④ 処理結果と異なる場合，不正解。別の選択肢で③を行う。全選択肢が済んだら②に戻る。

処理結果は「変数numの値が，1→3→7→13と変化」すべきなのに，今回1→3→8と変化したため，**ア**は不正解です。なお，［a］の選択肢は**ア**と**イ**が同じため，**ア**だけでなく**イ**も不正解です。別の選択肢で③を行います。

③ 空所に選択肢を当てはめてトレースする。

ウ [a] に「num + 2 × i」を当てはめてトレースします。掛け算は足し算よりも前に計算します。

	トレース表	条件式	inData	num	i
D	15: num ← [a] num + 2 × i			3	
E	14: for (i を 1 から 3 まで 1 ずつ増やす)	2 ≦ 3 T			2
F	15: num ← [a] num + 2 × i			7	
G	14: for (i を 1 から 3 まで 1 ずつ増やす)	3 ≦ 3 T			3
H	15: num ← [a] num + 2 × i			13	
I	14: for (i を 1 から 3 まで 1 ずつ増やす)	4 ≦ 3 F			4
J	17: return num ←戻り値は13。				

④ 処理結果と異なる場合，不正解。別の選択肢で③を行う。全選択肢が済んだら②に戻る。

処理結果は「変数numの値が，1→3→7→13と変化」すべきで，今回そのとおりに変化しており，正しいです。なお，[a] の選択肢は**ウ**と**エ**が同じため，**ウ**だけでなく**エ**も正しいです。

次に，〔プログラム2〕を行います。

① 実行前の例を作る。処理結果を予測する。

処理結果は「変数numの値が，1→5→13→25と変化」と記載されているので，それを使います。

② プログラムに実行前の例を当てはめてトレースする。

calcY(1)として呼び出すと，inDataに1が格納されます。なお，**ア**と**イ**は〔プログラム1〕の [a] で不正解だったため，残る**ウ**と**エ**のみを当てはめます。

	トレース表	条件式	inData	num	i
A	21: ○整数型: calcY(整数型: inData)		1		
B	23: num ← inData			1	

③ 空所に選択肢を当てはめてトレースする。

ウ [a] に「num ＋ 2 × i」，[b] に「i を 1 から 7 まで 3 ずつ増やす」を当てはめてトレースします。

	トレース表	条件式	inData	num	i
C	24: for ([b]) iを1から7まで3ずつ増やす	1 ≦ 7 T			1
D	25: num ← [a] num ＋ 2 × i			3	

④ 処理結果と異なる場合，不正解。別の選択肢で③を行う。全選択肢が済んだら②に戻る。

処理結果は「変数numの値が，1→5→13→25と変化」すべきなのに，今回1→3と変化したため，**ウ**は不正解です。別の選択肢で③を行います。

③ 空所に選択肢を当てはめてトレースする。

エ [a] に「num ＋ 2 × i」，[b] に「i を 2 から 6 まで 2 ずつ増やす」を当てはめてトレースします。

	トレース表	条件式	inData	num	i
C	24: for ([b]) iを2から6まで2ずつ増やす	2 ≦ 6 T			2
D	25: num ← [a] num ＋ 2 × i			5	
E	24: for ([b]) iを2から6まで2ずつ増やす	4 ≦ 6 T			4
F	25: num ← [a] num ＋ 2 × i			13	
G	24: for ([b]) iを2から6まで2ずつ増やす	6 ≦ 6 T			6
H	25: num ← [a] num ＋ 2 × i			25	
I	24: for ([b]) iを2から6まで2ずつ増やす	8 ≦ 6 F			8
J	27: return num ←戻り値は25。				

④ 処理結果と異なる場合，不正解。別の選択肢で③を行う。全選択肢が済んだら②に戻る。

処理結果は「変数numの値が，1→5→13→25と変化」すべきで，今回そのとおりに変化しており，正しいです。

よって，正解は**エ**です。

問題1－3
〔ＩＴパスポート試験 平成22年秋 問69 改題〕

問 手続calculateは，5を出力する。プログラム中の［　　　］に入れる正しい答えを解答群の中から選べ。

〔プログラム〕
```
1: ○calculate()
2:   整数型: x, y
3:   x ← 2
4:   y ← 3
5:   do
6:     y ← y － 1
7:     x ← [　　　]
8:   while (y が 1 と等しくない)
9:   xを出力する
```

解答群

ア　y － x
イ　x × y
ウ　x － y
エ　x ＋ y

《解説》

［こう解く 擬似言語の問題を解く手順］（➡p.073）を使って解きます。

① **実行前の例を作る。処理結果を予測する。**

処理結果は「5を出力する」と記載されているので，それを使います。

② **プログラムに実行前の例を当てはめてトレースする。**

	トレース表	条件式	x	y
A	1: ○calculate()			
B	3: x ← 2		2	
C	4: y ← 3			3
D	6: 　y ← y － 1			2

「do」の行は記入しない。
［トレース表に記入しない行］
（➡p.043）

③ 空所に選択肢を当てはめてトレースする。

ア [ ] に「y − x」を当てはめてトレースします。

	トレース表	条件式	x	y
E	7:　x ← [ ] y − x		0	
F	8: while (y が 1 と等しくない)	2 ≠ 1 T		
G	6:　y ← y − 1			1
H	7:　x ← [ ] y − x		1	
I	8: while (y が 1 と等しくない)	1 ≠ 1 F		
J	9: xを出力する ←「1」を出力する。			

④ 処理結果と異なる場合，不正解。別の選択肢で③を行う。全選択肢が済んだら②に戻る。

処理結果は「5を出力する」であるべきなのに，今回1を出力したため，**ア**は不正解です。別の選択肢で③を行います。

③ 空所に選択肢を当てはめてトレースする。

イ [ ] に「x × y」を当てはめてトレースします。

E	7:　x ← [ ] x × y		4	
F	8: while (y が 1 と等しくない)	2 ≠ 1 T		
G	6:　y ← y − 1			1
H	7:　x ← [ ] x × y		4	
I	8: while (y が 1 と等しくない)	1 ≠ 1 F		
J	9: xを出力する ←「4」を出力する。			

④ 処理結果と異なる場合，不正解。別の選択肢で③を行う。全選択肢が済んだら②に戻る。

処理結果は「5を出力する」であるべきなのに，今回4を出力したため，**イ**は不正解です。別の選択肢で③を行います。

③ 空所に選択肢を当てはめてトレースする。

ウ ［　　］に「x − y」を当てはめてトレースします。

	トレース表	条件式	x	y
E	7:　x ← ［　　］ x − y		0	
F	8: while (y が 1 と等しくない)	2 ≠ 1 T		
G	6:　y ← y − 1			1
H	7:　x ← ［　　］ x − y		−1	
I	8: while (y が 1 と等しくない)	1 ≠ 1 F		
J	9: xを出力する•――「−1」を出力する。			

④ 処理結果と異なる場合，不正解。別の選択肢で③を行う。全選択肢が済んだら②に戻る。

処理結果は「5を出力する」であるべきなのに，今回−1を出力したため，**ウ**は不正解です。別の選択肢で③を行います。

③ 空所に選択肢を当てはめてトレースする。

エ ［　　］に「x ＋ y」を当てはめてトレースします。

	トレース表	条件式	x	y
E	7:　x ← ［　　］ x ＋ y		4	
F	8: while (y が 1 と等しくない)	2 ≠ 1 T		
G	6:　y ← y − 1			1
H	7:　x ← ［　　］ x ＋ y		5	
I	8: while (y が 1 と等しくない)	1 ≠ 1 F		
J	9: xを出力する•――「5」を出力する。			

④ 処理結果と異なる場合，不正解。別の選択肢で③を行う。全選択肢が済んだら②に戻る。

処理結果は「5を出力する」であるべきで，今回5を出力したため，正しいです。

よって，正解は**エ**です。

問題1－4

〔基本情報技術者試験 令和4年サンプル問題 科目B問2〕

問 次のプログラム中の [a] ～ [c] に入れる正しい答えの組合せを，解答群の中から選べ。

関数fizzBuzzは，引数で与えられた値が，3で割り切れて5で割り切れない場合は“3で割り切れる”を，5で割り切れて3で割り切れない場合は“5で割り切れる”を，3と5で割り切れる場合は“3と5で割り切れる”を返す。それ以外の場合は“3でも5でも割り切れない”を返す。

〔プログラム〕
```
 1: ○文字列型: fizzBuzz(整数型: num)
 2:   文字列型: result
 3:   if (num が [ a ] で割り切れる)
 4:     result ← "[ a ] で割り切れる"
 5:   elseif (num が [ b ] で割り切れる)
 6:     result ← "[ b ] で割り切れる"
 7:   elseif (num が [ c ] で割り切れる)
 8:     result ← "[ c ] で割り切れる"
 9:   else
10:     result ← "3 でも 5 でも割り切れない"
11:   endif
12:   return result
```

解答群

	a	b	c
ア	3	3と5	5
イ	3	5	3と5
ウ	3と5	3	5
エ	5	3	3と5
オ	5	3と5	3

《解説》

［こう解く 擬似言語の問題を解く手順］（➡p.073）を使って解きます。

① 実行前の例を作る。処理結果を予測する。

問題文をもとに，実行前の例（引数で与えられた値num）と処理結果（戻り値result）を作ります。

問題文	実行前の例	処理結果
3で割り切れて5で割り切れない場合は“3で割り切れる”を返す。	3	3で割り切れる
5で割り切れて3で割り切れない場合は“5で割り切れる”を返す。	5	5で割り切れる
3と5で割り切れる場合は“3と5で割り切れる”を返す。	15	3と5で割り切れる
それ以外の場合は“3でも5でも割り切れない”を返す。	4	3でも5でも割り切れない

② プログラムに実行前の例を当てはめてトレースする。

今回は，この実行前の例の中で最もややこしそうな15を使います。実行前の例でnumが15の場合，処理結果である戻り値は「3と5で割り切れる」です。引数numに15を当てはめてトレースします。

	トレース表	条件式	num	result
A	1: ○文字列型: fizzBuzz(整数型: num)		15	

③ 空所に選択肢を当てはめてトレースする。

ア ［a］に「3」を，［b］に「3と5」を，［c］に「5」を当てはめてトレースします。

		条件式	num	result
B	3: if (num が ［a］ で割り切れる)　3	T		
C	4: 　result ← "［a］ で割り切れる"　3			3で割り切れる
D	12: return result ←戻り値は「3で割り切れる」。			

④ 処理結果と異なる場合，不正解。別の選択肢で③を行う。全選択肢が済んだら②に戻る。

処理結果は，戻り値が「3と5で割り切れる」であるべきなのに，今回「3で割り切れる」のため，**ア**は不正解です。なお，[a]の選択肢は**ア**と**イ**が同じため，**ア**だけでなく**イ**も不正解です。別の選択肢で③を行います。

③ 空所に選択肢を当てはめてトレースする。

ウ [a]に「3と5」を，[b]に「3」を，[c]に「5」を当てはめてトレースします。

	トレース表	条件式	num	result
B	3: if (num が [a] で割り切れる)　3と5	T		
C	4: 　result ← "[a] で割り切れる"　3と5			3と5で割り切れる
D	12: return result ←― 戻り値は「3と5で割り切れる」。			

④ 処理結果と異なる場合，不正解。別の選択肢で③を行う。全選択肢が済んだら②に戻る。

処理結果は，戻り値が「3と5で割り切れる」であるべきで，今回そのとおりのため，**ウ**は正しいです。念のため，別の選択肢で③を行います。

③ 空所に選択肢を当てはめてトレースする。

エ [a]に「5」を，[b]に「3」を，[c]に「3と5」を当てはめてトレースします。

B	3: if (num が [a] で割り切れる)　5	T		
C	4: 　result ← "[a] で割り切れる"　5			5で割り切れる
D	12: return result ←― 戻り値は「5で割り切れる」。			

④ 処理結果と異なる場合，不正解。別の選択肢で③を行う。全選択肢が済んだら②に戻る。

処理結果は，戻り値が「3と5で割り切れる」であるべきなのに，今回「5で割り切れる」のため，**エ**は不正解です。なお，[a]の選択肢は**エ**と**オ**が同じため，**エ**だけでなく**オ**も不正解です。

よって，正解は**ウ**です。

問題1－5　〔オリジナル問題〕

問　次の記述中の[　　]に入れる正しい答えを，解答群の中から選べ。

　次の手続programAの処理が終了した直後に，出力には「A」が[　　]文字含まれる。

〔プログラム〕
```
 1: 大域: 文字型: a ← "A"

11: ○programA()
12:   aを出力する
13:   文字型: a ← "B"
14:   aを出力する
15:   programB(a)
16:   programC()

21: ○programB(文字型: b)
22:   bを出力する
23:   文字型: a ← b
24:   aを出力する

31: ○programC()
32:   aを出力する
33:   a ← "C"
34:   aを出力する
```

解答群

ア 0　　イ 1　　ウ 2　　エ 3　　オ 4　　カ 5　　キ 6

《解説》

　プログラム中に[　　]がなく，トレースの結果が正解になる問題です。なお，このプログラムは，**[変数の有効範囲]** (➡p.058) の例と同じなので，各変数の有効範囲は，その例を参照してください。

　11～16行が手続programA，21～24行が手続programB，31～34行が手続programCであり，3つのプログラムが記述されています。「1: 大域: 文字型: a ← "A"」で，大域変数はプログラム実行前に最初に初期値が格納されます。**[局所変数と大域変数]** (➡p.059)
手続programAを呼び出します。

	トレース表	条件式	大域a	a	出力
AA	1: 大域: 文字型 a ← "A"		A		
AB	11: ○programA()				
AC	12: aを出力する				A
AD	13: 文字型: a ← "B"			B	
AE	14: aを出力する				B
AF	15: programB(a)				

- 「局所変数・引数・大域変数の名前が重複する場合，局所変数・引数の値を用いる」**［変数名の重複］**（➡p.059）ため，AE行で出力するのはAD行で格納された局所変数aの値B。
- AF行でprogramB(a)として手続programBを呼び出す。引数aの値は"B"。

	トレース表	条件式	大域a	b	a	出力
BA	21: ○programB(文字型: b)			B		
BB	22: bを出力する					B
BC	23: 文字型: a ← b				B	
BD	24: aを出力する					B

- BD行で出力するのは，同じ理由でBC行で格納された局所変数aの値B。

AG	16: programC()				

- AG行で手続programCを呼び出す。

	トレース表	条件式	大域a	出力
CA	31: ○programC()			
CB	32: aを出力する			A
CC	33: a ← "C"		C	
CD	34: aを出力する			C

- CB行で出力するのは，大域変数aの値A。「**大域変数**の値は，すべての**トレース表をまたいで使用**する」ため。**［こう解く 別のプログラムのトレース］**（➡p.059）
- CC行で大域変数aに値Cを格納する。局所変数aはprogramC中に存在しないため，大域変数aに格納する。CD行で出力するのはCC行で格納された大域変数aの値C。

出力は「ABBBAC」であり，「A」は2文字含まれます。
よって，正解は**ウ**です。

問題1－6 〔基本情報技術者試験 令和4年サンプル問題 問1〕

問 次のプログラム中の［　　］に入れる正しい答えを，解答群の中から選べ。

ある施設の入場料は，0歳から3歳までは100円，4歳から9歳までは300円，10歳以上は500円である。関数feeは，年齢を表す0以上の整数を引数として受け取り，入場料を返す。

〔プログラム〕

```
 1: ○整数型: fee(整数型: age)
 2:   整数型: ret
 3:   if (age が 3 以下)
 4:     ret ← 100
 5:   elseif (［　　］)
 6:     ret ← 300
 7:   else
 8:     ret ← 500
 9:   endif
10:   return ret
```

解答群

ア (age が 4 以上) and (age が 9 より小さい)

イ (age が 4 と等しい) or (age が 9 と等しい)

ウ (age が 4 より大きい) and (age が 9 以下)

エ age が 4 以上

オ age が 4 より大きい

カ age が 9 以下

キ age が 9 より小さい

《解説》

［こう解く 擬似言語の問題を解く手順］（➡p.073）を使って解きます。

① 実行前の例を作る。処理結果を予測する。

実行前の例は，［こう解く 実行前の例を作る］（➡p.070）を使って作ります。［　　］はelseifの条件式に位置しています。この条件式が真の場合，プログラムの6行が実行されます。6行ではretに300を格納します。300に関する記述は，問題文「入場料は，…4歳から9歳までは300円」です。そのため，実行前の例は境界値（4と9）と，境界値の前後の値（3と10）を使って作り，処理結果を予測します。

	実行前の例	処理結果
境界値	ageが4	retが300
上下の値	ageが3	retが100
境界値	ageが9	retが300
上下の値	ageが10	retが500

② プログラムに実行前の例を当てはめてトレースする。

実行前の例ageが4の場合，処理結果retは300です。retに300を格納するためには［　　］の条件式がT（真）でなければなりません。

	トレース表	条件式	age	ret
A	1: ○整数型: fee(整数型: age)		4	
B	3: if (age が 3 以下)	4 ≦ 3 F		
C	5: elseif (［　　］)	T		
D	6: 　ret ← 300			

ここを実行するためにはこの条件式がT（真）でなければならない。

③ 空所に選択肢を当てはめてトレースする。

ここでは，すべてをトレースしなくても条件式がT（真）かF（偽）かだけで，不正解の選択肢を判別できるため，選択肢をまとめて当てはめます。条件式がT（真）にならない選択肢は不正解です。

ア (age が 4 以上) and (age が 9 より小さい)	(4 ≧ 4) and (4 < 9) T	
イ (age が 4 と等しい) or (age が 9 と等しい)	(4 = 4) or (4 = 9) T	
ウ (age が 4 より大きい) and (age が 9 以下)	(4 > 4) and (4 ≦ 9) F	不正解
エ age が 4 以上	4 ≧ 4 T	
オ age が 4 より大きい	4 > 4 F	不正解
カ age が 9 以下	4 ≦ 9 T	
キ age が 9 より小さい	4 < 9 T	

④ 処理結果と異なる場合，不正解。別の選択肢で③を行う。全選択肢が済んだら②に戻る。

ウと**オ**は不正解です。すべての選択肢が済んだので，②に戻り，次の実行前の例で続けます。

② プログラムに実行前の例を当てはめてトレースする。

実行前の例ageが3の場合，処理結果retは100です。3行のifが真の場合，elseifを実行しません。**[ifのまとめ]** (➡p.036)

	トレース表	条件式	age	ret
A	1: ○整数型: fee(整数型: age)		3	
B	3: if (age が 3 以下)	3 ≦ 3 T		
C	4: 　ret ← 100			
D	5: elseif (□)			
E	10: return ret			

ifが真のため
この行を実行せず
endifの次行へと進む。

③ 空所に選択肢を当てはめてトレースする。

ageが3の場合，4行でretに100を格納し，elseifを実行せず，10行で戻り値としてretの値100を返します。

④ 処理結果と異なる場合，不正解。別の選択肢で③を行う。全選択肢が済んだら②に戻る。

残る選択肢すべてで同じ処理結果になります。□を実行しないため，この実行前の例では□を検討できません。そのため，②に戻り，別の実行前の例で続けます。

② プログラムに実行前の例を当てはめてトレースする。

実行前の例ageが9の場合，処理結果retは300です。retに300を格納するためには［　　］の条件式がT（真）でなければなりません。

	トレース表	条件式	age	ret
A	1: ○整数型: fee(整数型: age)		9	
B	3: if (age が 3 以下)	9 ≦ 3 F		
C	5: elseif (［　　］)	T		
D	6: ret ← 300			

ここを実行するためにはこの条件式がT（真）でなければならない。

③ 空所に選択肢を当てはめてトレースする。

残る選択肢をまとめて当てはめます。条件式がT（真）にならない選択肢は不正解です。

選択肢	条件式	判定
ア (age が 4 以上) and (age が 9 より小さい)	(9 ≧ 4) and (9 ＜ 9) F	不正解
イ (age が 4 と等しい) or (age が 9 と等しい)	(9 = 4) or (9 = 9) T	
エ age が 4 以上	9 ≧ 4 T	
カ age が 9 以下	9 ≦ 9 T	
キ age が 9 より小さい	9 ＜ 9 F	不正解

④ 処理結果と異なる場合，不正解。別の選択肢で③を行う。全選択肢が済んだら②に戻る。

アと**キ**は不正解です。すべての選択肢が済んだので，②に戻り，別の実行前の例で続けます。

② プログラムに実行前の例を当てはめてトレースする。

実行前の例ageが10の場合，処理結果retは500です。retに500を格納するためには［　　］の条件式がF（偽）でなければなりません。

	トレース表	条件式	age	ret
A	1: ○整数型: fee(整数型: age)		10	
B	3: if (age が 3 以下)	10 ≦ 3 F		
C	5: elseif (［　　］)	F		
D	8: ret ← 500			

ここを実行するためにはこの条件式がF（偽）でなければならない。

③ 空所に選択肢を当てはめてトレースする。

残る選択肢をまとめて当てはめます。条件式がF（偽）にならない選択肢は不正解です。

イ （age が 4 と等しい） or （age が 9 と等しい）	(10 = 4) or (10 = 9) F	
エ age が 4 以上	10 ≧ 4 T	不正解
カ age が 9 以下	10 ≦ 9 F	

④ 処理結果と異なる場合，不正解。別の選択肢で③を行う。全選択肢が済んだら②に戻る。

エは不正解です。**イ**と**カ**が残りました。境界値とその上下の値をすべて当てはめましたが，選択肢を１つに絞れませんでした。１つに絞るために，今まで使った実行前の例以外の，実行前の例を新たに作ります。

① 実行前の例を作る。処理結果を予測する。

境界値やその上下の値以外の実行前の例として，ageが5を当てはめます。

	実行前の例	処理結果
その他の値	ageが5	retが300

② プログラムに実行前の例を当てはめてトレースする。

実行前の例ageが5の場合，処理結果retは300です。retに300を格納するためには［　　］の条件式が真でなければなりません。

	トレース表	条件式	age	ret
A	1: ○整数型: fee(整数型: age)		5	
B	3: if (age が 3 以下)	5 ≦ 3 F		
C	5: elseif (［　　］)	T		
D	6: 　ret ← 300			

ここを実行するためにはこの条件式がT（真）でなければならない。

③ 空所に選択肢を当てはめてトレースする。

残る選択肢をまとめて当てはめます。条件式がT（真）にならない選択肢は不正解です。

イ （age が 4 と等しい） or （age が 9 と等しい）	(5 = 4) or (5 = 9) F	不正解
カ age が 9 以下	5 ≦ 9 T	

④ **処理結果と異なる場合，不正解。別の選択肢で③を行う。全選択肢が済んだら②に戻る。**
イは不正解です。

よって，正解は**カ**です。

ifの条件式が偽の場合の実行条件は，ifの条件式を否定すると分かる。

elseifはどのような場合に実行されるのでしょうか。それはifの条件式「age が 3 以下」が偽の場合です。ifの条件式が偽の場合の実行条件は，ifの条件式を否定すると分かります。

```
3:   if (age が 3 以下)
4:     ret ← 100
5:   elseif (        )
6:     ret ← 300
7:   else
8:     ret ← 500
9:   endif
```

ifの条件式が偽の場合にここを実行する。
その実行条件は「3以下」を否定して「3より大きい」である。

また「3より大きい」は整数のみだと「4以上」と同じ意味。
つまり「ageが4以上」の場合，6行を実行する。

そのため，問題文「4歳から9歳までは300円」を直訳すると，「(age が 4 以上) and (age が 9 以下)」なのに，正解の「カ　age が 9 以下」には「4 以上」が不足しています。それでも問題なしである理由は，elseif以降はifの条件式「(age が 3 以下)」が偽の場合に実行されるため，「4 以上」であることが確実であり，条件式に含める必要がないからです。

第1部 擬似言語

第2章 一次元配列

数あるデータ構造の中でも，最も出題可能性が高いのが，一次元配列です。一次元配列を使ったプログラムは，値の状況が不明になりがちです。そこで一次元配列の図を描き，それを使ってトレースします。この章ではその手法を学びます。

データ構造

値を入れるための入れ物です。プログラムにおいて，データを効率よく扱うために，用途に応じて最適なデータ構造を選択します。データ構造の種類と代表例は，次のとおりです。

- 一次元配列
- 二次元配列　(➡p.120)
- 配列の配列　(➡p.122)
- 木構造　(➡p.173)
- リスト　(➡p.212)
- スタック　(➡p.241)
- キュー　(➡p.244)
- ビット列　(➡p.251)

一次元配列（はいれつ）*1

同じ型の値を横一列に複数個並べて格納できるデータ構造です。一次元配列は，1階建ての集合住宅にたとえられます。次の例は，整数型の値を5個（要素数は5）入れられる一次元配列valueです。例えばvalueの5番目（要素番号が5）の要素は50です。なお，配列の要素番号は1から始まります。

*1：一次元配列
一次元配列名としてarray（アレイ）が使われることがある。

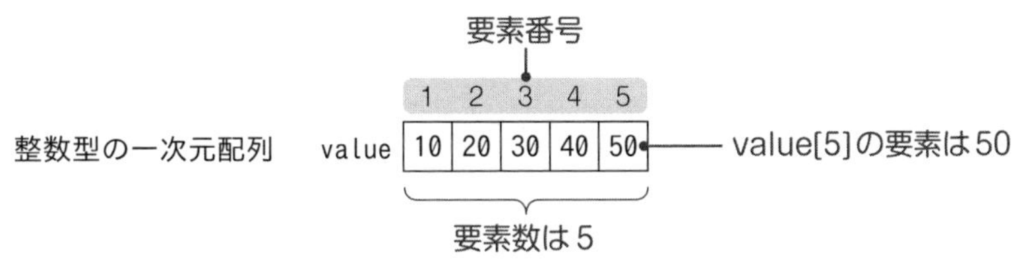

関連する用語は，次のとおりです。

要素数	値を入れるための**部屋数**のこと。
要素	値を格納する**部屋**，または，格納された**値**のこと。
要素番号	**部屋番号**のこと。別名は添字（そえじ）。要素番号を格納する変数名としてIndex・Idxが使われることがある。

◆宣言と格納

次の例では「整数型の配列： value」により，格納する値が整数型である一次元配列valueを宣言します。ただし，この段階では配列ができただけで，要素数・要素は不明です。

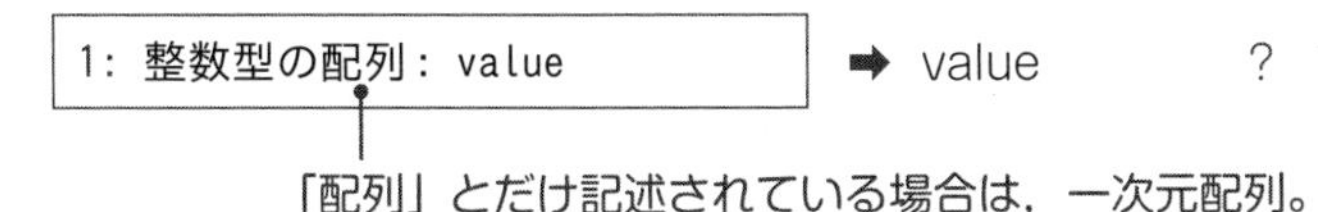

次の例では「value ← {10, 20, 30, 40, 50}」により，valueは要素数が5であるとともに，要素を格納します。

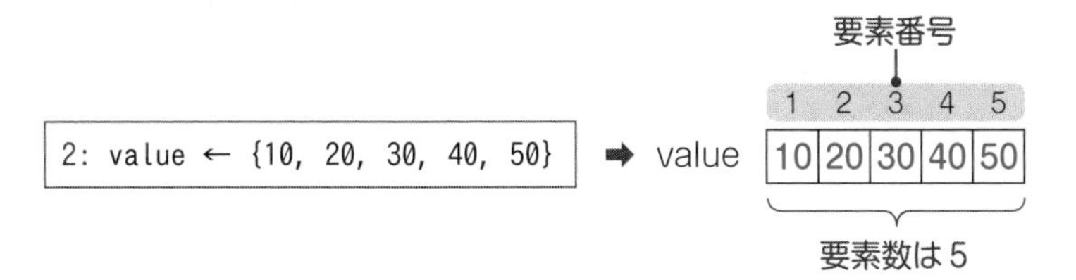

次の例では「value[1] ← 60」により，一次元配列valueの1番目の要素に，値60を格納します。

```
3: value[1] ← 60
```

➡ value

1	2	3	4	5
60	20	30	40	50

次の例では「`value[5] ← value[2] + 10`」により，一次元配列valueの２番目の要素にある値20を取り出し，それに10を足して，その値30をvalueの５番目の要素に格納します。

```
4: value[5] ← value[2] + 10
```

➡ value

1	2	3	4	5
60	20	30	40	**30**

◆宣言と同時に格納

一次元配列の宣言と要素の格納を，２行で行う場合と，省略して１行で行う場合があります。両者は同じ一次元配列を作ります。

● ２行で行う場合

```
1: 整数型の配列: value
2: value ← {10, 20, 30, 40, 50}
```

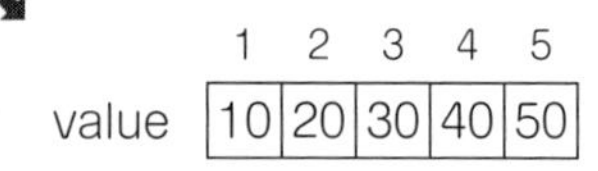

● １行で行う場合

```
1: 整数型の配列: value ← {10, 20, 30, 40, 50}
```

◆可変長配列 *2

宣言のあとで，要素を追加・削除できる仕様の配列です。多くのプログラム言語では，それができない固定長配列である一方で，擬似言語の配列は，可変長配列であり，文字どおり「長さを変えることが可能な配列」です。

例えば，次の例では「`valueの末尾 に 値? を追加する`」という処理により，要素を追加します。

まず「`整数型の配列: value ← {}`」により，要素数０の一次元配列を宣言します。この時点では，要素数が０であり，要素がなく何も格納していません。次に，その次の２つの例では

***2：可変長配列**
可変長配列に対応するプログラム言語として，Python・JavaScriptなどがある。

「valueの末尾 に 値? を追加する」という処理により，要素を追加します。

```
1: 整数型の配列: value ← {}
```

➡ value

```
2: valueの末尾 に 値0 を追加する
```

➡ value | 0 |（末尾）

```
3: valueの末尾 に 値1 を追加する
```

➡ value | 0 | 1 |（末尾）

一次元配列図

一次元配列の実行前の例を作ったり，トレースしたりするために，一次元配列の図を描きます。一次元配列は，値が複数個，格納されているため，格納されている値すべてを記憶しておくことは難しいためです。例は次のとおりです。

●例1

```
1: 整数型の配列: value ← {10, 20, 30, 40, 50}
```

	1	2	3	4	5
value	10	20	30	40	50

一次元配列名を書く。→ value

箱を描き，箱の中に値を書き込む。

●例2

```
2: 文字型の配列: array ← {"A", "B", "C", "D"}
```

array	A	B	C	D
	1	2	3	4

要素番号を書いてもよい。書く場所は要素の上部・下部のどちらでもよい。

配列のトレース

配列（一次元配列・二次元配列・配列の配列）をトレースするための方法です。［こう解く **トレース**］（➡p.042）では変数のトレースが中心でしたが，配列（一次元配列・二次元配列・配列の配列）も含めて，トレースの対象とします。

***3：要素**
値を格納する部屋，または格納された値のことだが，ここでは値を格納する部屋の意味である。

配列のトレースにおける注意点は，次のとおりです。

- 一次元配列をトレースするには，一次元配列図を描く。
  ［こう解く **一次元配列図**］（➡p.099）
- 二次元配列や配列の配列をトレースするには，二次元配列図を描く。
  ［こう解く **二次元配列図**］（➡p.125）
- 値が格納された**要素**[*3]に**だけ**，値を書き込む。手間を減らすために。
- ただし，プログラム**開始時**・**終了時**には，**すべての要素**の値を書き込む。ミスを防ぐために。

トピックス

遠回りのようで近道

自動車教習所での運転練習は，初めは徐行運転です。ゆっくりと進みながら，右折・左折・車線変更などの訓練を積み重ねて，結果として高速運転ができるようになります。なぜすぐにできるようにはならないのか。それは**技能**だからです。

トレースも同じです。初めは進まず時間もかかります。ただし，その訓練を積み重ねると，トレースを脳内で暗算できたり，処理内容を推測できたりし，結果として高速化できるのです。つまり**遠回りのようで近道**。それがトレースなのです。

例題 1

問 次のプログラムをトレースし，トレース表に記入せよ。ここで，配列の要素番号は1から始まる。

〔プログラム〕

```
1: ○move()
2:    文字型の配列: word
3:    word ← {"A", "B", 未定義の値}
4:    整数型: i ← wordの要素数
5:    while (i ＞ 1)
6:      word[i] ← word[i － 1]
7:      i ← i － 1
8:    endwhile
9:    word[i] ← 未定義の値
```

	トレース表	条件式		
A	3:			
B				
C				
D				
E				
F				
G				
H				
I				
J				

《解説》

［配列のトレース］（➡p.100）を使って解きます。最終的にwordは 未|A|B になります。

	トレース表	条件式	word	i
A	3: word ← {"A", "B", 未定義の値}		1 2 3 A B 未	
B	4: 整数型：i ← wordの要素数			3
C	5: while (i > 1)	3 > 1 T		
D	6: 　word[i] ← word[i − 1]		B	
E	7: 　i ← i − 1			2
F	5: while (i > 1)	2 > 1 T		
G	6: 　word[i] ← word[i − 1]		A	
H	7: 　i ← i − 1			1
I	5: while (i > 1)	1 > 1 F		
J	9: word[i] ← 未定義の値		未 A B	

プログラムの開始時のため，すべての要素に値を書き込む。

「未定義の値」を省略している。［未定義］（➡p.029）

値が格納された要素にだけ，値を書き込む。

「endwhile」の行は記入しない。［トレース表に記入しない行］（➡p.043）

プログラムの終了時のため，すべての要素に値を書き込む。

プログラムの視点

一次元配列の要素番号は，−1は左隣，＋1は右隣。

一次元配列wordのi番目を中心に考えると，i−1番目は左隣，i+1番目は右隣という位置関係となります。一次元配列の処理を読み解くヒントになります。

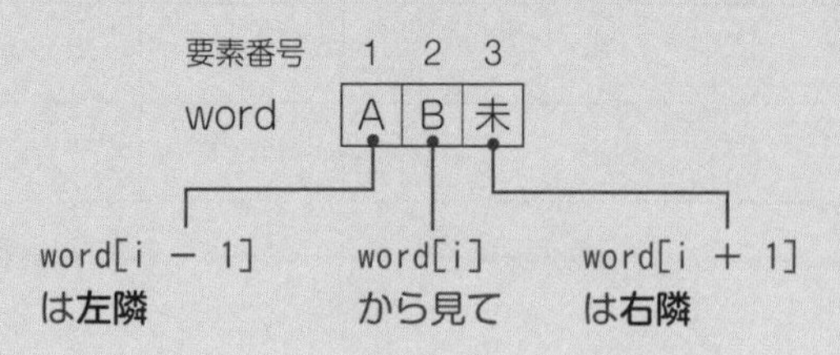

例題2

問 関数largeをlarge({2, 7, 4})として呼び出した場合のプログラムをトレースし，トレース表に記入せよ。ここで，配列の要素番号は1から始まる。

〔プログラム〕

```
1: ○整数型: large(整数型の配列: num)
2:   整数型: j
3:   整数型: tmp ← num[1]
4:   for (j を 2 から numの要素数 + 1まで 1 ずつ増やす)
5:     if (num[j] > tmp)
6:       tmp ← num[j]
7:     endif
8:   endfor
9:   return tmp
```

	トレース表	条件式			
A	1:				
B					
C					
D					
E					
F					
G					
H					
I					

《解説》

[こう解く 配列のトレース] (➡p.100) を使って解きます。最終的に**エラー**になり，プログラムは途中で終了します。

forのトレースでは条件式欄にも変数欄にも記入が必要。[forのトレース] (➡p.049)
large({2, 7, 4})として呼び出すと，初めに引数{2, 7, 4}がnumに格納される。
for内の「まで」はその値を含むため「≦」で表す。

	トレース表	条件式	num	tmp	j
A	1: ○整数型: large(整数型の配列: num)		2 7 4		
B	3: 整数型: tmp ← num[1]			2	
C	4: for (jを 2から numの要素数 + 1まで 1ずつ増やす)	2 ≦ 4 T			2
D	5: if (num[j] ＞ tmp)	7 ＞ 2 T			
E	6: tmp ← num[j]			7	
F	4: for (jを 2から numの要素数 + 1まで 1ずつ増やす)	3 ≦ 4 T			3
G	5: if (num[j] ＞ tmp)	4 ＞ 7 F			
H	4: for (jを 2から numの要素数 + 1まで 1ずつ増やす)	4 ≦ 4 T			4
I	5: if (num[j] ＞ tmp)	? ＞ 7 ?			

num[4]は存在しないためエラーになる。

配列の要素番号が範囲外だとエラー

配列にある要素番号の範囲を逸脱すると，エラーになります。

num | 2 | 7 | 4 |
num[0]は存在しないためエラー ── 1　2　3 ── num[4]は存在しないためエラー

空所に選択肢を当てはめてトレースしている途中で，配列の要素番号が範囲外になり，このエラーになった場合，その選択肢は誤りです。

▶確認しよう

□ 問1	次の用語を説明せよ。(➡p.097) • 要素数　　　• 要素番号
□ 問2	要素という用語は2つの意味で使われる。それぞれ挙げよ。(➡p.097)
□ 問3	「整数型の配列: value ← {10, 20, 30, 40, 50}」によりできる一次元配列図を描け。(➡p.097)
□ 問4	[こう解く 配列のトレース] で説明した，すべての要素の値を書き込むタイミングを2つ挙げよ。(➡p.100)

トピックス

だらだら長い？

本書について，「だらだらと同じような説明が多い」，「もっとクールに解けるのに」，「トレースばかりだ」という声が聞こえてきそうです。また，解き方が，プログラムの**解釈**によるものでなく，**トレース**ばかりであることに拒否反応を示す人もいるかもしれません。

本書は，初めてその問題を解く人の**目線**で解説をしています。もちろんクールに解ける問題も中にはあります。しかし，初学者がそのクールな方法を試験中に見つけられるとは限りません。試験中という緊張が強いられる環境の中ではなおさらです。

そこで，本書は**手順**にこだわりました。そのとおりに行うことで，確実に正解に近づける手順です。場当たり的でなく，どの試験問題であっても，その手順を毎回同じように行えば，**正解**にたどり着けるのです。たしかに，すこし遠回りはしますが，手順に沿って**トレース**を**粘ればよい**のです。

その安心感が，試験に向けての勇気とやる気につながればと思っています。

▸練習問題

問題2－1

〔オリジナル問題〕

問 関数exponentは2の累乗を格納する一次元配列を戻り値として返す。関数exponentの戻り値を図に示す。プログラム中の［ a ］と［ b ］に入れる正しい答えの組合せを，解答群の中から選べ。ここで，配列の要素番号は1から始まる。

戻り値	1	2	4	8	16	32	64	128	256	512
要素番号	1	2	3	4	5	6	7	8	9	10

図　関数exponentの戻り値

〔プログラム〕

```
1: ○整数型の配列: exponent()
2:   整数型: i
3:   整数型の配列: num ← {10個の 0}
4:   num[1] ← 1
5:   for (i を [ a ] から numの要素数 まで 1 ずつ増やす)
6:     num[i] ← [ b ]
7:   endfor
8:   return num
```

解答群

	a	b
ア	1	num[i] × 2
イ	1	num[i － 1] × 2
ウ	2	num[i] × 2
エ	2	num[i － 1] × 2

《解説》

[こう解く 擬似言語の問題を解く手順]（➡p.073）を使って解きます。

① 実行前の例を作る。処理結果を予測する。

実行前の例は，プログラム中の3行で格納されるnumを使います。処理結果は図に示されているため，それを使います。

● 実行前の例：

0	0	0	0	0	0	0	0	0	0
1	2	3	4	5	6	7	8	9	10

● 処理結果：

1	2	4	8	16	32	64	128	256	512
1	2	3	4	5	6	7	8	9	10

図　関数exponentの戻り値

② プログラムに実行前の例を当てはめてトレースする。

	トレース表	条件式	i	num
A	3: 整数型の配列: num ← {10個の 0}			0 0 0 0 0 0 0 0 0 0
B	4: num[1] ← 1			1

③ 空所に選択肢を当てはめてトレースする。

ア　[a] に「1」，[b] に「num[i] × 2」を当てはめてトレースします。「num[i] × 2」のうち，num[i]はiが1の場合，num[1]です。num[1]には，トレース表のB行で値1が格納されています。つまり「num[1] ← 1 × 2」となります。

	トレース表	条件式	i	num
C	5: for (i を [a] から 1 num の要素数 まで 1 ずつ増やす)	1 ≦ 10 T	1	
D	6: num[i] ← [b] num[i] × 2			2

④ 処理結果と異なる場合，不正解。別の選択肢で③を行う。全選択肢が済んだら②に戻る。

処理結果である「図　関数exponentの戻り値」では，num[1]は1であるべきなのに，今回2を格納したため，**ア**は不正解です。5行のforで，今後iの値は増え続けており，num[1]に別の値が格納されることはないためです。

③ 空所に選択肢を当てはめてトレースする。

イ [a] に「1」, [b] に「num[i － 1] × 2」を当てはめてトレースします。ただし，計算途中の「num[i － 1]」はiが1の場合，num[0]です。ここで，num[0]は存在しないためエラーとなります。[プログラムの視点 **配列の要素番号が範囲外だとエラー**] (➡p.104)

	トレース表	条件式	i	num
C	5: for (i を [a] から 1 num の要素数 まで 1 ずつ増やす)	1 ≦ 10 T	1	
D	6: num[i] ← [b] num[i － 1] × 2			**エラー**

④ 処理結果と異なる場合，不正解。別の選択肢で③を行う。全選択肢が済んだら②に戻る。

エラーとなり，処理結果と異なるため，**イ**は不正解です。別の選択肢で③を行います。

③ 空所に選択肢を当てはめてトレースする。

ウ [a] に「2」, [b] に「num[i] × 2」を当てはめてトレースします。num[i]はiが2の場合，num[2]（A行で値0が格納）のため「num[2] ← 0 × 2」となります。

	トレース表	条件式	i	num
C	5: for (i を [a] から 2 num の要素数 まで 1 ずつ増やす)	2 ≦ 10 T	2	
D	6: num[i] ← [b] num[i] × 2			0

④ 処理結果と異なる場合，不正解。別の選択肢で③を行う。全選択肢が済んだら②に戻る。

処理結果である「図　関数exponentの戻り値」ではnum[2]は2であるべきなのに，今回0を格納したため，**ウ**は不正解です。別の選択肢で③を行います。

③ 空所に選択肢を当てはめてトレースする。

エ [a] に「2」, [b] に「num[i － 1] × 2」を当てはめてトレースします。

	トレース表	条件式	i	num
C	5: for (i を [a] から 2 num の要素数 まで 1 ずつ増やす)	2 ≦ 10 T	2	
D	6: num[i] ← [b] num[i － 1] × 2			2

④ 処理結果と異なる場合，不正解。別の選択肢で③を行う。全選択肢が済んだら②に戻る。

処理結果である「図　関数exponentの戻り値」では，num[2]は2であるべきで，今回2を格納したため，正しいです。

よって，正解は**エ**です。

問題2－2

〔オリジナル問題〕

問 初項が0，第二項が1で，第三項以降の項がすべて直前の二項の和になっている数列をフィボナッチ数列という。関数fibonacciはフィボナッチ数列を格納する一次元配列を戻り値として返す。プログラム中の［　　］に入れる正しい答えを，解答群の中から選べ。ここで，配列の要素番号は1から始まる。

〔プログラム〕
```
1: ○整数型の配列: fibonacci()
2:   整数型: i
3:   整数型の配列: num ← {10個の 0}
4:   num[2] ← 1
5:   for (i を 3 から numの要素数 まで 1 ずつ増やす)
6:     [      ]
7:   endfor
8:   return num
```

解答群

ア　num[i − 1] ← num[i] + num[i − 1]

イ　num[i − 1] ← num[i − 1] + num[i − 2]

ウ　num[i] ← num[i] + num[i − 1]

エ　num[i] ← num[i − 1] + num[i − 2]

《解説》

[こう解く 擬似言語の問題を解く手順](➡p.073) を使って解きます。

① 実行前の例を作る。処理結果を予測する。

実行前の例は，プログラム中の3行で格納されるnumを使います。処理結果は，問題文「初項が0，第二項が1で，第三項以降の項がすべて直前の二項の和」をもとに，[こう解く 一次元配列図](➡p.099) を使って描き，それを使います。なお，「和」は足し算の計算結果の名称です。[算術演算子](➡p.029)

- 実行前の例：

0	0	0	0	0	0	0	0	0	0
1	2	3	4	5	6	7	8	9	10

- 処理結果：

0	1	1	2	3	5	8	13	21	34
1	2	3	4	5	6	7	8	9	10

② プログラムに実行前の例を当てはめてトレースする。

	トレース表	条件式	i	num
A	3: 整数型の配列: num ← {10個の 0}			0 0 0 0 0 0 0 0 0 0
B	4: num[2] ← 1			_ 1 _ _ _ _ _ _ _ _
C	5: for (i を 3 から num の要素数 まで 1 ずつ増やす)	3 ≦ 10 T	3	

③ 空所に選択肢を当てはめてトレースする。

ア ［　］に「num[i − 1] ← num[i] + num[i − 1]」を当てはめてトレースします。

	トレース表	条件式	i	num
D	6: ［　］ num[i − 1] ← num[i] + num[i − 1]			_ 1 _ _ _ _ _ _ _ _
E	5: for (i を 3 から num の要素数 まで 1 ずつ増やす)	4 ≦ 10 T	4	
F	6: ［　］ num[i − 1] ← num[i] + num[i − 1]			_ _ 0 _ _ _ _ _ _ _

- D行（iは3）では「num[2] ← num[3] ＋ num[2]」，つまりnum[2]に，0＋1＝1を格納する。
- F行（iは4）では「num[3] ← num[4] ＋ num[3]」，つまりnum[3]に，0＋0＝0を格納する。

④ 処理結果と異なる場合，不正解。別の選択肢で③を行う。全選択肢が済んだら②に戻る。

処理結果ではnum[3]は1であるべきなのに，今回0を格納したため，**ア**は不正解です。別の選択肢で③を行います。

③ 空所に選択肢を当てはめてトレースする。

イ [　　] に「num[i － 1] ← num[i － 1] ＋ num[i － 2]」を当てはめてトレースします。

	トレース表	条件式	i	num
D	6: [　　] num[i － 1] ← num[i － 1] ＋ num[i － 2]			[ ][1][ ][ ][ ][ ][ ][ ][ ][ ]
E	5: for（i を 3 から numの要素数 まで 1 ずつ増やす）	4 ≦ 10 T	4	
F	6: [　　] num[i － 1] ← num[i － 1] ＋ num[i － 2]			[ ][ ][1][ ][ ][ ][ ][ ][ ][ ]
G	5: for（i を 3 から numの要素数 まで 1 ずつ増やす）	5 ≦ 10 T	5	
H	6: [　　] num[i － 1] ← num[i － 1] ＋ num[i － 2]			[ ][ ][ ][1][ ][ ][ ][ ][ ][ ]

- D行（iは3）では「num[2] ← num[2] ＋ num[1]」，つまりnum[2]に，1＋0＝1を格納する。
- F行（iは4）では「num[3] ← num[3] ＋ num[2]」，つまりnum[3]に，0＋1＝1を格納する。
- H行（iは5）では「num[4] ← num[4] ＋ num[3]」，つまりnum[4]に，0＋1＝1を格納する。

④ 処理結果と異なる場合，不正解。別の選択肢で③を行う。全選択肢が済んだら②に戻る。

処理結果ではnum[4]は2であるべきなのに，今回1を格納したため，**イ**は不正解です。別の選択肢で③を行います。

③ 空所に選択肢を当てはめてトレースする。

ウ ［　　］に「num[i] ← num[i] + num[i − 1]」を当てはめてトレースします。

	トレース表	条件式	i	num
D	6: ［　　］ num[i] ← num[i] + num[i − 1]			1
E	5: for (i を 3 から num の要素数 まで 1 ずつ増やす)	4 ≦ 10 T	4	
F	6: ［　　］ num[i] ← num[i] + num[i − 1]			1

- D行（iは3）では「num[3] ← num[3] + num[2]」，つまりnum[3]に，0＋1＝1を格納する。
- F行（iは4）では「num[4] ← num[4] + num[3]」，つまりnum[4]に，0＋1＝1を格納する。

④ 処理結果と異なる場合，不正解。別の選択肢で③を行う。全選択肢が済んだら②に戻る。

処理結果ではnum[4]は2であるべきなのに，今回1を格納したため，**ウ**は不正解です。別の選択肢で③を行います。

③ 空所に選択肢を当てはめてトレースする。

エ ［　　］に「num[i] ← num[i − 1] + num[i − 2]」を当てはめてトレースします。

	トレース表	条件式	i	num
D	6: ［　　］ num[i] ← num[i − 1] + num[i − 2]			1
E	5: for (i を 3 から num の要素数 まで 1 ずつ増やす)	4 ≦ 10 T	4	
F	6: ［　　］ num[i] ← num[i − 1] + num[i − 2]			2

- D行（iは3）では「num[3] ← num[2] + num[1]」，つまりnum[3]に，1＋0＝1を格納する。
- F行（iは4）では「num[4] ← num[3] + num[2]」，つまりnum[4]に，1＋1＝2を格納する。

④ 処理結果と異なる場合，不正解。別の選択肢で③を行う。全選択肢が済んだら②に戻る。

処理結果ではnum[4]は2であるべきで，今回2を格納したため，**エ**は正しいです。

よって，正解は**エ**です。

問題2－3

〔ITパスポート試験 令和3年サンプル問題 問1〕

問 関数calcMeanは，要素数が1以上の配列dataArrayを引数として受け取り，要素の値の平均を戻り値として返す。プログラム中のa，bに入れる字句の適切な組合せはどれか。ここで，配列の要素番号は1から始まる。

〔プログラム〕
```
1: ○実数型: calcMean(実数型の配列: dataArray)  /* 関数の宣言 */
2:   実数型: sum, mean
3:   整数型: i
4:   sum ← 0
5:   for (i を 1 から dataArray の要素数 まで 1 ずつ増やす)
6:     sum ← [   a   ]
7:   endfor
8:   mean ← sum ÷ [   b   ]  /* 実数として計算する */
9:   return mean
```

	a	b
ア	sum ＋ dataArray[i]	dataArray の要素数
イ	sum ＋ dataArray[i]	(dataArray の要素数 ＋ 1)
ウ	sum × dataArray[i]	dataArray の要素数
エ	sum × dataArray[i]	(dataArray の要素数 ＋ 1)

《解説》

［こう解く 擬似言語の問題を解く手順］（➡p.073）を使って解きます。

① 実行前の例を作る。処理結果を予測する。

実行前の例は，問題文「関数calcMeanは，要素数が1以上の配列dataArrayを引数として受け取り，要素の値の平均を戻り値として返す」をもとに，［こう解く 一次元配列図］（➡p.099）を使って描きます。それをもとに，処理結果を予測します。

- 実行前の例：

dataArray	5	4	3	2	1
要素番号	1	2	3	4	5

- 処理結果：　戻り値は3。(5＋4＋3＋2＋1)÷5＝3

② プログラムに実行前の例を当てはめてトレースする。

	トレース表	条件式	dataArray	sum	mean	i
A	1: ○実数型: calcMean(実数型の配列: dataArray)		5 4 3 2 1			
B	4: sum ← 0			0		
C	5: for (i を 1 から dataArray の要素数 まで 1 ずつ増やす)	1≦5 T				1

③ 空所に選択肢を当てはめてトレースする。

ア ［a］は「sum + dataArray[i]」，［b］は「dataArray の要素数」を当てはめてトレースします。

- D行（iは1）では「sum ← sum + dataArray[1]」つまりsumに，0＋5＝5を格納する。
- F行（iは2）では「sum ← sum + dataArray[2]」つまりsumに，5＋4＝9を格納する。

	トレース表	条件式	dataArray	sum	mean	i
D	6:　sum ← [a] sum + dataArray[i]			5		
E	5: for (i を 1 から dataArray の要素数 まで 1 ずつ増やす)	2≦5T				2
F	6:　sum ← [a] sum + dataArray[i]			9		
G	5: for (i を 1 から dataArray の要素数 まで 1 ずつ増やす)	3≦5T				3
H	6:　sum ← [a] sum + dataArray[i]			12		
I	5: for (i を 1 から dataArray の要素数 まで 1 ずつ増やす)	4≦5T				4
J	6:　sum ← [a] sum + dataArray[i]			14		
K	5: for (i を 1 から dataArray の要素数 まで 1 ずつ増やす)	5≦5T				5
L	6:　sum ← [a] sum + dataArray[i]			15		
M	5: for (i を 1 から dataArray の要素数 まで 1 ずつ増やす)	6≦5F				6
N	8: mean ← sum ÷ [b] dataArray の要素数				3	
O	9: return mean ←戻り値は3。					

- N行では「mean ← sum ÷ dataArray の要素数」つまりmeanに，15÷5＝3を格納する。

④ 処理結果と異なる場合，不正解。別の選択肢で③を行う。全選択肢が済んだら②に戻る。

処理結果は戻り値が3であるべきで，今回の戻り値は3のため，**ア**は正しいです。念のため，別の選択肢で③を行います。

③ 空所に選択肢を当てはめてトレースする。

イ [a] は「sum + dataArray[i]」，[b] は「(dataArray の要素数 + 1)」を当てはめてトレースします。トレース表のD行～M行は**ア**と同じため，省略します。

N	8: mean ← sum ÷ [b] (dataArray の要素数 + 1)				2.5	
O	9: return mean ←戻り値は2.5。					

- N行では「mean ← sum ÷ (dataArray の要素数 + 1)」つまりmeanに，15÷6＝2.5を格納する。

④ **処理結果と異なる場合，不正解。別の選択肢で③を行う。全選択肢が済んだら②に戻る。**

処理結果は戻り値が3であるべきなのに，今回の戻り値は2.5のため，**イ**は不正解です。別の選択肢で③を行います。

③ **空所に選択肢を当てはめてトレースする。**

ウ [a] は「sum × dataArray[i]」，[b] は「dataArray の要素数」を当てはめてトレースします。

	トレース表	条件式	dataArray	sum	mean	i
D	6: sum ← [a] sum × dataArray[i]			0		
E	5: for (i を 1 から dataArray の要素数 まで 1 ずつ増やす)	2 ≦ 5 T				2
F	6: sum ← [a] sum × dataArray[i]			0		

- D行（iは1）では「sum ← sum × dataArray[1]」つまりsumに，0×5＝0を格納する。
- F行（iは2）では「sum ← sum × dataArray[2]」つまりsumに，0×4＝0を格納する。

④ **処理結果と異なる場合，不正解。別の選択肢で③を行う。全選択肢が済んだら②に戻る。**

F行でsumは0のままです。0に何を掛け算しても0のままだからです。これでは処理結果どおりにはなりません。**ウ**は不正解です。なお，[a] の選択肢は**ウ**と**エ**が同じため，**ウ**だけでなく**エ**も不正解です。

よって，正解は**ア**です。

問題2－4

〔基本情報技術者試験 令和4年サンプル問題 問2〕

問 次のプログラム中の [a] と [b] に入れる正しい答えの組合せを，解答群の中から選べ。ここで，配列の要素番号は1から始まる。

次のプログラムは，整数型の配列arrayの要素の並びを逆順にする。

〔プログラム〕
```
1: 整数型の配列: array ← {1, 2, 3, 4, 5}
2: 整数型: right, left
3: 整数型: tmp
4: for (left を 1 から (arrayの要素数 ÷ 2 の商) まで 1 ずつ増やす)
5:   right ← [ a ]
6:   tmp ← array[right]
7:   array[right] ← array[left]
8:   [ b ] ← tmp
9: endfor
```

解答群

	a	b
ア	array の要素数 － left	array[left]
イ	array の要素数 － left	array[right]
ウ	array の要素数 － left ＋ 1	array[left]
エ	array の要素数 － left ＋ 1	array[right]

第2章 一次元配列

《解説》

［こう解く 擬似言語の問題を解く手順］（➡p.073）を使って解きます。

① 実行前の例を作る。処理結果を予測する。

実行前の例は，問題文「次のプログラムは，整数型の配列arrayの要素の並びを逆順にする」をもとに，［こう解く 一次元配列図］（➡p.099）を使って描きます。それをもとに，処理結果を予測します。

- 実行前の例：

array	1	2	3	4	5
要素番号	1	2	3	4	5

- 処理結果：

array	5	4	3	2	1
要素番号	1	2	3	4	5

② プログラムに実行前の例を当てはめてトレースする。

一次元配列をトレースするため，［こう解く 配列のトレース］（➡p.100）を使います。なお「(arrayの要素数 ÷ 2 の商) まで」は，5÷2＝2.5でなく，2です。**［小数部分の切捨て］**（➡p.071）

	トレース表	条件式	array	right	left	tmp
A	1: 整数型の配列: array ← {1, 2, 3, 4, 5}		1│2│3│4│5			
B	4: for (leftを1から (arrayの要素数÷2の商)まで1ずつ増やす)	1 ≦ 2 T			1	

③ 空所に選択肢を当てはめてトレースする。

ア [a] は「array の要素数 − left」，[b] は「array[left]」を当ててはめてトレースします。

C	5: right ← [a] array の要素数 − left			4		
D	6: tmp ← array[right]					4
E	7: array[right] ← array[left]		│ │ │1│			

- C行（leftは1）では「right ← array の要素数 − left」つまりrightに，5－1＝4を格納する。
- E行（rightは4，leftは1）ではarray[4]に，array[1]の値1を格納する。

④ 処理結果と異なる場合，不正解。別の選択肢で③を行う。全選択肢が済んだら②に戻る。

処理結果はarray[4]が2であるべきなのに，今回1を格納したため，**ア**は不正解です。なお，[a]の選択肢は**ア**と**イ**が同じため，**ア**だけでなく**イ**も不正解です。別の選択肢で③を行います。

③ 空所に選択肢を当てはめてトレースする。

ウ [a]は「array の要素数 − left ＋ 1」，[b]は「array[left]」を当てはめてトレースします。

	トレース表	条件式	array	right	left	tmp
C	5: right ← [a] array の要素数 − left ＋ 1			5		
D	6: tmp ← array[right]					5
E	7: array[right] ← array[left]		[ ][ ][ ][ ][1]			
F	8: [b] ← tmp array[left]		[5][ ][ ][ ][ ]			

- C行（leftは1）では「right ← array の要素数 − left ＋ 1」つまりrightに，5－1＋1＝5を格納する。
- E行（rightは5，leftは1）ではarray[5]に，array[1]の値1を格納する。
- F行（leftは1）では「array[left] ← tmp」つまりarray[1]に，5を格納する。

④ 処理結果と異なる場合，不正解。別の選択肢で③を行う。全選択肢が済んだら②に戻る。

処理結果はarray[1]が5であるべきで，今回5を格納したため，**ウ**は正しいです。念のため，別の選択肢で③を行います。

③ 空所に選択肢を当てはめてトレースする。

エ [a]は「array の要素数 − left ＋ 1」，[b]は「array[right]」を当てはめてトレースします。トレース表のC行～E行は**ウ**と同じため，省略します。

	トレース表	条件式	array	right	left	tmp
F	8: [b] ← tmp array[right]		[ ][ ][ ][ ][5]			

- F行（rightは5）では「array[right] ← tmp」つまりarray[5]に，5を格納する。

④ 処理結果と異なる場合，不正解。別の選択肢で③を行う。全選択肢が済んだら②に戻る。

処理結果はarray[5]が1であるべきなのに，今回5を格納したため，**エ**は不正解です。

よって，正解は**ウ**です。

第1部 擬似言語

第3章 二次元配列

二次元配列と配列の配列では，多くの値を格納するため，図に描いて処理をイメージすることが欠かせません。この章ではそのための手法と，関係演算子を使った**受験テクニック**を学びます。

◎ 二次元配列 *1

同じ型の値を縦と横に複数個並べて格納できるデータ構造です。二次元配列は高層建ての集合住宅にたとえられます。次の例は，整数型の値を格納できる二次元配列value（行数3，列数5）です。例えばvalueの3行5列の要素は35です。なお，配列の要素番号は1から始まります。

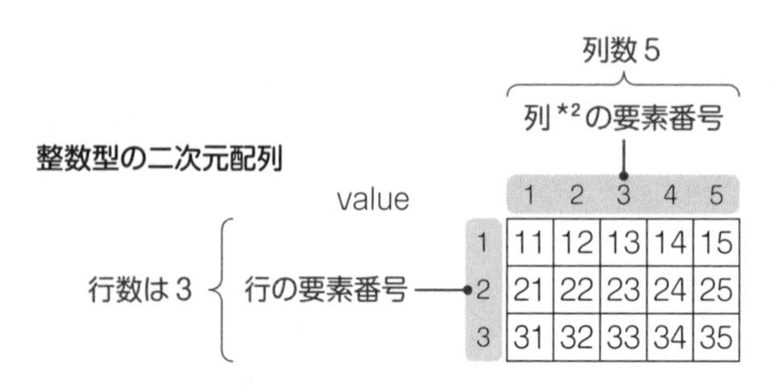

	1	2	3	4	5
1	11	12	13	14	15
2	21	22	23	24	25
3	31	32	33	34	35

value[3, 5]のうち，3は行の要素番号（⇩方向に3番目），5は列の要素番号（⇨方向に5番目）です。この⇩方向と⇨方向を勘違いすると，思わぬ失点につながります。

◆上下・左右

二次元配列の2つの要素番号は，「上下・左右」と同じ順序のため，「上下・左右」で覚えるとよいでしょう。一般に「上下・

***1：二次元配列**
二次元配列名としてmatrixが使われることがある。

***2：列**
列と行は，そのカタカナの書き順で覚えるとよい。
- 列の「レ」は，⬇から書く。
- 行の「ギ」は，➡から書く。

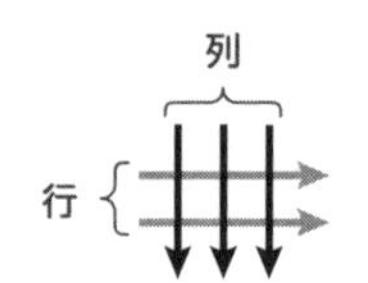

左右」とは言いますが，並びを反対にした「左右・上下」とはあまり言わないためです。

関連する用語は，次のとおりです。

行数	行の要素数。行の変数名としてrow（ロー）が使われることがある。
列数	列の要素数。列の変数名としてcolumn（コラム），col（コル）が使われることがある。
行番号〇	〇行目のこと。例えば「行番号2の要素の和」は，前ページにある整数型の二次元配列の場合，21＋22＋23＋24＋25で115になる。
列番号〇	〇列目のこと。例えば「列番号1の要素の和」は，前ページにある整数型の二次元配列の場合，11＋21＋31で63になる。

◆宣言と同時に格納

次の例では「整数型の二次元配列: value ← {…}」により，格納する値が整数型である二次元配列valueを宣言し，同時に要素を格納します。

```
1: 整数型の二次元配列: value ← {{11, 12, 13}, {21, 22, 23}, {31, 32, 33}}
```

⬇

value	1	2	3
1	11	12	13
2	21	22	23
3	31	32	33

次の例では「value[3, 2] ← 99」により，二次元配列valueの3行2列の要素に，値99を格納します。

```
2: value[3, 2] ← 99
```

➡

value	1	2	3
1	11	12	13
2	21	22	23
3	31	99	33

第3章 二次元配列

次の例では「value[3, 3] ← value[1, 2] + 50」により，二次元配列valueの１行２列の要素にある値12を取り出し，それに50を足して，その値62をvalue ３行３列の要素に格納します。

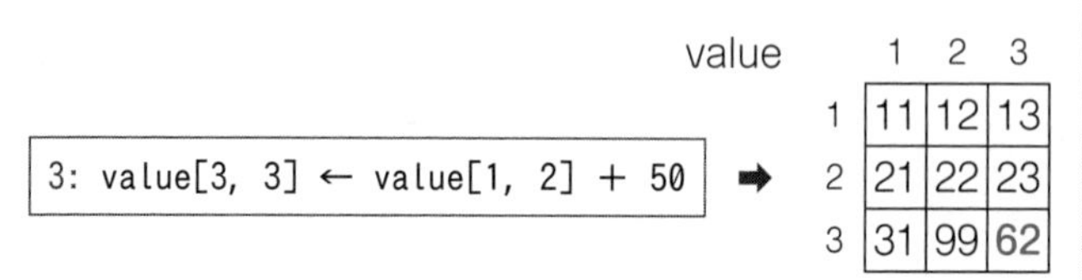

● 配列の配列[*3]

配列を要素としてもつ配列です。次の例は，整数型の一次元配列（子の配列）を要素としてもつ一次元配列（親の配列）valueです。例えばvalueの３行１列の要素は31です。なお，配列の要素番号は１から始まります。

整数型配列の配列

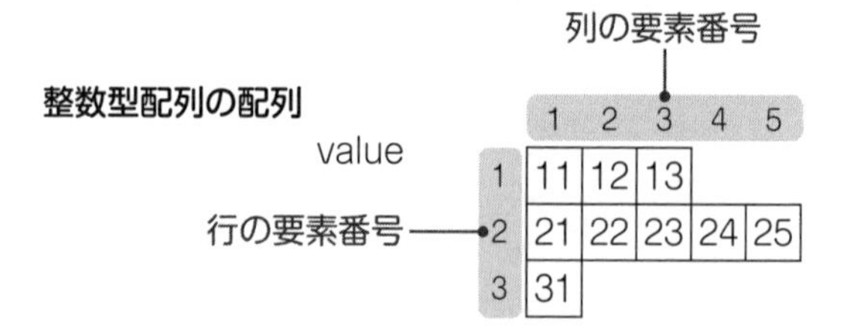

「配列の配列」のイメージ図は，次のとおりです。つまり，親の配列には子の配列への参照[*4]が格納されており，親の配列を経由して，子の配列の要素にアクセスします。また，子の配列には名称がなく，直接アクセスすることは不可能です。

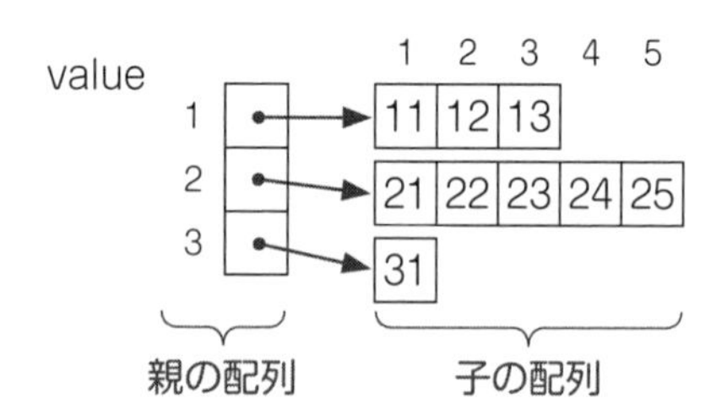

親の配列（行）を**縦方向**に描く点がポイントです。

***3：配列の配列**
ジャグ配列・多段配列とも呼ばれる。ジャグ配列の語源は，jagged array（ギザギザの配列）。子の配列の要素数がまちまちなことから。

***4：参照**
ここでは，子の配列が存在する場所を指す情報。

配列の配列と二次元配列の違いは，次のとおりです。

- 配列の配列は，図にすると四角形にならないことがある。つまり前ページの図のように，子の配列の要素数はまちまちで，文字どおりギザギザの配列になることがある。配列の配列は「[ ][ ]」で表す。例えば「value[2][1]」と表す。
- 二次元配列は，図にすると四角形になる。つまり各行の要素数はすべて同じ。また，各列の要素数はすべて同じ。二次元配列は「[,]」で表す。例えば「value[2, 1]」と表す。

次の例では「整数型配列の配列: value ← {…}」により，格納する値が整数型の一次元配列（子の配列）を要素としてもつ一次元配列（親の配列）を宣言し，同時に要素を格納します。なお，value[3]は「{}」のため要素数が0であり，要素はありません。

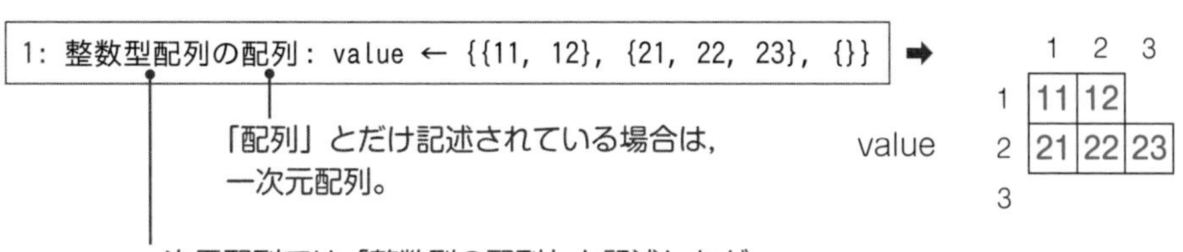

一次元配列では「整数型の配列」と記述したが，配列の配列ではこの部分の「の」が削除される。

次の例では「value[1]の末尾に value[2][1]の値 を追加する」により，value[1]の末尾（value[1][1]とvalue[1][2]には値が格納されているので，その次のvalue[1][3]）に，value[2][1]の値21を追加します。

```
2: value[1]の末尾に value[2][1]の値 を追加する
```

➡ value

	1	2	3
1	11	12	21
2	21	22	23
3			

次の例では「value[3]の末尾に value[2][3]の値 を追加する」により，value[3]（要素数0で，要素がない）の末尾（要素がないため，value[3][1]）に，value[2][3]の値23を追加します。

```
3: value[3]の末尾に value[2][3]の値 を追加する
```

➡

value

	1	2	3
1	11	12	21
2	21	22	23
3	23		

◆ 3種類の配列

3種類の配列の違いは，次のとおりです。

- 一次元配列とは，同じ型の値を横一列に複数個並べて格納できるデータ構造。一次元配列は「[ ]」で表す。例えば「value[2]」と表す。

11	12	13	14	15

- 二次元配列とは，同じ型の値を縦と横に複数個並べて格納できるデータ構造。二次元配列は「[,]」で表す。例えば「value[2, 1]」と表す。

11	12	13	14	15
21	22	23	24	25
31	32	33	34	35

- 配列の配列とは，配列を要素としてもつ配列。配列の配列は「[ ][ ]」で表す。例えば「value[2][1]」と表す。

11	12	13		
21	22	23	24	25
31				

二次元配列図

二次元配列の実行前の例を作ったり，トレースしたりするために，二次元配列の図を描きます。また，配列の配列についても，二次元配列と同じ方法で描きます。なお，次の例の配列の要素番号は１から始まります。

●例

```
1: 整数型の二次元配列: value ← {{11, 12, 13}, {21, 22, 23}, {31, 32, 33}}
```

value

	1	2	3
1	11	12	13
2	21	22	23
3	31	32	33

- 列の要素番号を書いてもよい。
- 二次元配列名を書く。
- 行の要素番号を書いてもよい。
- 箱を描き，箱の中に値を書き込む。

二次元配列図はスペースの都合上，トレース表の１行１行に描けません。そのため，別の場所に二次元配列図を描き，そこにプログラムに沿って，値を追記していくとよいでしょう。

二次元配列の要素番号は，－１行目は上隣，＋１行目は下隣。

二次元配列ｒのｉ行目を中心に考えると，ｉ－１行目は上隣，ｉ＋１行目は下隣という位置関係となります。配列の配列でも同じことが言えます。二次元配列・配列の配列の処理を読み解くヒントになります。

	1	2	3	4
1	1	1	1	1
2	1	2	3	4
3	1	3	6	10
4	1	4	10	20

- r[i − 1, 2]は**上隣**
- r[i, 2]から見て
- r[i + 1, 2]は**下隣**

ここまでは二次元配列について説明しました。ここからは，関係演算子を使った**受験テクニック**を説明します。

関係演算子の否定

関係演算子（➡p.030）を否定することで，プログラムを解釈しやすくなります。否定前の関係演算子を否定する例は，次のとおりです。この例は，「否定前 ➡ 否定後」の形式で表記しています。特に上から4つめまでは，間違いやすいです。

否定前					否定後	
試験問題の表記	関係演算子	試験問題の表記の例	関係演算子の例	否定する	否定後の試験問題の表記	否定後の関係演算子
より大きい	＞	a が 5 より大きい	a ＞ 5	➡	以下	≦
以上	≧	a が 5 以上	a ≧ 5	➡	より小さい	＜
より小さい	＜	a が 5 より小さい	a ＜ 5	➡	以上	≧
以下	≦	a が 5 以下	a ≦ 5	➡	より大きい	＞
等しい	＝	a が 5 と等しい	a ＝ 5	➡	等しくない	≠
等しくない	≠	a が 5 と等しくない	a ≠ 5	➡	等しい	＝

こう解く 条件の変換

空所に対応する問題文などの記述は，あえて**終了条件**[*5]になっていることが多いです。しかし，繰返し処理（while・do・for）にある空所は，**継続条件**[*6]で記述しなければなりません。そのため，終了条件から継続条件へと変換する必要があります。その変換手順は，次のとおりです。

◆条件の変換手順

① 問題文をそのまま条件式にする。

② 条件式の**関係演算子**を**否定**する。

***5：終了条件**
繰返し処理を終了するための条件。条件が真の場合，繰返し処理を終了する。

***6：継続条件**
繰返し処理を継続するための条件。条件が真の場合，繰返し処理を継続する。

例題 1

問 プログラム中の[　　]に入れる正しい答えを，解答群の中から選べ。

〔プログラム〕

```
11: 整数型: num, val
12: num ← 1
13: val ← 100

21: while ( [ a ] )  // 変数numが100以上の場合，終了する。
22:   num ← num + 1
23: endwhile

31: while ( [ b ] )  // 変数valが100から0になるまで繰り返す。
32:   val ← val − 1
33: endwhile
```

aに関する解答群

ア num が 100 より小さい

イ num が 100 以下

ウ num が 100 より大きい

エ num が 100 以上

bに関する解答群

ア val が 0 より小さい

イ val が 0 以下

ウ val が 0 以上

エ val が 1 以上

《解説》

［こう解く 条件の変換］（➡p.126）を使って解きます。

◆ [a]

① 問題文をそのまま条件式にする。

問題文「変数numが100以上の場合，終了する」を条件式にして「num が 100 以上」の場合，繰返しを終了します（終了条件）。whileは継続条件のため，このままでは不正解です。

② 条件式の関係演算子を否定する。

「num が 100 以上」（num ≧ 100）を否定すると，「num が 100 より小さい」（num ＜ 100）です。その場合，繰返しを継続します（継続条件）。

よって，正解は**ア**です。

◆ b

問題文「変数valが100から0になるまで繰り返す」にある「～まで繰り返す」のように，表現がややこしい場合は，次のように考えます。

表現がややこしい場合は，「どうなると，繰返しを終了するか？」を検討する。

問題文「0になるまで繰り返す」について，「どうなると，繰返しを終了するか？」を検討すると，「0になると，繰返しを終了する」です。

つまり，0になる前までの間は繰返しを継続し，0になると繰返しを終了します。0以下（－1や－2）でも繰返しを終了するので，「val が 0 以下」（val ≦ 0）の場合，繰返しを終了します。

数直線で表すと，次のとおりです。

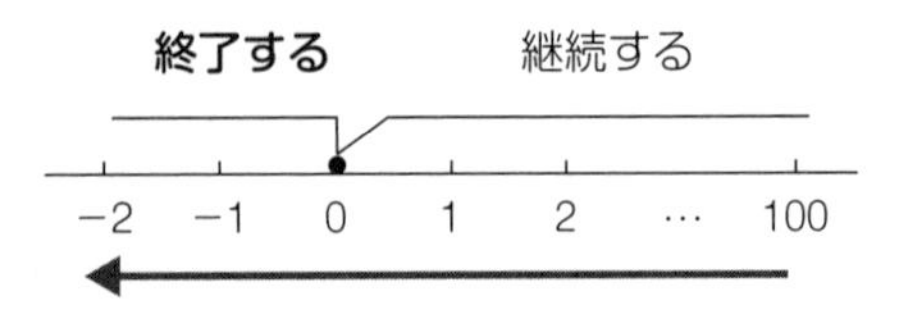

① 問題文をそのまま条件式にする。

「0になるまで繰り返す」を条件式にして「val が 0 以下」（val ≦ 0）の場合，繰返しを終了します（終了条件）。繰返し処理は継続条件のため，このままでは不正解です。

② 条件式の関係演算子を否定する。

「val が 0 以下」（val ≦ 0）を否定すると，「val が 0 より大きい」（val > 0）です。その場合，繰返しを継続します（継続条件）。

ただし，「ウ　val が 0 以上」（val ≧ 0，つまり0を含む）ではありません。「val が 0 より大きい」（val ＞ 0，つまり0を含まない）となるのは，解答群の中では「エ　val が 1 以上」（val ≧ 1）だけです。

よって，正解は**エ**です。

出題例 1

〔基本情報技術者試験 平成31年春 午後問8 改題〕

ハフマン木は，次の手順で実現する。

① （省略）

② （省略）

③ （省略）

④ 親が作成されていない節が一つになるまで③を繰り返す。

設問2 プログラム1中の［ c ］に入れる正しい答えを，解答群の中から選べ。

〔プログラム1〕

```
 5: while([ c ])
 ～    //（省略）
15: endwhile
```

cに関する解答群

ア nsize が 0 以上　　イ nsize が 1 以上　　ウ nsize が 2 以上

《解説》

［こう解く 条件の変換］（➡p.126）を使って解きます。問題文「一つになるまで③を繰り返す」にある「～まで繰り返す」のように，表現がややこしい場合は，次のように考えます。

> 表現がややこしい場合は，「どうなると，繰返しを終了するか？」を検討する。

問題文「一つになるまで③を繰り返す」について，「どうなると，繰返しを終了するか？」を検討すると，「一つになると，繰返しを終了する」です。

つまり，1になる前までの間は繰返しを継続し，1になると繰返しを終了します。1以下（0や－1）でも繰返しを終了するので，「nsize が 1 以下」（nsize ≦ 1）の場合，繰返しを終了します。

数直線で表すと，次のとおりです。

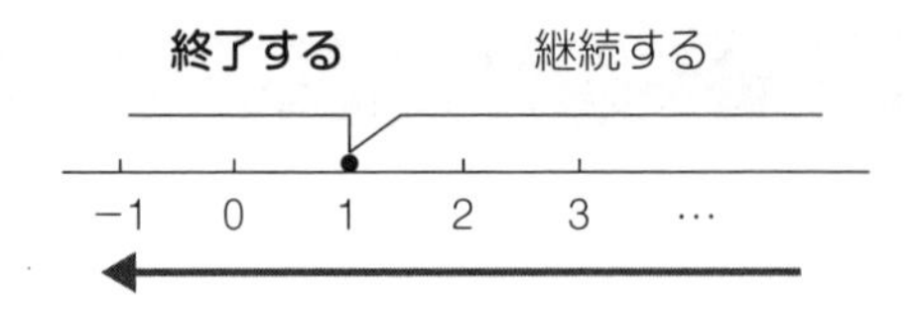

① 問題文をそのまま条件式にする。

「一つになるまで③を繰り返す」を条件式にして「nsize が 1 以下」(nsize ≦ 1) の場合，繰返しを終了します（終了条件）。繰返し処理は継続条件のため，このままでは不正解です。

② 条件式の関係演算子を否定する。

「nsize が 1 以下」(nsize ≦ 1) を否定すると，「nsize が 1 より大きい」(nsize > 1) です。その場合，繰返しを継続します（継続条件）。

ただし，「イ　nsize が 1 以上」(nsize ≧ 1，つまり1を含む) ではありません。「nsize が 1 より大きい」(nsize > 1，つまり1を含まない)となるのは，解答群の中では「ウ　nsize が 2 以上」(nsize ≧ 2) だけです。

よって，正解は**ウ**です。

ド・モルガンの法則[*7]

問題文に記述された条件が終了条件であり，かつそれを条件式にすると，andやorなどの**論理演算子** (➡p.030) を含む場合，ド・モルガンの法則の変換手順に沿って変換します。

◆ド・モルガンの法則の変換手順

① 問題文をそのまま条件式にする。
② 各条件式の関係演算子を否定する。
③ andをorに orをandに 変換する。

関係演算子（より大きい，以下など）や論理演算子（andやor）について，問題文をもとにあれこれ考えなくても，この変換手順を使えば，すばやく正確に正解を導けます。

***7：ド・モルガンの法則**
AND演算とOR演算を相互に変換することで，複雑な演算式を単純化できる。イギリスの数学者の名にちなむ。

例題 2

問 どちらか一方の値がなくなるまで終了しない。プログラム中の［　　］に入れる正しい答えを，解答群の中から選べ。

〔プログラム〕

```
1: while (［　　］)
2:   // (省略)
3: endwhile
```

解答群

ア　(i が 0 より小さい) and (j が 0 より小さい)
イ　(i が 0 より大きい) and (j が 0 より大きい)
ウ　(i が 0 より小さい) or (j が 0 より小さい)
エ　(i が 0 より大きい) or (j が 0 より大きい)

《解説》

[こう解く ド・モルガンの法則] (➡p.130) を使って解きます。

① 問題文をそのまま条件式にする。

問題文「値がなくなるまで終了しない」について，「どうなると，繰返しを終了するか？」を検討すると，「値がなくなると，終了する」です。さらに「なくなる」は，数直線でイメージすると「0になる」「0以下になる」という意味です。

つまり，0になる前までの間は繰返しを継続し，0になると，繰返しを終了します。0以下（−1や−2）でも繰返しを終了するので，「i が 0 以下」（i ≦ 0）の場合，繰返しを終了します。

数直線で表すと，次のとおりです。

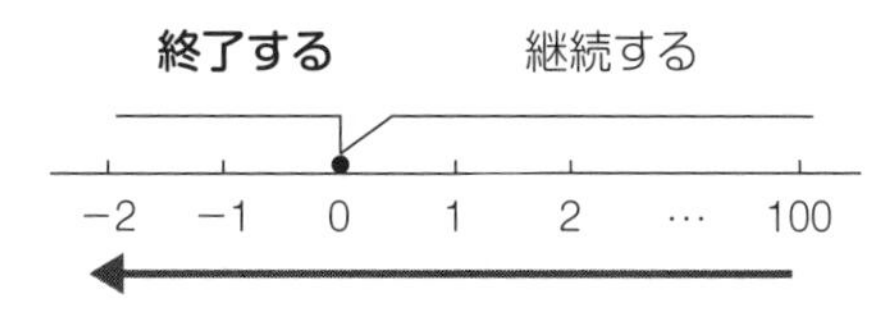

問題文「どちらか一方」は「or」（論理和）です。

	条件式	トレース表の表記
①	(i が 0 以下) or (j が 0 以下)	(i ≦ 0) or (j ≦ 0)

② **各条件式の関係演算子を否定する。**

②	(i が 0 より大きい) or (j が 0 より大きい)	(i > 0) or (j > 0)

③ **andをorに orをandに 変換する。**

③	(i が 0 より大きい) and (j が 0 より大きい)	(i > 0) and (j > 0)

よって，正解は**イ**です。

出題例2

〔基本情報技術者試験 平成22年春 午後問8 改題〕

〔プログラムの説明〕

(3)　Mergeでは，次の手順で，整列済の二つの配列slist1とslist2を併合し，整列した一つの配列listを作成する。

① 配列slist1又はslist2のどちらか一方の要素がなくなるまで，次の②を繰り返す。

② (省略)

(4)　Mergeの引数の仕様を表2に示す。配列の要素番号は0から始まる。

表2　Mergeの引数の仕様

引数名／戻り値	型	入力／出力	意味
slist1[]	整数型	入力	整列済のデータが格納されている1次元配列
num1	整数型	入力	配列slist1のデータの個数
slist2[]	整数型	入力	整列済のデータが格納されている1次元配列
num2	整数型	入力	配列slist2のデータの個数
list[]	整数型	出力	併合したデータを格納する1次元配列

〔プログラム〕

```
23: ○Merge(整数型: slist1[], 整数型: num1,
              整数型: slist2[], 整数型: num2, 整数型: list[])
24:   整数型: i, j
25:   i ← 0
26:   j ← 0
27:   while(  c  )
28:     if (slist1[i] < slist2[j])
 ~        // (省略)
34:     endif
35:   endwhile
```

設問1 プログラム中の c に入れる正しい答えを，解答群の中から選べ。

cに関する解答群

ア (i が num1 より小さい) and (j が num2 より小さい)

イ (i が num1 より小さい) or (j が num2 より小さい)

ウ (j が num1 より小さい) and (i が num2 より小さい)

エ (j が num1 より小さい) or (i が num2 より小さい)

オ (i + j) が (num1 + num2) より小さい

カ (i + j) が (num1 + num2) 以下

キ (i + j) が (num1 + num2) より大きい

ク (i + j) が (num1 + num2) 以上

《解説》

［こう解く ド・モルガンの法則］（➡p.130）を使って解きます。

問題文「配列slist1又はslist2の…要素がなくなるまで，次の②を繰り返す」について，「どうなると繰返しを終了するか？」を検討すると，引数num1が表2より「配列slist1のデータの個数」であり，かつ［ c ］の前でiに0を格納しているため，iが0から始まり「iがnum1になると，終了する」です。

つまり，iがnum1の値になる前までの間は繰返しを継続し，iがnum1の値になると，繰返しを終了します。num1以上（num1＋1やnum1＋2）でも繰返しを終了するので，「i が num1 以上」（i ≧ num1）の場合，繰返しを終了します。

数直線で表すと，次のとおりです。

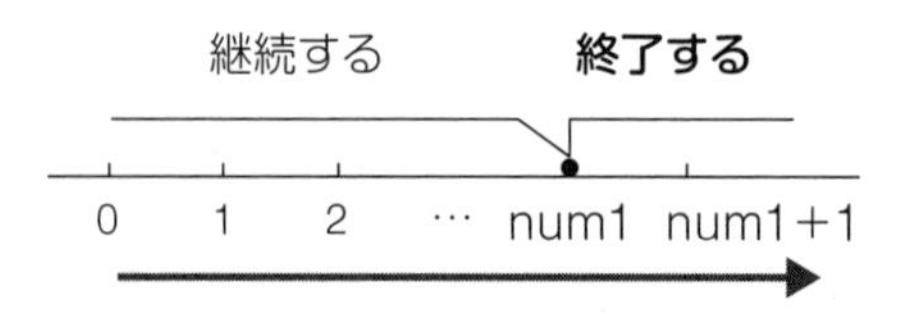

① **問題文をそのまま条件式にする。**

問題文「どちらか一方」は「or」（論理和）です。

	条件式	トレース表の表記
①	(i が num1 以上) or (j が num2 以上)	(i ≧ num1) or (j ≧ num2)

② **各条件式の関係演算子を否定する。**

②	(i が num1 より小さい) or (j が num2 より小さい)	(i ＜ num1) or (j ＜ num2)

③ **andをorに orをandに 変換する。**

③	(i が num1 より小さい) and (j が num2 より小さい)	(i ＜ num1) and (j ＜ num2)

よって，正解は**ア**です。なお，この問題では，配列の要素番号が0から始まっています。2022年以前の試験問題ではそのような文法もあったためです。

▶確認しよう

□問1	value[3, 5]のうち，3は何の要素番号で，何方向に3番目か。また5は何の要素番号で，何方向に5番目か。(➡p.120)
□問2	次の用語を説明せよ。(➡p.121) • 行数　• 列数 • 行番号○　• 列番号○
□問3	「整数型の二次元配列：value ← {{11, 12, 13}, {21, 22, 23}, {31, 32, 33}}」によりできる二次元配列図を描け。(➡p.121)
□問4	「整数型配列の配列：value ← {{11, 12}, {21, 22, 23}, {}}」によりできる配列の配列の図を描け。(➡p.123)
□問5	二次元配列と配列の配列の違いを説明せよ。(➡p.124)
□問6	次の関係演算子を否定すると，何になるか。(➡p.126) • より大きい　• 以上 • より小さい　• 以下
□問7	[こう解く 条件の変換] で説明した「**条件の変換手順**」を説明せよ。(➡p.126)
□問8	[こう解く ド・モルガンの法則] で説明した「**ド・モルガンの法則の変換手順**」を説明せよ。(➡p.130)

▶ 練習問題

問題3－1

〔基本情報技術者試験 令和4年サンプル問題 科目A問6 改題〕

問　配列aが図１の状態のとき，次のプログラムを実行すると，配列bが図２の状態になる。プログラム中の［　　］に入れる正しい答えを，解答群の中から選べ。

	1	2	3	4	5	6	7	8
1		*	*	*	*	*	*	
2		*						
3		*						
4		*	*	*	*			
5		*						
6		*						
7		*						
8		*						

図１　配列aの状態

	1	2	3	4	5	6	7	8
1								
2	*	*	*	*	*	*	*	*
3					*			*
4					*			*
5					*			*
6								*
7								*
8								

図２　配列bの状態

〔プログラム〕
```
1: 整数型: i, j
2: for (i を 1 から 8 まで 1 ずつ増やす)
3:   for (j を 1 から 8 まで 1 ずつ増やす)
4:     [      ]
5:   endfor
6: endfor
```

解答群

ア　b[9 − i, 9 − j] ← a[i, j]

イ　b[9 − j, i] ← a[i, j]

ウ　b[i, 9 − j] ← a[i, j]

エ　b[j, 9 − i] ← a[i, j]

《解説》

[こう解く 擬似言語の問題を解く手順]（➡p.073）を使って解きます。

① 実行前の例を作る。処理結果を予測する。

問題文「配列aが図1の状態のとき，次のプログラムを実行すると，配列bが図2の状態になる」より，実行前の例は図1，処理結果は図2です。

② プログラムに実行前の例を当てはめてトレースする。

なお，[こう解く 二次元配列図]（➡p.125）にもあるとおり，二次元配列図はスペースの都合上，トレース表の1行1行に描けません。今回は，処理結果の図2が問題中にあるので，それを参照しながらトレースします。

	トレース表	条件式	b	i	j
A	2: for (i を 1 から 8 まで 1 ずつ増やす)	1 ≦ 8 T		1	
B	3: for (j を 1 から 8 まで 1 ずつ増やす)	1 ≦ 8 T			1

③ 空所に選択肢を当てはめてトレースする。

ア □ に「b[9 − i, 9 − j] ← a[i, j]」を当てはめてトレースします。

C	4: □ b[9 − i, 9 − j] ← a[i, j]				
D	3: for (j を 1 から 8 まで 1 ずつ増やす)	2 ≦ 8 T			2
E	4: □ b[9 − i, 9 − j] ← a[i, j]				

- C行（iは1, jは1）では「b[8, 8] ← a[1, 1]」つまりb[8, 8]に，空欄を格納する。
- E行（iは1, jは2）では「b[8, 7] ← a[1, 2]」つまりb[8, 7]に，「*」を格納する。

④ 処理結果と異なる場合，不正解。別の選択肢で③を行う。全選択肢が済んだら②に戻る。

処理結果はb[8, 7]が空欄であるべきなのに，今回「*」を格納したため，**ア**は不正解です。別の選択肢で③を行います。

③ 空所に選択肢を当てはめてトレースする。

イ □ に「b[9 − j, i] ← a[i, j]」を当てはめてトレースします。

C	4: □ b[9 − j, i] ← a[i, j]				
D	3: for (j を 1 から 8 まで 1 ずつ増やす)	2 ≦ 8 T			2
E	4: □ b[9 − j, i] ← a[i, j]				

- C行（iは1，jは1）では「b[8, 1] ← a[1, 1]」つまりb[8, 1]に，空欄を格納する。
- E行（iは1，jは2）では「b[7, 1] ← a[1, 2]」つまりb[7, 1]に，「＊」を格納する。

④ 処理結果と異なる場合，不正解。別の選択肢で③を行う。全選択肢が済んだら②に戻る。

処理結果はb[7, 1]が空欄であるべきなのに，今回「＊」を格納したため，**イ**は不正解です。別の選択肢で③を行います。

③ 空所に選択肢を当てはめてトレースする。

ウ [　　] に「b[i, 9 − j] ← a[i, j]」を当てはめてトレースします。

	トレース表	条件式	b	i	j
C	4: [　　] b[i, 9 − j] ← a[i, j]				
D	3: for (j を 1 から 8 まで 1 ずつ増やす)	2 ≦ 8 T			2
E	4: [　　] b[i, 9 − j] ← a[i, j]				

- C行（iは1，jは1）では「b[1, 8] ← a[1, 1]」つまりb[1, 8]に，空欄を格納する。
- E行（iは1，jは2）では「b[1, 7] ← a[1, 2]」つまりb[1, 7]に，「＊」を格納する。

④ 処理結果と異なる場合，不正解。別の選択肢で③を行う。全選択肢が済んだら②に戻る。

処理結果はb[1, 7]が空欄であるべきなのに，今回「＊」を格納したため，**ウ**は不正解です。別の選択肢で③を行います。

③ 空所に選択肢を当てはめてトレースする。

エ [　　] に「b[j, 9 − i] ← a[i, j]」を当てはめてトレースします。

C	4: [　　] b[j, 9 − i] ← a[i, j]				
D	3: for (j を 1 から 8 まで 1 ずつ増やす)	2 ≦ 8 T			2
E	4: [　　] b[j, 9 − i] ← a[i, j]				

- C行（iは1，jは1）では「b[1, 8] ← a[1, 1]」つまりb[1, 8]に，空欄を格納する。
- E行（iは1，jは2）では「b[2, 8] ← a[1, 2]」つまりb[2, 8]に，「＊」を格納する。

④ 処理結果と異なる場合，不正解。別の選択肢で③を行う。全選択肢が済んだら②に戻る。

処理結果はb[2, 8]が「＊」であるべきで，今回「＊」を格納したため，**エ**は正しいです。

よって，正解は**エ**です。なお，**ア**は右に180度回転，**イ**は右に270度回転，**ウ**は左右反転になります。

問題3－2

〔オリジナル問題〕

問 次の記述中の [a] ～ [c] に入れる正しい答えの組合せを，解答群の中から選べ。ここで，配列の要素番号は1から始まる。

次のプログラムは，パスカルの三角形を格納する整数型の二次元配列（要素数は行4，列4）を戻り値として返す。関数pascalTriangleを呼び出したときの戻り値は，{{1, 1, 1, 1}, {[a]}, {[b]}, {[c]}} である。

〔プログラム〕

```
1: ○整数型の二次元配列: pascalTriangle()
2:   整数型: i, j
3:   整数型の二次元配列: r ← {{1, 1, 1, 1}, {1, 0, 0, 0},
                               {1, 0, 0, 0}, {1, 0, 0, 0}}
4:   for (i を 2 から 4 まで 1 ずつ増やす)
5:     for (j を 2 から 4 まで 1 ずつ増やす)
6:       r[i, j] ← r[i − 1, j] + r[i, j − 1]
7:     endfor
8:   endfor
9:   return r
```

解答群

	a	b	c
ア	1, 2, 3, 4	1, 3, 6, 10	1, 4, 10, 20
イ	1, 2, 3, 1	1, 3, 6, 6	1, 4, 7, 13
ウ	1, 2, 3, 1	1, 3, 6, 7	1, 4, 7, 14
エ	1, 2, 3, 4	1, 3, 6, 6	1, 4, 10, 20

《解説》

プログラム中に［　　］がなく，トレースの結果が正解になる問題です。実行前の例は，プログラム中の3行で格納されるrを使います。この問題では処理結果が正解となるため，現時点では不明です。

- 実行前の例：

r

	1	2	3	4
1	1	1	1	1
2	1	0	0	0
3	1	0	0	0
4	1	0	0	0

- 処理結果：　（不明）

なお，［こう解く 二次元配列図］（➡p.125）にもあるとおり，二次元配列図はスペースの都合上，トレース表の1行1行に描けません。ここでは，rの1行目と2行目のみをトレース表に記入しています。

	トレース表	条件式	i	j	r
A	3: 整数型の二次元配列: r ← {…}				
B	4: for (i を 2 から 4 まで 1 ずつ増やす)	2 ≦ 4 T	2		
C	5: for (j を 2 から 4 まで 1 ずつ増やす)	2 ≦ 4 T		2	
D	6: r[i, j] ← r[i − 1, j] + r[i, j − 1]				1: 1 1 1 1 2: 1 2 0 0
E	5: for (j を 2 から 4 まで 1 ずつ増やす)	3 ≦ 4 T		3	
F	6: r[i, j] ← r[i − 1, j] + r[i, j − 1]				1: 1 1 1 1 2: 1 2 3 0
G	5: for (j を 2 から 4 まで 1 ずつ増やす)	4 ≦ 4 T		4	
H	6: r[i, j] ← r[i − 1, j] + r[i, j − 1]				1: 1 1 1 1 2: 1 2 3 4

- D行（iは2，jは2）では「r[2, 2] ← r[1, 2] + r[2, 1]」つまりr[2, 2]に，1＋1＝2を格納する。
- F行（iは2，jは3）では「r[2, 3] ← r[1, 3] + r[2, 2]」つまりr[2, 3]に，1＋2＝3を格納する。

- H行（iは2, jは4）では「r[2, 4] ← r[1, 4] + r[2, 3]」つまりr[2, 4]に，1＋3＝4を格納する。

この時点で，**イ**，**ウ**はr[2, 4]の値が異なるため，不正解です。

続きをトレースします。ここでは，rの2行目と3行目のみをトレース表に記入しています。

	トレース表	条件式	i	j	r
I	4: for (i を 2 から 4 まで 1 ずつ増やす)	3 ≦ 4 T	3		
J	5: for (j を 2 から 4 まで 1 ずつ増やす)	2 ≦ 4 T		2	
K	6: r[i, j] ← r[i − 1, j] + r[i, j − 1]				2: 1 2 3 4 3: 1 3 0 0
L	5: for (j を 2 から 4 まで 1 ずつ増やす)	3 ≦ 4 T		3	
M	6: r[i, j] ← r[i − 1, j] + r[i, j − 1]				2: 1 2 3 4 3: 1 3 6 0
N	5: for (j を 2 から 4 まで 1 ずつ増やす)	4 ≦ 4 T		4	
O	6: r[i, j] ← r[i − 1, j] + r[i, j − 1]				2: 1 2 3 4 3: 1 3 6 10

- K行（iは3, jは2）では「r[3, 2] ← r[2, 2] + r[3, 1]」つまりr[3, 2]に，2＋1＝3を格納する。
- M行（iは3, jは3）では「r[3, 3] ← r[2, 3] + r[3, 2]」つまりr[3, 3]に，3＋3＝6を格納する。
- O行（iは3, jは4）では「r[3, 4] ← r[2, 4] + r[3, 3]」つまりr[3, 4]に，4＋6＝10を格納する。

この時点で，**エ**はr[3, 4]の値が10ではないため，不正解です。

よって，正解は**ア**です。

問題3－3　〔基本情報技術者試験 令和4年サンプル問題 問4〕

問　次の記述中の［ a ］～［ c ］に入れる正しい答えの組合せを，解答群の中から選べ。ここで，配列の要素番号は1から始まる。

要素の多くが0の行列を疎行列という。次のプログラムは，二次元配列に格納された行列のデータ量を削減するために，疎行列の格納に適したデータ構造に変換する。

関数transformSparseMatrixは，引数matrixで二次元配列として与えられた行列を，整数型配列の配列に変換して返す。関数transformSparseMatrixをtransformSparseMatrix({{3, 0, 0, 0, 0}, {0, 2, 2, 0, 0}, {0, 0, 0, 1, 3}, {0, 0, 0, 2, 0}, {0, 0, 0, 0, 1}})として呼び出したときの戻り値は，{{［ a ］}, {［ b ］}, {［ c ］}} である。

〔プログラム〕

```
 1: ○整数型配列の配列: transformSparseMatrix(整数型の二次元配列: matrix)
 2:   整数型: i, j
 3:   整数型配列の配列: sparseMatrix
 4:   sparseMatrix ← {{}, {}, {}} /* 要素数0の配列を三つ要素にもつ配列 */
 5:   for (i を 1 から matrixの行数 まで 1 ずつ増やす)
 6:     for (j を 1 から matrixの列数 まで 1 ずつ増やす)
 7:       if (matrix[i, j] が 0 でない)
 8:         sparseMatrix[1]の末尾 に iの値 を追加する
 9:         sparseMatrix[2]の末尾 に jの値 を追加する
10:         sparseMatrix[3]の末尾 に matrix[i, j]の値 を追加する
11:       endif
12:     endfor
13:   endfor
14:   return sparseMatrix
```

解答群

	a	b	c
ア	1, 2, 2, 3, 3, 4, 5	1, 2, 3, 4, 5, 4, 5	3, 2, 2, 1, 2, 3, 1
イ	1, 2, 2, 3, 3, 4, 5	1, 2, 3, 4, 5, 4, 5	3, 2, 2, 1, 3, 2, 1
ウ	1, 2, 3, 4, 5, 4, 5	1, 2, 2, 3, 3, 4, 5	3, 2, 2, 1, 2, 3, 1
エ	1, 2, 3, 4, 5, 4, 5	1, 2, 2, 3, 3, 4, 5	3, 2, 2, 1, 3, 2, 1

《解説》

プログラム中に[ ]がなく，トレースの結果が正解になる問題です。実行前の例は，引数matrixを使います。［こう解く 二次元配列図］（➡p.125）を使って描きます。この問題では処理結果が正解となるため，現時点では不明です。

• 実行前の例：　matrix

	1	2	3	4	5
1	3	0	0	0	0
2	0	2	2	0	0
3	0	0	0	1	3
4	0	0	0	2	0
5	0	0	0	0	1

• 処理結果：　（不明）

二次元配列matrix[i, j]のうち，iとjのどちらが縦方向か・横方向かについては［上下・左右］（➡p.120）を参照してください。なお，プログラム中の引数matrixは二次元配列（➡p.120），一方で変数sparseMatrixは配列の配列（➡p.122）です。また，スペースの都合上，トレース表に引数matrixを記載していません。

	トレース表	条件式	i	j	sparseMatrix
A	1: ○整数型配列の配列: transformSparseMatrix(…)				
B	4: sparseMatrix ← {{}, {}, {}}				
C	5: for(iを1からmatrixの行数まで1ずつ増やす)	1≦5 T	1		
D	6: for(jを1からmatrixの列数まで1ずつ増やす)	1≦5 T		1	
E	7: if (matrix[i, j] が 0 でない)	3≠0 T			
F	8: sparseMatrix[1]の末尾 に iの値 を追加する				1 [1] 2 3
G	9: sparseMatrix[2]の末尾 に jの値 を追加する				1 [1] 2 [1] 3
H	10: sparseMatrix[3]の末尾 に matrix[i, j]の値 を追加する				1 [1] 2 [1] 3 [3]

• E行（iは1, jは1）では「matrix[1, 1] が 0 でない」つまり条件式は「3 が 0 でない」。

sparseMatrixに値を追加する処理の１回目（matrix[1, 1]）と２回目（matrix[2, 2]）では**ア**～**エ**で同じ内容です。これ以降は，掲載スペースを抑えるために，内容が異なっている３回目（matrix[2, 3]，つまり前ページにある実行前の例の灰色の網掛け部分（■）までトレースを省略します。次のトレース表のとおり，**ウ**と**エ**は不正解となります。

	トレース表	条件式	i	j	sparseMatrix
I	5: for(iを1からmatrixの行数まで1ずつ増やす)	2≦5 T	2		
J	6: 　for(jを1からmatrixの列数まで1ずつ増やす)	3≦5 T		3	
K	7: 　　if (matrix[i, j] が 0 でない)	2≠0 T			
L	8: 　　　sparseMatrix[1]の末尾 に 　　　　iの値 を追加する				1 |1|2|2| 2 |1|2| 3 |3|2|
M	9: 　　　sparseMatrix[2]の末尾 に 　　　　jの値 を追加する				1 |1|2|2| 2 |1|2|3| 3 |3|2|
N	10: 　　　sparseMatrix[3]の末尾 に 　　　　matrix[i, j]の値 を追加する				1 |1|2|2| 2 |1|2|3| 3 |3|2|2|

アと**イ**で内容が異なっている５回目（matrix[3, 5]，つまり同じく茶色の網掛け部分（■）までトレースを省略します。次のトレース表のとおり，**ア**は不正解となります。

	トレース表	条件式	i	j	sparseMatrix
O	5: for(iを1からmatrixの行数まで1ずつ増やす)	3≦5 T	3		
P	6: 　for(jを1からmatrixの列数まで1ずつ増やす)	5≦5 T		5	
Q	7: 　　if (matrix[i, j] が 0 でない)	3≠0 T			
R	8: 　　　sparseMatrix[1]の末尾 に 　　　　iの値 を追加する				1 |1|2|2|3|3| 2 |1|2|3|4| 3 |3|2|2|1|
S	9: 　　　sparseMatrix[2]の末尾 に 　　　　jの値 を追加する				1 |1|2|2|3|3| 2 |1|2|3|4|5| 3 |3|2|2|1|
T	10: 　　　sparseMatrix[3]の末尾 に 　　　　matrix[i, j]の値 を追加する				1 |1|2|2|3|3| 2 |1|2|3|4|5| 3 |3|2|2|1|3|

よって，正解は**イ**です。

第1部 擬似言語

第4章 ありえない選択肢

消去法により，不正解の選択肢を見つけられる**受験テクニック**をまとめました。必ずしも正解選択肢を１つに絞れるわけではありませんが，プログラムの一部と選択肢を見るだけで，処理内容を理解しなくても，正解に近づけることがあるため，ここで学びます。

ありえない選択肢

無駄なプログラムとなる選択肢です。空所に選択肢を当てはめると，プログラムが実行エラーになったり，処理が永久に進まなくなったりします。これらは，不正解の選択肢のため，初めから検討の対象外にできます。

［ありえない選択肢］の例は，次のとおりです。

- 変数の宣言だけして，変数に値を格納したり，変数から値を取り出したりすることがない状態になる選択肢。
- 変数に値を格納する前に，変数から値を取り出す状態になる選択肢。
- 無限ループの状態になる選択肢。

次のような擬似言語の問題ならではの理由のため，**［ありえない選択肢］**が出題されます。

- プログラムの行数が短い。
- プログラムで使用する変数の個数が限られている。
- 条件式のパターンが限られている。

［ありえない選択肢］には，次の３つがあります。

- ［こう解く 無限ループは不正解］（➡p.146）
- ［こう解く 連続格納は不正解］（➡p.152）
- ［こう解く 値を格納して利用する ではないのは不正解］（➡p.156）

［ありえない選択肢］によるメリットは，次のとおりです。

- ［ありえない選択肢］により，試験問題の処理内容を理解しなくても，一部の選択肢は不正解だと分かる。そのため，その選択肢を検討の対象外にできる。
- 残りの選択肢の中から正解を検討するため，正解の確率が高まる。
- ［こう解く 当てはめ法］（➡p.064）で当てはめる選択肢の個数を減らせる。

こう解く 無限ループは不正解

繰返し処理内に空所がある場合，空所に選択肢を当てはめてみると，無限ループ*1となる場合があります。つまり，繰返し処理の条件式にある変数の値が変化しない場合です。

*1：無限（むげん）ループ
繰返し処理が永久に繰り返す状態。繰返し処理は，通常，何回か繰り返したあと，その繰返し処理を終了し，次の処理へ進むが，無限ループとなった場合，処理が次に進まずエラーとなり，プログラムが停止する。

〔プログラム〕

```
1: 整数型: i, j
2: i ← 0
3: j ← 0
4: while (i が 100 より小さい)
5:     [  a  ]
6: endwhile
```

解答群

ア　j ← 1
イ　j ← j + 1
ウ　i ← 1
エ　i ← i + 1

繰返し処理内に空所がある。
このままでは，条件式にある変数iの値が変化しない。
そのため，変数iの値が毎回変化する選択肢を［ a ］に入れる。

無限ループとなる場合，条件式にある変数の値が**毎回変化する**選択肢を空所に入れます。

◆無限ループとなる基準

この解法が使えるかどうかを確かめるための基準は，次のとおりです。

- **基準1**：繰返し処理内に空所がある。
- **基準2**：条件式にある変数の値が変化しない。

⇩

- **対策**　：条件式にある変数の値が**毎回変化する**選択肢を空所に入れる。

このプログラムと選択肢において，受験テクニックにより不正解と分かるものは，次のとおりです。

[a]は，「繰返し処理内に空所がある」**〈基準1〉**，かつ，「条件式にある変数の値が変化しない」**〈基準2〉**を満たします。なぜなら条件式「i が 100 より小さい」の変数iの値は，仮にこのままだと変化しないためです。つまり無限ループとなります。

その対策として，変数iの値が**毎回変化する**選択肢を空所に入れます。

ア，**イ**は，条件式にある変数iの値が変化しないため，誤りです。

ウは，変数iは初回は値が変わるものの，2回目以降は初回と同じままで値が変化しません。これでは，「毎回変化する」わけではないので，誤りです。

エは，変数iの値が1→2→3→…→100と，毎回変化するため，正解です。

よって，正解は**エ**です。

このように，**[ありえない選択肢]** では，基準を満たすかどうかを確かめることで，不正解の選択肢が分かります。つまり，プログラムの一部と選択肢を見るだけで，処理内容を理解しなくても，正解に近づけます。

これ以降は練習用にあえて過去問題を出題例として掲載しています。実際に出題された問題により，臨場感を味わうとともに，この受験テクニックが実際に使えるものだと実感するためです。

出題例1

〔基本情報技術者試験 平成18年秋 午後問4 改題〕

〔プログラム1〕

```
 9: while (Didx が TabPos より小さい)
10:   Dst[Didx] ← SPC    /* SPC:間隔文字を表すシステム定数 */
11:   [ b ]
12: endwhile
```

設問1 プログラム中の [b] に入れる正しい答えを，解答群の中から選べ。

解答群

ア Didx ← Didx + 1

イ Dst[Didx] ← Src[Sidx]

ウ Dst[Didx + 1] ← Src[Sidx]

エ Dst[Didx] ← Src[Sidx + 1]

《解説》

［こう解く 無限ループは不正解］（➡p.146）を使って解きます。[b] は，「繰返し処理内に空所がある」〈**基準1**〉，かつ，「条件式にある変数の値が変化しない」〈**基準2**〉を満たします。なぜなら条件式「Didx が TabPos より小さい」の変数Didxの値や変数TabPosの値は，仮にこのままだと変化しないためです。つまり，無限ループとなります。

その対策として，変数Didxの値や変数TabPosの値が毎回変化する選択肢を空所に入れます。**イ**，**ウ**，**エ**は，不正解と分かります。

よって，不正解は**イ**，**ウ**，**エ**で，正解は**ア**です。

出題例 2

〔基本情報技術者試験 平成18年秋 午後問4 改題〕

〔プログラム2〕

```
31: while ((TabSet[Tidx] が −1 と等しくない) and (Loop が true と等しい))
32:   if (Didx が TabSet[Tidx] より小さい)
33:     TabPos ← TabSet[Tidx]
34:     Loop ← false
35:   endif
36:   [  e  ]
37: endwhile
```

設問2 プログラム2中の[e]に入れる正しい答えを，解答群の中から選べ。

解答群

ア TabPos ← TabSet[Tidx]　　イ TabPos ← TabSet[Tidx] ＋ Didx

ウ TabPos ← TabSet[Tidx] − Didx　　エ Tidx ← Didx ＋ 1

オ Tidx ← TabPos ＋ 1　　カ Tidx ← Tidx ＋ 1

《解説》

[こう解く 無限ループは不正解]（➡p.146）を使って解きます。[e]は，「繰返し処理内に空所がある」**〈基準1〉**，かつ，「条件式にある変数の値が変化しない」**〈基準2〉**を満たします。なぜなら31行の条件式のうち，変数Tidxの値や変数Loopの値は，仮にこのままだと変化しないためです。つまり，無限ループとなります。

その対策として，変数Tidxの値や変数Loopの値が毎回変化する選択肢を空所に入れます。**ア**，**イ**，**ウ**は，両変数の値が変化しないため不正解と分かります。また，**エ**は，変数Didxの値は変化せず，変数Tidxは初回は値が変わるものの毎回変化するわけではないため，不正解です。

よって，不正解は**ア**，**イ**，**ウ**，**エ**で，正解の可能性があるのは**オ**，**カ**です。
これにより，正解の可能性がある選択肢を，6択⇨2択へと減らせます。

なお，この出題例では不正解の選択肢が分かるものの，それだけで正解を1つに絞れるわけではありません。この章では，**[ありえない選択肢]**という受験テクニックを用いて，不正解の選択肢を削り，正解の確率を高めるための方法を紹介しています。

出題例 3

〔基本情報技術者試験 平成15年秋 午後問4 改題〕

〔プログラム〕

```
41: while (Y が 1 と等しくない)
42:   W[X] ← Y
43:   [ c ]
44:   X ← X + 1
45: endwhile
```

設問 プログラム中の [c] に入れる正しい答えを，解答群の中から選べ。

解答群

ア P[Y] ← 0	イ P[Y] ← 1	ウ S[T] ← Y
エ S[Y] ← T	オ Y ← S[X]	カ Y ← S[Y]
キ Z ← D[Y]		

《解説》

[こう解く 無限ループは不正解]（➡p.146）を使って解きます。[c] は，「繰返し処理内に空所がある」**〈基準1〉**，かつ，「条件式にある変数の値が変化しない」**〈基準2〉**を満たします。なぜなら条件式「Y が 1 と等しくない」の変数Yの値は，仮にこのままだと変化しないためです。つまり，無限ループとなります。

その対策として，変数Yの値が毎回変化する選択肢を空所に入れます。つまり，変数Yに値を格納しない**ア**，**イ**，**ウ**，**エ**，**キ**は，不正解と分かります。

よって，不正解は**ア**，**イ**，**ウ**，**エ**，**キ**で，正解の可能性があるのは**オ**，**カ**です。
これにより，正解の可能性がある選択肢を，７択⇨２択へと減らせます。

出題例 4

〔基本情報技術者試験 平成29年春 午後問8 改題〕

〔プログラム〕

```
43: while (i が sp と等しくない)
44:   sRoute[j] ← i
45:   i ← [  d  ]
46:   j ← j + 1
47: endwhile
```

設問1 プログラム中の [d] に入れる正しい答えを，解答群の中から選べ。

dに関する解答群

ア pRoute[dp]	イ pRoute[i]	ウ pRoute[j]
エ pRoute[sp]	オ sRoute[dp]	カ sRoute[i]
キ sRoute[j]	ク sRoute[sp]	

《解説》

[こう解く 無限ループは不正解] (➡p.146) を使って解きます。[d] は，「繰返し処理内に空所がある」**〈基準1〉**，かつ，「条件式にある変数の値が変化しない」**〈基準2〉**を満たします。なぜなら条件式「i が sp と等しくない」の変数iの値や変数spの値は，仮にこのままだと変化しないためです。つまり，無限ループとなります。

その対策として，変数iの値や変数spの値が毎回変化する選択肢を空所に入れます。なお，変数iの値が毎回変化するためには，毎回変化する変数iや変数jを使った変数を [d] に入れるべきです。**ア**，**エ**，**オ**，**ク**は，不正解と分かります。

よって，不正解は**ア**，**エ**，**オ**，**ク**で，正解の可能性があるのは**イ**，**ウ**，**カ**，**キ**です。これにより，正解の可能性がある選択肢を，8択⇨4択へと減らせます。

連続格納は不正解

変数に値を格納する処理にある空所に，選択肢を当てはめてみると，**同じ変数**に値を**連続して格納**する場合があります。しかしこの場合，１回目に格納した値は，２回目に格納した値により上書きされるため，無駄な処理です。無駄のあるプログラムは，試験では出題されないため，その選択肢は不正解です。

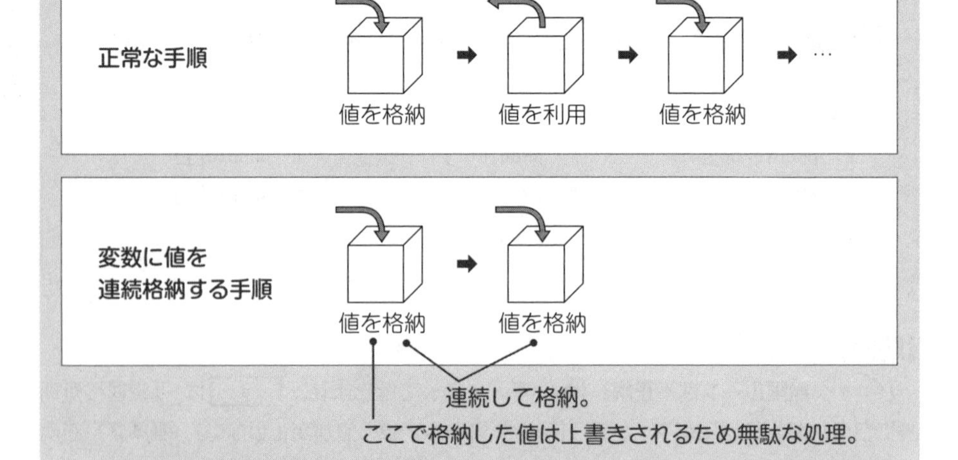

◆連続格納となる基準

この解法が使えるかどうかを確かめるための基準は，次のとおりです。

- **基準１**：選択肢に登場する変数が複数ある。
- **基準２**：同じ変数に値を連続して格納する。

　⇩

- **対策**　：値を連続して格納しない選択肢を空所に入れる。

次のプログラムと選択肢において，受験テクニックにより不正解と分かるものは，次のとおりです。

〔プログラム〕

```
1: if (NegF が true と等しい)
2:   T ← (−1) × T
3:   NegF ← false
4: endif
5: Push(T)
6: [  b  ]
7: NumF ← false
```

解答群

ア　NegF ← false
イ　NegF ← true
ウ　NumF ← false
エ　NumF ← true
オ　T ← 0

[b]に変数NumFや変数NegFに値を格納する選択肢を入れると，値を連続して格納することになる。

[b]は，「選択肢に登場する変数が複数ある」**〈基準1〉**，かつ，「同じ変数に値を連続して格納する」**〈基準2〉**を満たします。各選択肢を検討します。

ウ，**エ**は，7行で変数NumFに値を格納する処理があり，その直前である[b]で変数NumFに値を格納する選択肢を入れると，値を連続して格納することになるため不正解です。

ア，**イ**は，3行で変数NegFに値を格納する処理があり，その直後である[b]で変数NegFに値を格納する選択肢を入れると，値を連続して格納することになるため不正解です。なお，3行は，1行～4行のif～endifの中にありますが，条件式が真の場合には，変数NegFに値を連続して格納することになるため不正解です。

一方で，**オ**は，5行で変数Tの値を手続Pushの引数として利用する処理があり，その直後である[b]で変数Tに値を格納する選択肢を入れても，値を連続して格納することにはなりません。

よって，正解は**オ**です。なお，このプログラムは，基本情報技術者試験 平成15年春 午後問4の改題です。

出題例 5　〔基本情報技術者試験 平成25年秋 午後問8 改題〕

〔プログラム〕

```
18: while ((Distance が 26 以下) and (Pindex − Distance が 0 以上))
19:   Fitnum ← 0
20:   while ((Fitnum が Distance より小さい) and
            ((Pindex + Fitnum) が Plength より小さい))
21:     // (省略)
22:     Fitnum ← Fitnum + 1
23:   endwhile
24:   // (省略)
25:   [  c  ]
26: endwhile
```

設問1　プログラム中の［ c ］に入れる正しい答えを，解答群の中から選べ。

解答群

ア　Cindex ← Cindex + 1　　イ　Distance ← Distance + 1

ウ　Fitnum ← Fitnum + 1　　エ　Pindex ← Pindex + 1

オ　Plength ← Plength + 1

《解説》

[（こう解く）**連続格納は不正解**]（➡p.152）を使って解きます。［ c ］は，「選択肢に登場する変数が複数ある」**〈基準1〉**，かつ，「同じ変数に値を連続して格納する」**〈基準2〉**を満たします。なぜなら［ c ］に**ウ**（Fitnum ← Fitnum + 1）を当てはめると，繰返し処理を繰り返すたびに，19行の「Fitnum ← 0」で結局，変数Fitnumの値を上書きするためです。

その対策として，値を連続して格納しない選択肢を空所に入れます。つまり，変数Fitnum以外の変数の値を変化させる**ア**，**イ**，**エ**，**オ**を［ c ］に入れます。

よって，不正解は**ウ**で，正解の可能性があるのは**ア**，**イ**，**エ**，**オ**です。
これにより，正解の可能性がある選択肢を，５択⇨４択へと減らせます。

出題例 6

〔基本情報技術者試験 平成17年秋 午後問4 改題〕

〔プログラム〕

```
10: k ← 0
11: for (i を 0 から Textlen − 1まで 1ずつ増やす)
12:   while ( /* 条件式は省略 */ )
13:     Postfix[k] ← pop()
14:     [ b ]
15:   endwhile
16:   // (省略)
17: endfor
```

設問1 プログラム中の [b] に入れる正しい答えを，解答群の中から選べ。

解答群

ア i ← i + 1　　イ i ← i − 1

ウ k ← k + 1　　エ k ← k − 1

《解説》

[(こう解く) **連続格納は不正解**] (➡p.152) を使って解きます。[b] は，「選択肢に登場する変数が複数ある」**〈基準1〉**，かつ，「同じ変数に値を連続して格納する」**〈基準2〉**を満たします。なぜなら [b] に**ア**，**イ**を当てはめると，12～15行の繰返し処理を繰り返すたびに，13行の「Postfix[k] ← pop()」で結局，変数Postfix[k]の値を上書きするためです。

その対策として，値を連続して格納しない選択肢を空所に入れます。つまり，変数Postfix[k]の変数kの値を変化させる**ウ**，**エ**を [b] に入れます。

よって，不正解は**ア**，**イ**で，正解の可能性があるのは**ウ**，**エ**です。

これにより，正解の可能性がある選択肢を，４択⇨２択へと減らせます。

値を格納して利用する ではないのは不正解

［こう解く 連続格納は不正解］（➡p.152）では同じ変数に値を連続して格納する場合，その選択肢を不正解としました。今回は，変数の手順が正常ではないという点で同じですが，次の２つの手順を踏む変数がある選択肢を不正解とします。

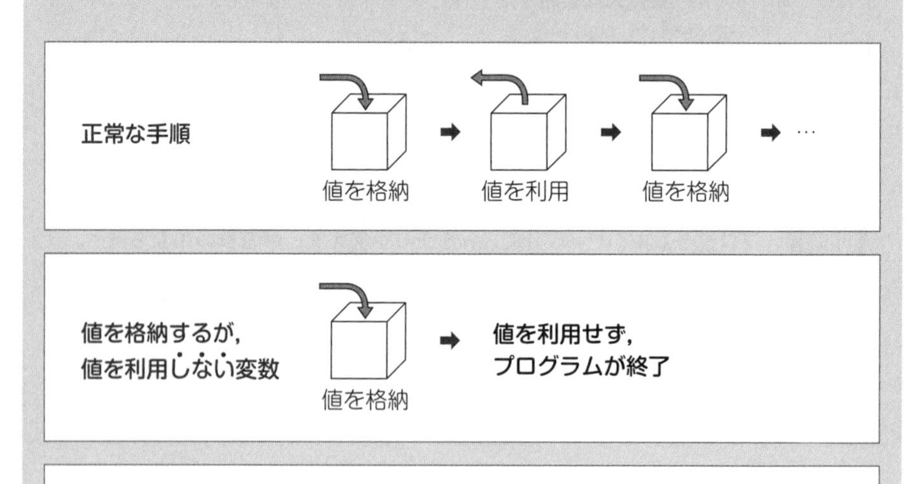

値を格納せず，
値を利用する変数

値を格納せず ➡

値を利用

なお，値を格納・利用しているかについて着目する対象は，変数に加えて，次のものがあります。

- **引数**（関数・メソッド内で初めに値が格納される）
- 問題中の**表**で定義された変数など

◆値を格納して利用する ではない基準

この解法が使えるかどうかを確かめるための基準は，次のとおりです。この基準のうち，**どちらか一方**でも満たす場合，［こう解く **値を格納して利用する ではないのは不正解**］を利用できます。

- **基準1**：値を格納するが，値を利用しない変数がある。
- **基準2**：値を格納せず，値を利用する変数がある。

⇩

- **対策**　：値を格納して利用する選択肢を空所に入れる。

具体例は，次のとおりです。

〔プログラム〕

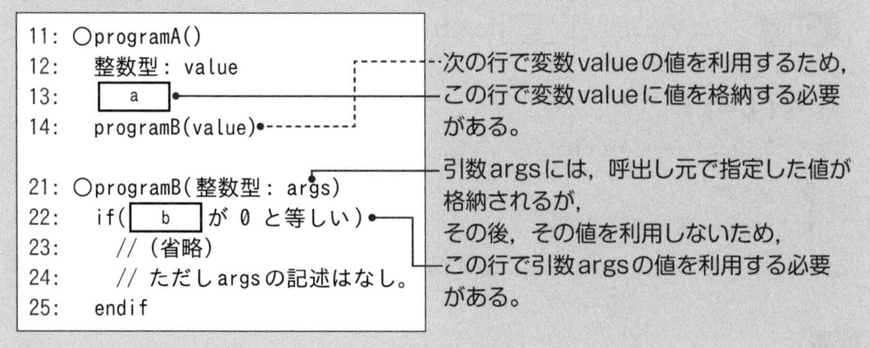

第4章 ありえない選択肢

出題例7　〔基本情報技術者試験 平成17年春 午後問2 改題〕

〔プログラム〕

```
 2: 整数型：Aidx, Sidx, Didx, Bidx, Idx
 3: Aidx ← 0
 4: Bidx ← 0
 5: while (A[Aidx] が EOS と等しくない)
 6:   if (A[Aidx] が S[0] と等しい)
 7:     Idx ← Aidx
 8:     [  a  ]
 9:     do
10:       Sidx ← Sidx + 1
11:       Aidx ← Aidx + 1
12:     while ( [  b  ] and (A[Aidx] が EOSと等しくない))
```

設問　プログラム中の［ a ］に入れる正しい答えを，解答群の中から選べ。

aに関する解答群

ア　B[Bidx] ← A[Aidx]	イ　B[Bidx] ← S[0]
ウ　Idx ← 0	エ　Idx ← 1
オ　Sidx ← 0	カ　Sidx ← 1

《解説》

[こう解く 値を格納して利用する ではないのは不正解]（➡p.156）を使って解きます。［ a ］は「値を格納せず，値を利用する変数がある」**〈基準2〉**を満たします。なぜなら10行で「Sidx ← Sidx + 1」のうちの「Sidx + 1」により，変数Sidxの値を利用しているためです。

その対策として，値を格納する選択肢を空所に入れます。つまり，変数Sidxに値を格納する**オ**，**カ**を［ a ］に入れます。

よって，不正解は**ア**，**イ**，**ウ**，**エ**で，正解の可能性があるのは**オ**，**カ**です。
これにより，正解の可能性がある選択肢を，６択⇨２択へと減らせます。

出題例 8

〔基本情報技術者試験 平成16年秋 午後問4 改題〕

〔プログラム〕

```
20: while (Quo が Rdx以上)
21:    Rem ← Quo mod Rdx
22:    Tmp ← ToStr(Rem) + Tmp     /* +は文字列を連結する演算子 */
23:    [  c  ]
24: endwhile
25: [  d  ]
26: return Tmp
```

設問　プログラム中の [c]，[d] に入れる正しい答えを，解答群の中から選べ。

c，dに関する解答群

ア　Quo ← Quo ÷ Rdx	イ　Quo ← Quo ÷ Rem
ウ　Quo ← Rdx	エ　Quo ← Rem ÷ Rdx
オ　Quo ← Val	カ　Rem ← Rdx
キ　Rem ← Val	ク　Tmp ← ToStr(Quo) + Tmp
ケ　Tmp ← ToStr(Rem) + Tmp	

《解説》

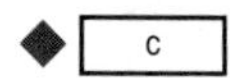

［こう解く 無限ループは不正解］（➡p.146）を使って解きます。[c]は，「繰返し処理内に空所がある」**〈基準1〉**，かつ，「条件式にある変数の値が変化しない」**〈基準2〉**を満たします。なぜなら条件式「Quo が Rdx以上」の変数Quoの値や変数Rdxの値は，仮にこのままだと変化しないためです。つまり，無限ループとなります。

その対策として，変数Quoの値や変数Rdxの値が毎回変化する選択肢を空所に入れます。つまり，変数Quoや変数Rdxに値を格納しない**カ**，**キ**，**ク**，**ケ**は，不正解と分かります。さらに**ウ**，**オ**は初回は値が変わるものの毎回変化するわけではないため，不正解です。

よって，不正解は**ウ**，**オ**，**カ**，**キ**，**ク**，**ケ**で，正解の可能性があるのは**ア**，**イ**，**エ**です。これにより，正解の可能性がある選択肢を，９択⇨３択へと減らせます。

◆ [d]

[こう解く 値を格納して利用する ではないのは不正解]（➡p.156）を使って解きます。[d] は「値を格納するが，値を利用しない変数がある」**〈基準１〉**を満たします。なぜなら [d] に，**ア**～**キ**のような変数Tmp以外の変数に値を格納する処理を入れた場合，26行の「`return Tmp`」により，それらの値を利用しないでプログラムが終了し無駄な処理となるためです。

その対策として，変数Tmpに値を格納する選択肢を空所に入れます。つまり，**ク**，**ケ**を [d] に入れます。

よって，不正解は**ア**，**イ**，**ウ**，**エ**，**オ**，**カ**，**キ**で，正解の可能性があるのは**ク**，**ケ**です。これにより，正解の可能性がある選択肢を，９択⇨２択へと減らせます。

▸ 確認しよう

□ 問１	[こう解く **無限ループは不正解**] で説明した **「無限ループとなる基準」** を２つ挙げよ。（➡p.146）
□ 問２	[こう解く **連続格納は不正解**] で説明した **「連続格納となる基準」** を２つ挙げよ。（➡p.152）
□ 問３	[こう解く **値を格納して利用する ではないのは不正解**] で説明した **「値を格納して利用する ではない基準」** を２つ挙げよ。（➡p.156）

再帰

トレースが複雑になるプログラムの代表格が，再帰的なプログラムです。プログラムの処理内容自体は難しくないものの，トレースをどこまで進めたのか分からなくなり，迷子になりがちです。その特徴を理解し，ていねいにトレースする根気が求められます。

再帰（さいき）

プログラム内で**自身のプログラム**を呼び出す形式です。再帰的なプログラムを用いることで，複雑なアルゴリズムを短いプログラムで記述できます。

◆再帰的なプログラムのトレース

再帰的なプログラムのトレースでは，自身のプログラムを呼び出した際に，**［こう解く 別のプログラムのトレース］**（➡p.059）と同じく，呼出し先のトレース表を右に字下げして書くと，呼出し先の戻り値を，呼出し元に当てはめる際に，両者の対応関係がわかりやすくなります。

再帰について難しく考えがちですが，**別のプログラム**と**再帰**では，トレース方法は同じです。両者の違いは，次のとおりです。

- **別のプログラム**のトレースは，記述された**呼出し先のプログラム**をトレースする。
- **再帰**のトレースは，自身のプログラムを**別に記述されたプログラム**とみなして，それをトレースする。

次のプログラムは，プログラムrec内で，自身のプログラムrecを呼び出すため，再帰的なプログラムです。

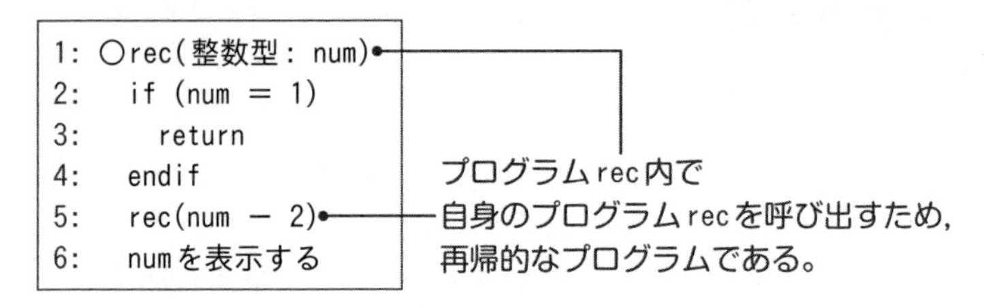

rec(5)として手続recを呼び出す場合の実行手順は，次のとおりです。最終的に，表示は「35」となります。

再帰の構造図は，次のとおりです。

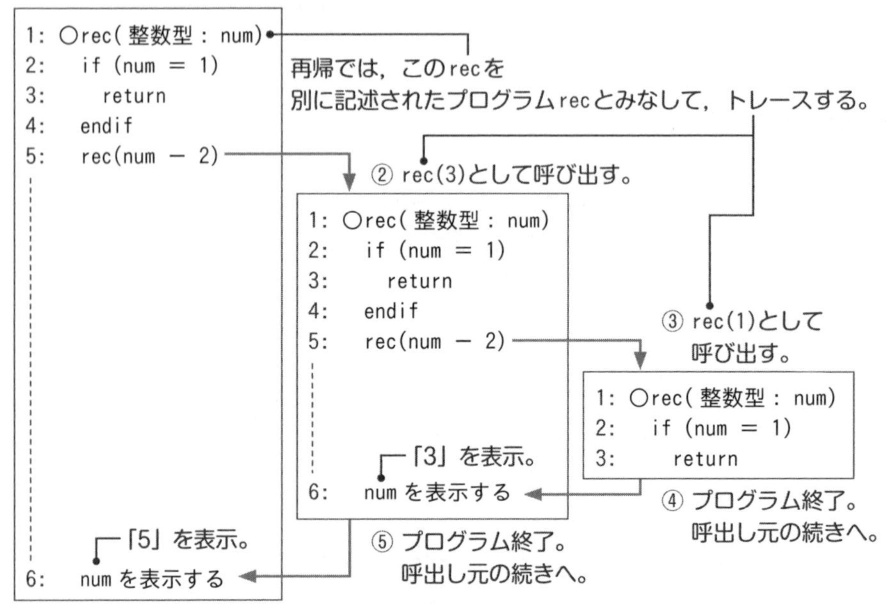

トレース表は，次のとおりです。

- 最初にrec(5)として手続recを呼び出す。

	トレース表	条件式	num	表示
AA	1: ○rec(整数型: num)		5	
AB	2: if (num = 1)	5 = 1 F		
AC	5: rec(num − 2)			

- AC行でrec(3)として手続recを呼び出す。

手続rec(5)の引数numと，手続rec(3)の引数numでは値が異なるため，トレース表の見出しは，別の列を使う。共用しない。

	トレース表	条件式	num	表示
BA	1: ○rec(整数型: num)		3	
BB	2: if (num = 1)	3 = 1 F		
BC	5: rec(num − 2)			

- BC行でrec(1)として手続recを呼び出す。

	トレース表	条件式	num	表示
CA	1: ○rec(整数型: num)		1	
CB	2: if (num = 1)	1 = 1 T		
CC	3: return			

- CC行でrec(1)を終了する。BD行で手続rec(3)の続きを実行する。プログラム中の6行で表示する引数numは，BA行で格納された3である。

BD	6: numを表示する			3

- BD行でrec(3)を終了する。AD行で手続rec(5)の続きを実行する。プログラム中の6行で表示する引数numは，AA行で格納された5である。

AD	6: numを表示する			5

- 最終的に，表示は「35」となる。

▸練習問題

問題5－1 〔応用情報技術者試験 平成25年秋 午前問8 改題〕

問 再帰的に定義された手続procで，proc(5)を実行したとき，印字される数字を順番に並べたものはどれか。

〔プログラム〕
```
1: ○proc(整数型: n)
2:   if (n が 0 と等しい)
3:     return
4:   else
5:     nを印字する
6:     proc(n － 1)
7:     nを印字する
8:   endif
```

解答群

ア 543212345　　イ 5432112345

ウ 54321012345　　エ 543210012345

《解説》

プログラム中に［　　］がなく，トレースの結果が正解になる問題です。プログラム中の6行で自身のプログラムprocを呼び出す再帰的なプログラムです。

再帰の構造図は，スペースの都合上，掲載していません。再帰の構造図（➡p.162）と似た構造なので，参考にしてください。

- 問題文のとおり，最初にproc(5)として手続procを呼び出す。

	トレース表	条件式	n	印字
AA	1: ○proc(整数型: n)		5	
AB	2: if (n が 0 と等しい)	5＝0 F		
AC	5: 　nを印字する			5
AD	6: 　proc(n － 1)			

- AD行でproc(4)として手続procを呼び出す。

	トレース表	条件式	n	印字
BA	1: ○proc(整数型: n)		4	
BB	2: if (n が 0 と等しい)	4＝0 F		
BC	5: 　nを印字する			4
BD	6: 　proc(n － 1)			

- BD行でproc(3)として手続procを呼び出す。

	トレース表	条件式	n	印字
CA	1: ○proc(整数型: n)		3	
CB	2: if (n が 0 と等しい)	3＝0 F		
CC	5: 　nを印字する			3
CD	6: 　proc(n － 1)			

- CD行でproc(2)として手続procを呼び出す。

	トレース表	条件式	n	印字
DA	1: ○proc(整数型: n)		2	
DB	2: if (n が 0 と等しい)	2＝0 F		
DC	5: 　nを印字する			2
DD	6: 　proc(n － 1)			

- DD行でproc(1)として手続procを呼び出す。

	トレース表	条件式	n	印字
EA	1: ○proc(整数型: n)		1	
EB	2: if (n が 0 と等しい)	1 = 0 F		
EC	5: nを印字する			1
ED	6: proc(n − 1)			

- ED行でproc(0)として手続procを呼び出す。

	トレース表	条件式	n	印字
FA	1: ○proc(整数型: n)		0	
FB	2: if (n が 0 と等しい)	0 = 0 T		
FC	3: return			

- FC行でproc(0)を終了する。EE行で手続proc(1)の続きを実行する。

EE	7: nを印字する			1

これまでに印字された数字は「543211」です。そのような選択肢は**イ**のみです。
よって，正解は**イ**です。

問題5－2

〔基本情報技術者試験 平成29年春 午前問6 改題〕

問 関数f(x, y)が次のとおり定義されているとき，f(775, 527)の値は幾らか。ここで，x mod yはxをyで割った余りを返す。

〔プログラム〕

```
1: ○整数型: f(整数型: x, 整数型: y)
2:   if (y が 0 と等しい)
3:     return x
4:   else
5:     return f(y, x mod y)
6:   endif
```

解答群

ア　0　　イ　31　　ウ　248　　エ　527

第5章 再帰

《解説》

プログラム中に［　　］がなく，トレースの結果が正解になる問題です。プログラム中の5行で自身のプログラムfを呼び出す再帰的なプログラムです。なお，「mod」は割り算の余り（剰余）を求める演算子です。(➡p.071)

- 問題文のとおり，最初にf(775, 527)として関数fを呼び出す。

	トレース表	条件式	x	y
AA	1: ○整数型: f(整数型: x, 整数型: y)		775	527
AB	2: if (y が 0 と等しい)	527 = 0 F		
AC	5: return f(y, x mod y)			

- AC行でf(527, 248)として関数fを呼び出す。

	トレース表	条件式	x	y
BA	1: ○整数型: f(整数型: x, 整数型: y)		527	248
BB	2: if (y が 0 と等しい)	248 = 0 F		
BC	5: return f(y, x mod y)			

- BC行でf(248, 31)として関数fを呼び出す。

	トレース表	条件式	x	y
CA	1: ○整数型: f(整数型: x, 整数型: y)		248	31
CB	2: if (y が 0 と等しい)	31 = 0 F		
CC	5: 　return f(y, x mod y)			

- CC行でf(31, 0)として関数fを呼び出す。

	トレース表	条件式	x	y
DA	1: ○整数型: f(整数型: x, 整数型: y)		31	0
DB	2: if (y が 0 と等しい)	0 = 0 T		
DC	3: 　return x ←戻り値は31。			

これ以降は，呼出し先の戻り値を，呼出し元に当てはめます。

- CD行でf(31, 0)の戻り値は31のため，31を関数f(248, 31)の戻り値として返す。

CD	5: 　return f(y, x mod y) ←戻り値は31。			

- BD行でf(248, 31)の戻り値は31のため，31を関数f(527, 248)の戻り値として返す。

BD	5: 　return f(y, x mod y) ←戻り値は31。			

- AD行でf(527, 248)の戻り値は31のため，31を関数f(775, 527)の戻り値として返す。

AD	5: 　return f(y, x mod y) ←戻り値は31。			

よって，正解は**イ**です。なお，このプログラムは，**ユークリッド互除法**(ごじょほう)により最大公約数の求めるアルゴリズムです。ただし，トレースのみで正解できます。ユークリッドの互除法とは「割り切れるまで，余りで互いを割り続ける」という方法です。

約数とは，ある整数を割り切ることができる数です。例えば，12の約数は1，2，3，4，6，12です。16の約数は1，2，4，8，16です。また，**最大公約数**とは，2つ以上の自然数に共通する約数のうち，最大のものです。例えば，12と16の最大公約数は4です。

問題5－3

〔オリジナル問題〕

問 r(3)として関数rを呼び出した場合の戻り値を求めよ。

〔プログラム〕
```
1: ○整数型: r(整数型: x)
2:   整数型: a, b
3:   if (x < 2)
4:     return 1
5:   else
6:     a ← r(x − 1)
7:     b ← r(x − 2)
8:     return a + b
9:   endif
```

解答群

ア 2　　イ 3　　ウ 4　　エ 5

第5章 再帰

《解説》

プログラム中に[　　]がなく，トレースの結果が正解になる問題です。１つのプログラム中に，自身のプログラムを複数回（6行と7行），呼び出す場合は，一般にトレースがより複雑になります。

プログラム中の実行手順は，次のとおりです。最終的に，戻り値は3となります。なお，プログラム中の1行の「整数型:」はスペースの都合上，「…」と省略しています。

また，例えば「6: a ← r(x − 1)」は1行で２つの処理を実行します。まず「r(x − 1)」により関数rを呼び出します。戻り値として返すと，次に「a ←」により，変数aに戻り値を格納します。該当箇所には，波下線（～～～）を引いています。

再帰の構造図は，次のとおりです。

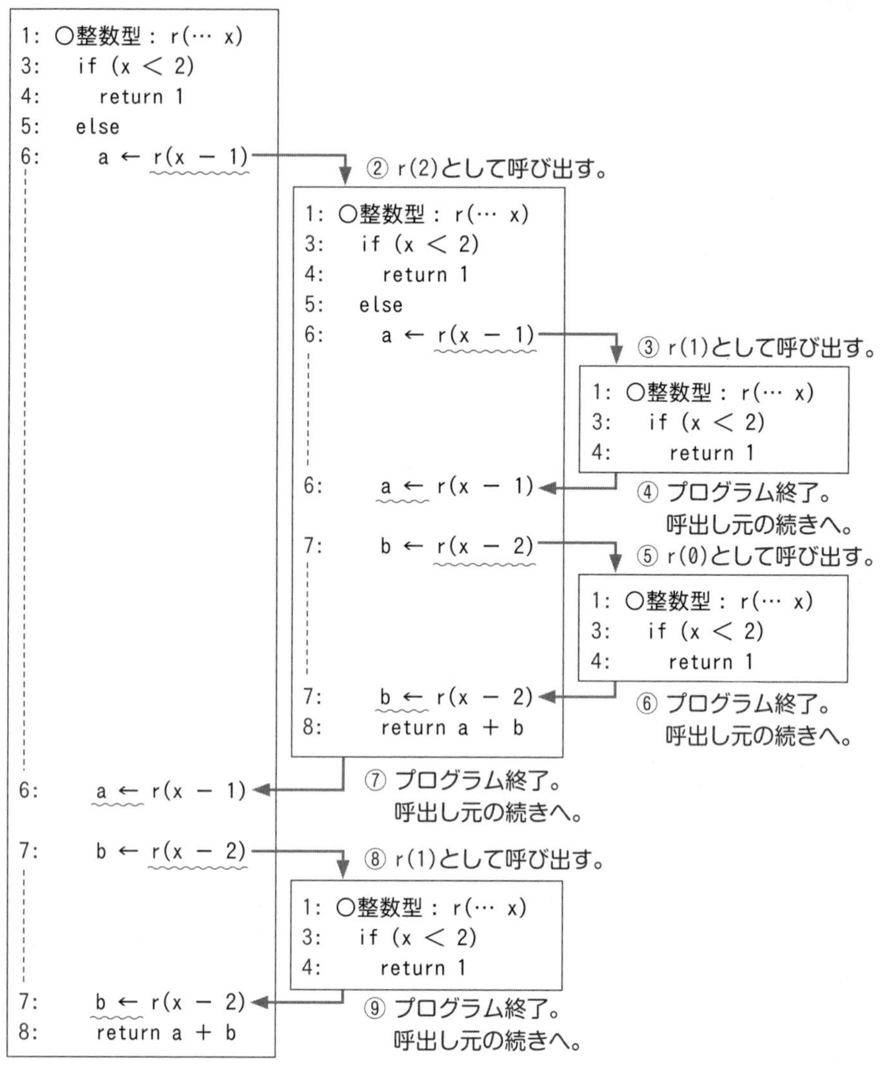

トレース表は，次のとおりです。

- 問題文のとおり，最初にr(3)として関数rを呼び出す。

	トレース表	条件式	x	a	b
AA	1: ○整数型: r(整数型: x)		3		
AB	3: if (x < 2)	3 < 2 F			
AC	6: a ← r(x − 1)				

- AC行でr(2)として関数rを呼び出す。

	トレース表	条件式	x	a	b
BA	1: ○整数型: r(整数型: x)		2		
BB	3: if (x < 2)	2 < 2 F			
BC	6: a ← r(x − 1)				

- BC行でr(1)として関数rを呼び出す。

	トレース表	条件式	x	a	b
CA	1: ○整数型: r(整数型: x)		1		
CB	3: if (x < 2)	1 < 2 T			
CC	4: return 1 ← 戻り値は1。				

- CC行でr(1)の戻り値1を返す。BD行で変数aに格納する。

	トレース表	条件式	x	a	b
BD	6: a ← r(x − 1)			1	
BE	7: b ← r(x − 2)				

- BE行でr(0)として関数rを呼び出す。

	トレース表	条件式	x	a	b
DA	1: ○整数型: r(整数型: x)		0		
DB	3: if (x < 2)	0 < 2 T			
DC	4: return 1 ← 戻り値は1。				

- DC行でr(0)の戻り値1を返す。BF行で変数bに格納する。

	トレース表	条件式	x	a	b
BF	7: b ← r(x − 2)				1
BG	8: return a + b ← 戻り値は2。				

- BG行でr(2)の戻り値2を返す。AD行で変数aに格納する。

	トレース表	条件式	x	a	b
AD	6:　a ← r(x − 1)			2	
AE	7:　b ← r(x − 2)				

- AE行でr(1)として関数rを呼び出す。

	トレース表	条件式	x	a	b
EA	1: ○整数型: r(整数型: x)		1		
EB	3: if (x ＜ 2)	1 ＜ 2 T			
EC	4:　return 1 ← 戻り値は1。				

- EC行でr(1)の戻り値1を返す。AF行で変数bに格納する。

AF	7:　b ← r(x − 2)				1
AG	8:　return a + b ← 戻り値は3。				

- AG行でr(3)の戻り値3を返す。

よって，正解は**イ**です。

アクセスキー 8 (数字のはち)

第1部 擬似言語

第6章 木構造

木構造，なかでも二分木は，一次元配列に格納されてプログラムから利用されることが多いです。ここでは，二分木から一次元配列への変換とその逆の変換を行うための方法を中心に，木構造の使い方を学習します。

木構造(きこうぞう)*1

親と子の関係を表現するのに適したデータ構造です。親は複数の子をもてる一方で，子はただひとつの親のみをもちます。関連する用語と図は，次のとおりです。

用語	説明
木(き)	節（根と葉を含む）と枝で構成するデータ構造。
枝(えだ)	節と節とをつなげる線。値は格納しない。
節(ふし)	節の中に値を格納する。ノードともいう。
根(ね)	節のうち，親をもたないもの。木に1つのみ存在する。
葉(は)	節のうち，子をもたないもの。

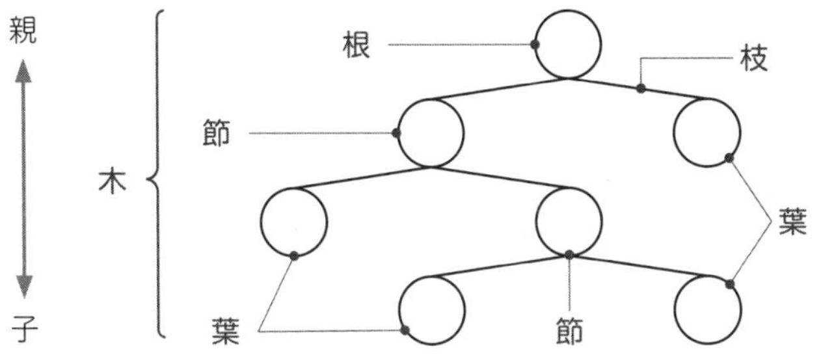
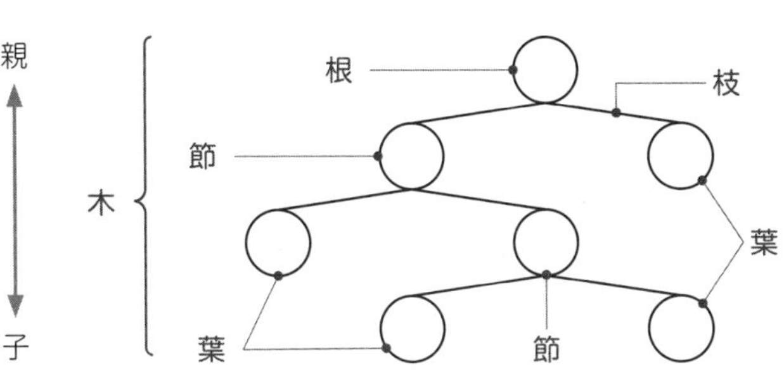

*1：木構造
語源は，根と葉の上下を逆さまにして，木が根から枝をつたって葉に分岐する姿から。ツリー構造ともいう。

木構造には様々な種類があります。重要なものと，それらの包含関係は，次のとおりです。

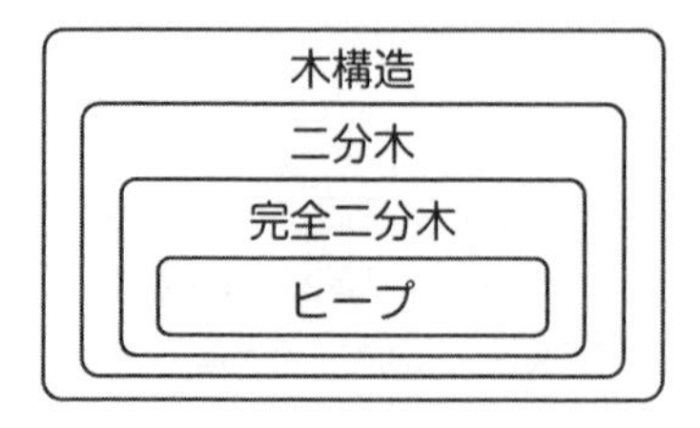

◆二分木*2

子の数が最大でも2である木構造です。つまり，子をもたない（つまり0），1つの子をもつ，2つの子をもつ，のうちのどれかです。

*2：二分木
binary tree，二分探索木ともいう。

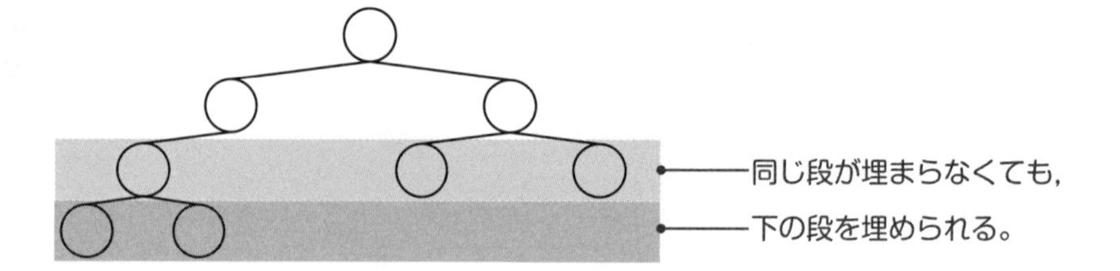

◆完全二分木*3

二分木のうち，2つの子をもつ木構造です。二分木との違いは，同じ段がすべて埋まるまで，下の段を埋められない点です。

*3：完全二分木
perfect binary treeともいう。

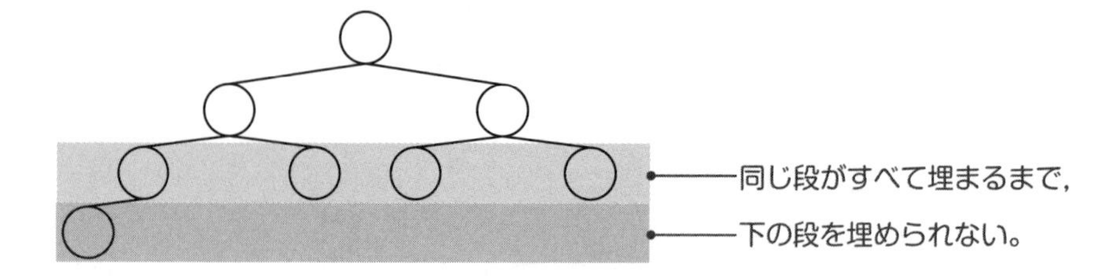

◆ヒープ[*4]

完全二分木のうち，次のどちらか一方の特性をもつ木構造です。なお，同じ段における値の大小関係は問いません。

- 親の値は子の値よりも常に**大きい**か**等しい**。最大ヒープ[*5]という。

  または

- 親の値は子の値よりも常に**小さい**か**等しい**。最小ヒープという。

***4：ヒープ**
語源は，heap（積み重なったもの）から。

***5：最大ヒープ**
語源は，根が節の中で最大の値となることから。

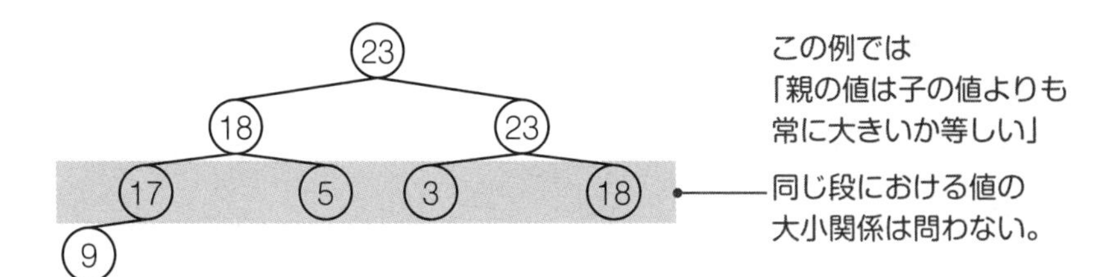

こう解く 二分木

二分木を一次元配列で実現するために，次の手順に沿って，値を埋めます。

◆二分木を一次元配列で実現する手順

二分木を一次元配列で実現する手順は，次のとおりです。

- tree[1]は，根に対応する。
- tree[i]に対応する節をもとにすると，左側の子はtree[2 × i]に対応し，右側の子はtree[2 × i ＋ 1]に対応する。
- 子の数が１の場合，左側の子として扱う。

右の二分木を一次元配列treeで実現する例は，次のとおりです。

- 1段目。tree[1]は，根（値60）に対応する。

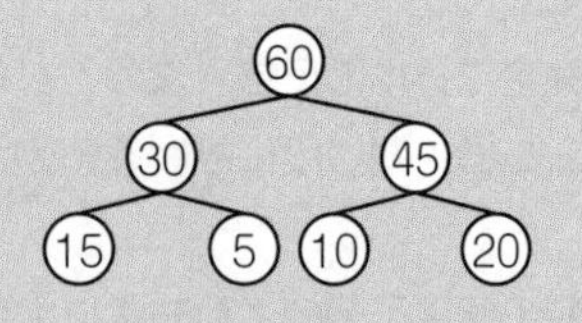

要素番号	1	2	3	4	5	6	7
tree	60						

- 2段目。tree[1]（値60）に対応する節をもとにすると，左側の子はtree[2]（値30）に対応し，右側の子はtree[3]（値45）に対応する。

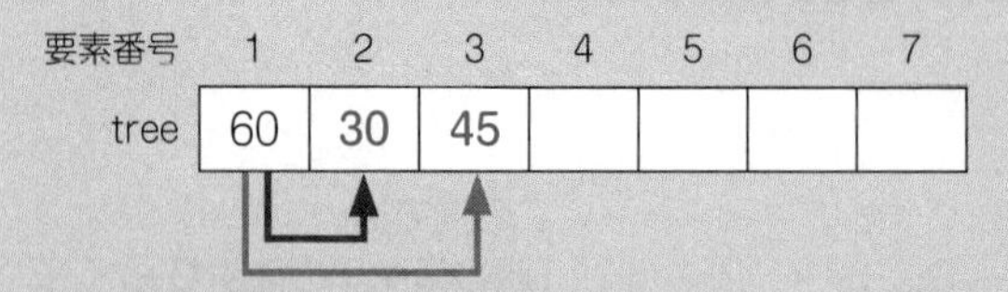

- 3段目の左側。tree[2]（値30）に対応する節をもとにすると，左側の子はtree[4]（値15）に対応し，右側の子はtree[5]（値5）に対応する。

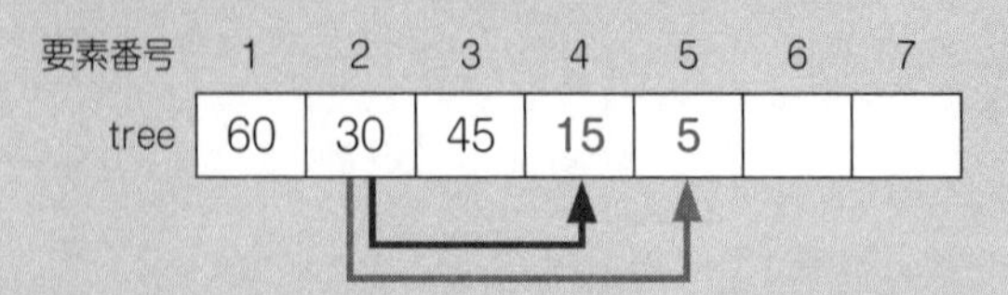

- 3段目の右側。tree[3]（値45）に対応する節をもとにすると，左側の子はtree[6]（値10）に対応し，右側の子はtree[7]（値20）に対応する。

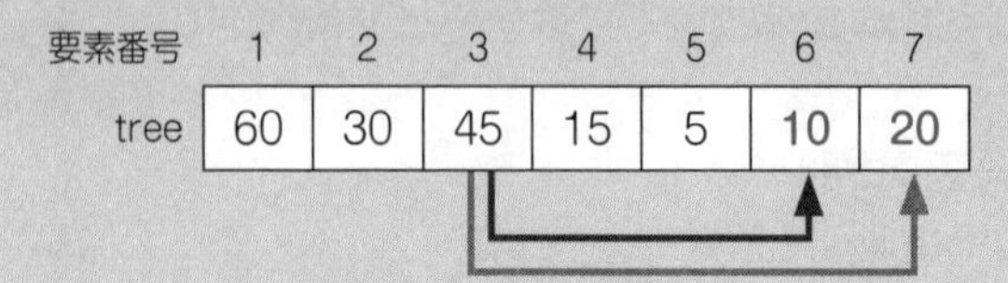

例題 1

問 次の二分木を一次元配列treeで実現する。一次元配列の値を埋めよ。

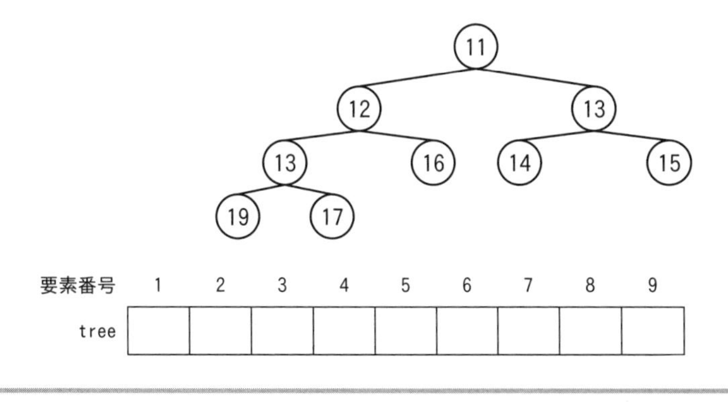

要素番号	1	2	3	4	5	6	7	8	9
tree									

《解説》

［二分木を一次元配列で実現する手順］（➡p.175）を使って解きます。正解は，次のとおりです。

要素番号	1	2	3	4	5	6	7	8	9
tree	11	12	13	13	16	14	15	19	17

例題 2

問 次の一次元配列treeをもとに二分木を実現する。二分木の値を埋めよ。

要素番号	1	2	3	4	5	6	7	8	9	10
tree	91	86	72	72	45	69	24	55	1	12

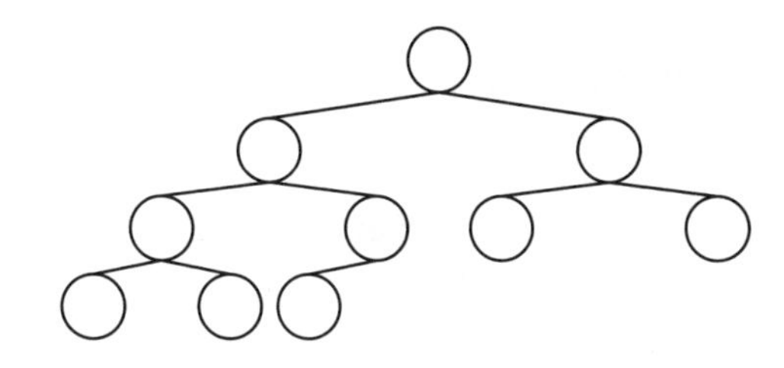

《解説》

［二分木を一次元配列で実現する手順］（➡p.175）を逆方向に使って解きます。正解は，次のとおりです。

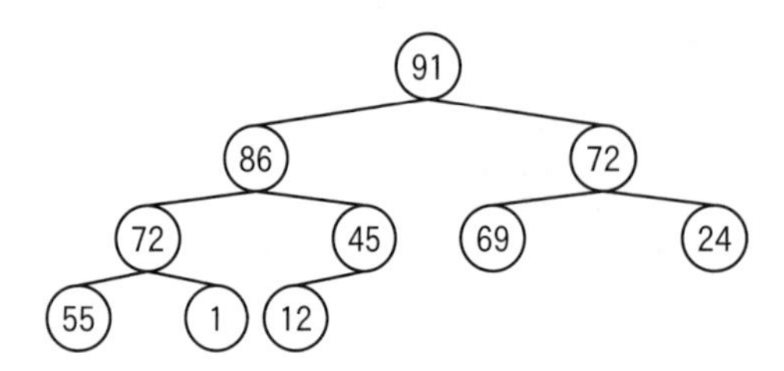

▸確認しよう

□ 問1	木構造の用語のうち，値を格納するものを3つ挙げよ。（➡p.173）
□ 問2	完全二分木と比べたときの，ヒープがもつ特性を2つ挙げよ。（➡p.175）
□ 問3	次の用語を説明せよ。（➡p.175） • 最大ヒープ　　• 最小ヒープ
□ 問4	［こう解く 二分木］で説明した **［二分木を一次元配列で実現する手順］**（➡p.175）のうち，tree[i]に対応する節をもとにすると，左側の子は何に対応し，右側の子は何に対応するか。

▶練習問題

問題6－1

〔ソフトウェア開発技術者試験 平成18年秋 午前問9 改題〕

問 配列内に構成されたヒープとして適切なものはどれか。

ア

要素番号	1	2	3	4	5	6	7	8	9	10	11
tree	1	3	5	12	6	4	9	15	14	8	11

イ

要素番号	1	2	3	4	5	6	7	8	9	10	11
tree	1	5	3	12	6	4	9	15	14	8	11

ウ

要素番号	1	2	3	4	5	6	7	8	9	10	11
tree	1	5	3	12	8	4	9	15	14	6	11

エ

要素番号	1	2	3	4	5	6	7	8	9	10	11
tree	1	6	3	12	5	4	9	15	14	8	11

《解説》

［ヒープ］（➡p.175）は，「親の値は子の値よりも常に**大きい**か**等しい**」（最大ヒープ）または「親の値は子の値よりも常に**小さい**か**等しい**」（最小ヒープ）という大小関係である必要があります。今回は選択肢の値から最小ヒープです。各選択肢の一次元配列を二分木に変換します。

アの場合，5と4の大小関係が誤りです。

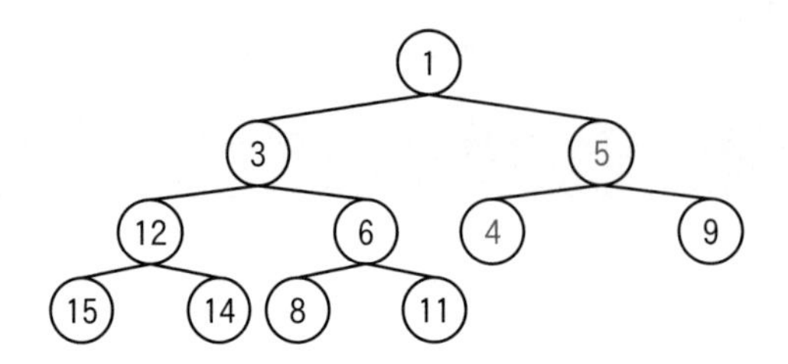

イの場合，すべての大小関係が正しいです。

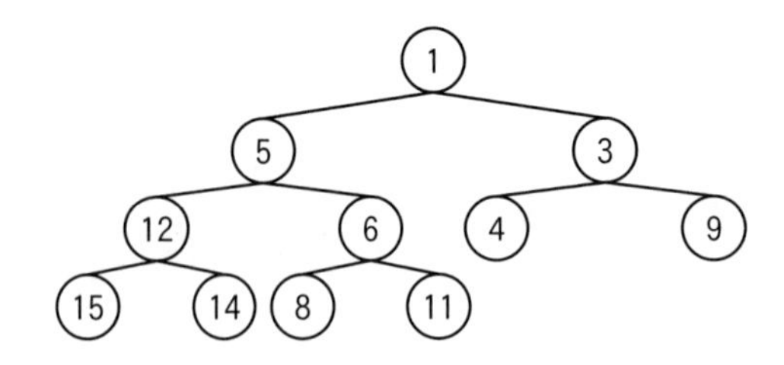

ウの場合，8と6の大小関係が誤りです。

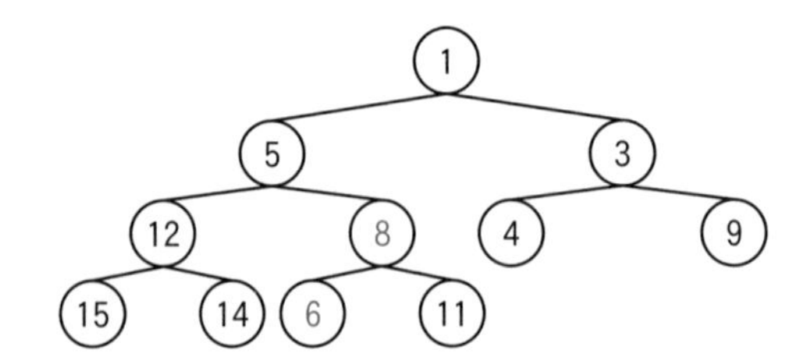

エの場合，6と5の大小関係が誤りです。

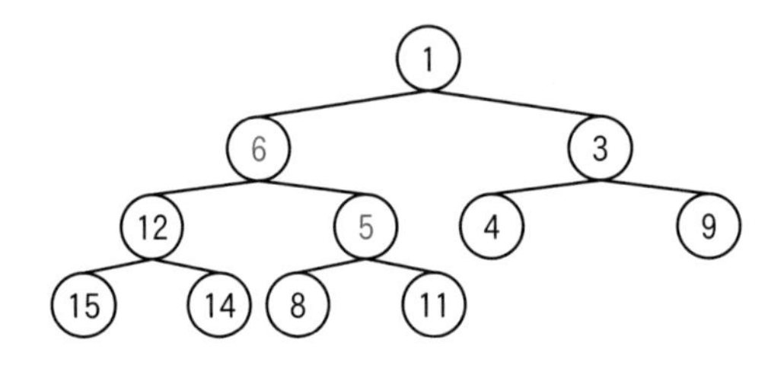

よって，正解は**イ**です。

第1部 擬似言語

第7章 オブジェクト指向

擬似言語の試験問題16問中，数問はオブジェクト指向を用いたプログラムです。オブジェクト指向では，数多くの用語や概念が登場するため，混乱してしまいがちです。その理解と正解への切り札が，インスタンス図を描くという手法です。

オブジェクト指向

変数とプログラムをオブジェクト（インスタンス）にまとめて，効率的にシステム開発するための考え方です。

クラス

メンバ変数*1（変数）と，メソッド*2（プログラム）をまとめたものです。両者が分離しないようにクラスでまとめます。特徴は次のとおりです。

- 試験問題では，クラスの説明は「図　クラス○○の説明」中に記述される。

クラスと関連用語との関係を図にすると，次のとおりです。

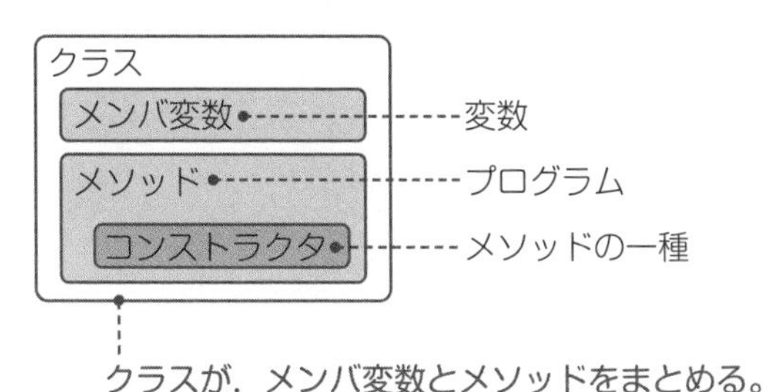

***1：メンバ変数**
フィールド・属性ともいう。

***2：メソッド**
クラス内で宣言された関数・手続。メンバ関数・操作ともいう。

第7章 オブジェクト指向

インスタンス*3

クラスをもとに実体化した**もの**です。クラス内で宣言されたメンバ変数に，値が格納されたものがインスタンスです。特徴は次のとおりです。

- クラスとは異なり，試験問題では，図中には記述されない。
- インスタンスは，プログラム内の**コンストラクタ**により生成される。

***3：インスタンス**
語源は，instance（実例）から。オブジェクトともいう。

コンストラクタ*4

インスタンスを生成する目的で実行する処理です。コンストラクタを実行すると，インスタンスが生成され，戻り値として，その**インスタンスへの参照**を返します。特徴は次のとおりです。

- コンストラクタの説明は「図　**クラス○○の説明**」中に記述される。
- コンストラクタ名はクラス名と同じなので，名称によりコンストラクタを見つけられる。

***4：コンストラクタ**
語源は，constructor（構築する者）から。

コンストラクタを実行した際に描く図です。インスタンスを用いた実行前の例を作ったり，トレースしたりするために，インスタンス図を描きます。インスタンスに格納されている値や，参照のすべてを記憶しておくことは難しいためです。次のコンストラクタの実行手順に沿って，インスタンス図を描きます。

◆コンストラクタの実行手順

① コンストラクタの呼出しを見つける。コンストラクタ名はクラス名と同じ。
② 引数を「図　**クラス○○の説明**」中のコンストラクタの説明に当てはめる。
③ コンストラクタの説明を実行する。
④ インスタンス図を描き，メンバ変数に値を書き込む。

次のプログラムと図の場合におけるコンストラクタの実行の流れは，次のとおりです。

〔プログラム〕

```
1: Key("A")
```

コンストラクタ	説明
Key(文字型: qChar)	引数qCharでメンバ変数charを初期化する。

図　クラスKeyの説明

このプログラムには，コンストラクタの呼出しがあるため，**〔コンストラクタの実行手順〕**を使って解きます。

① コンストラクタの呼出しを見つける。コンストラクタ名はクラス名と同じ。

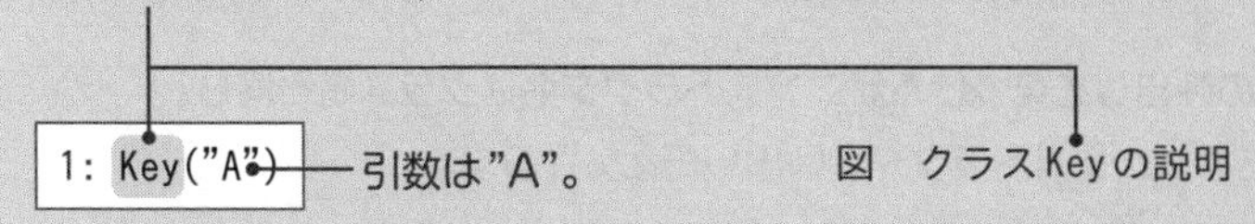

② 引数を「図　クラス○○の説明」中のコンストラクタの説明に当てはめる。

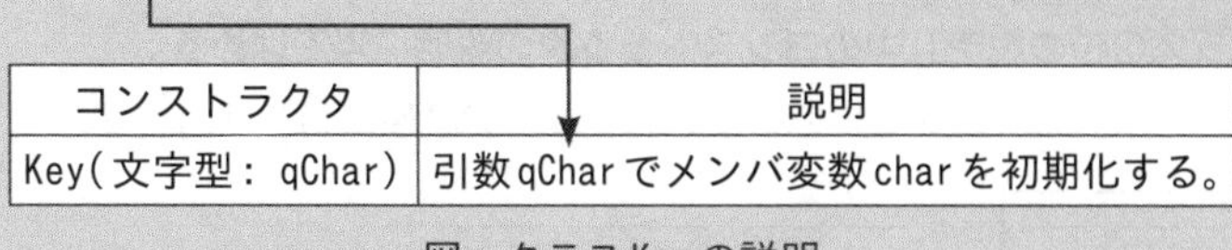

コンストラクタ	説明
Key(文字型: qChar)	引数qCharでメンバ変数charを初期化する。

図　クラスKeyの説明

③ コンストラクタの説明を実行する。

「引数"A"でメンバ変数charを初期化する」は，プログラムで書くと「char ← "A"」と同じ意味です。

④ インスタンス図を描き，メンバ変数に値を書き込む。

インスタンス図は，次のとおりです。

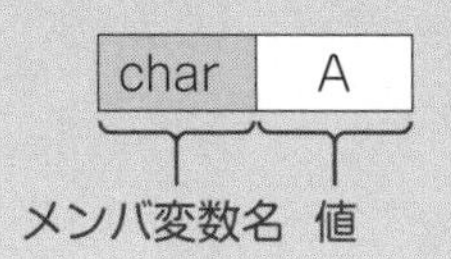

例題 1

問 次のプログラムをトレースし，インスタンス図を描け。

〔プログラム〕

```
1: Item(100)
```

コンストラクタ	説明
Item(整数型: qNum)	引数qNumでメンバ変数numを初期化する。

図 クラスItemの説明

《解説》

このプログラムには，コンストラクタの呼出しがあるため，［こう解く インスタンス図］(➡p.182) を使って解きます。

① コンストラクタの呼出しを見つける。コンストラクタ名はクラス名と同じ。

クラス名と同じため，コンストラクタの呼出しだと分かります。

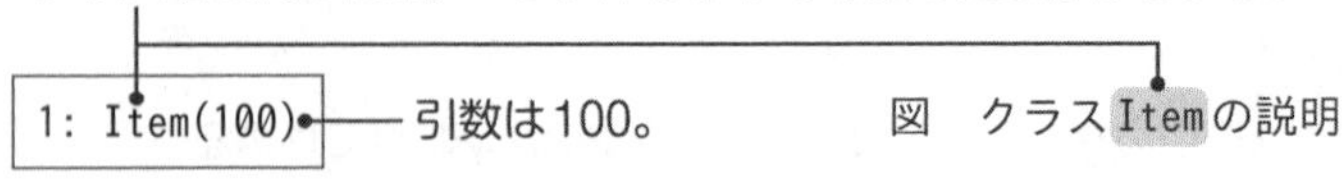

② 引数を「図 クラス○○の説明」中のコンストラクタの説明に当てはめる。

引数100を「図 クラスItemの説明」のコンストラクタの説明に当てはめます。

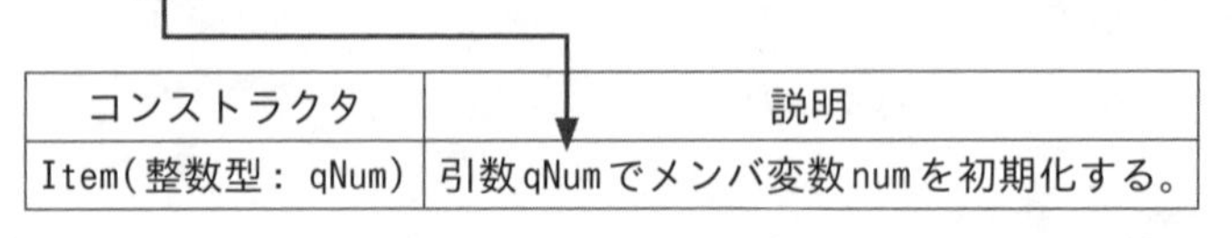

コンストラクタ	説明
Item(整数型: qNum)	引数qNumでメンバ変数numを初期化する。

図 クラスItemの説明

③ コンストラクタの説明を実行する。

「引数100でメンバ変数numを初期化する」は，プログラムで書くと「num ← 100」と同じ意味です。

④ インスタンス図を描き，メンバ変数に値を書き込む。

インスタンス図は，次のとおりです。

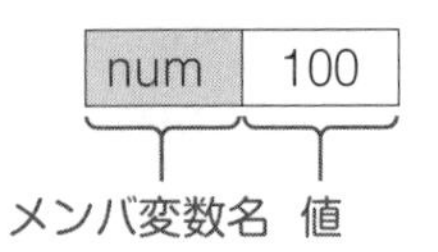

インスタンスへの参照

インスタンスそのものでなく，インスタンスが存在する**場所を指す情報**[*5]です。インスタンスにアクセスするために用います。本書では参照を，参照を表す矢印「•──►」で表します。

*5：場所を指す情報
C言語におけるポインタの仕組みと似ている。インスタンスが存在する，メモリ上のアドレスを格納する。

次のインスタンス図で表したインスタンスは，宙に浮いており，プログラムからはこのインスタンスにアクセスできず，利用できません。

char	A

そのため，参照を表す矢印「•──►」を引きます。

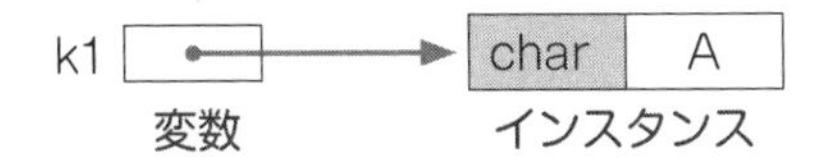

その結果，この図では「k1.char」により，このインスタンスにアクセスできるようになります。次の例では「k1.char ← "B"」により，変数k1が参照するインスタンスのメンバ変数charに"B"を格納します。

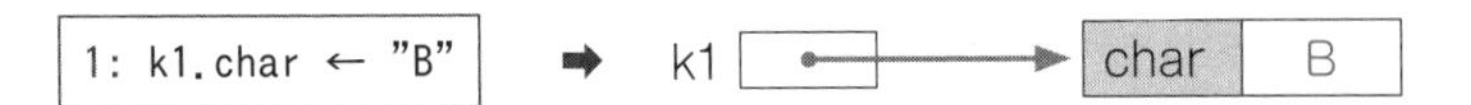

◆参照の注意点

参照に関連する注意点は，次のとおりです。

●注意点1：「.」は「の」と読む。

「k1.char」のうちの「.」は「の」と読むとよいです。例えば「k1.char」は「k1のchar」と読みます。その意味は「変数k1が参照するインスタンスのメンバ変数char」です。

●注意点2：変数k1の中に，インスタンスが格納されるわけではない。

変数k1に格納されているのは，**インスタンスへの参照**（インスタンスが存在する場所を指す情報）です。つまり，次の図のように，変数k1の中に，インスタンスが格納されるわけではありません。

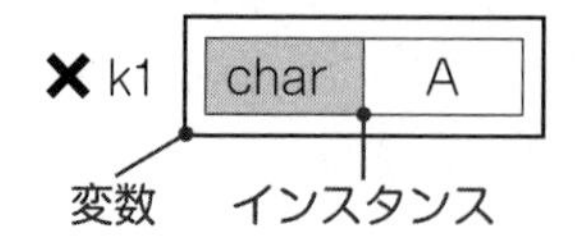

●注意点3：参照元の変数の型は，クラスである。

インスタンスへの参照の参照元の変数の型は，クラスです。

```
Key: k1 ← Key(”A”)
```

この変数の型は，
クラスである。

◆変数に格納する

インスタンスへの参照を変数に格納する場合，次のとおり，参照を表す矢印「●──▶」を引きます。例えば「k1 ← Key(”A”)」では，次の手順でインスタンス図と，参照を表す矢印を描きます。

① 「Key(”A”)」の部分は，インスタンス図を描く。
［こう解く インスタンス図］（➡p.182）

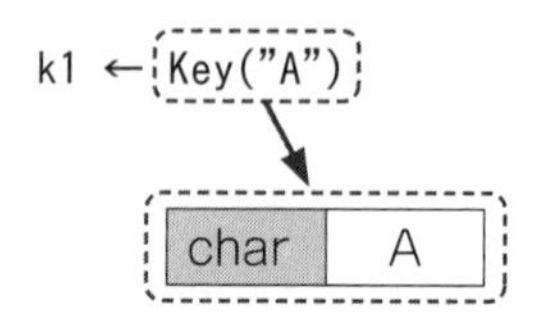

② 「k1 ←」の部分は，変数からインスタンスへ，参照を表す矢印「●──▶」を引く。

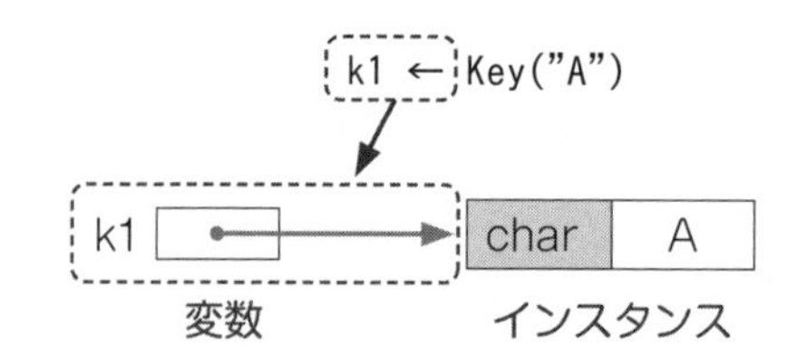

なお，参照を表す矢印を描く際の注意点は，［こう解く 参照の矢印］（➡p.191）にまとめています。

◆宣言と同時に格納

変数の宣言と，**インスタンスへの参照**の格納を２行で行う場合と，省略して１行で行う場合があります。両者は同じ処理結果となります。考え方は［**宣言と同時に格納**］（➡p.098）と同じです。

● ２行で行う場合

```
1: Key: k1
2: k1 ← Key("T")
```

● １行で行う場合

```
1: Key: k1 ← Key("T")
```

◆参照の実体

参照は，**リンク**[*6]と次の点で似ています。

- **リンク**には，Webサイトの場所に関する情報（URLなど）が格納されている。リンクにより，そのWebサイトにアクセスできる。リンク自体にWebサイトが含まれているわけではない。［**参照の注意点**］の**注意点２**（➡p.185）
- **参照**には，インスタンスの場所に関する情報（メモリ上のアドレス）が格納されている。参照により，インスタンスにアクセスできる。参照自体にインスタンスが含まれているわけではない。

***6：リンク**
ハイパーリンク（hyperlink）の略。

例題2

問　次のプログラムをトレースし，インスタンス図を描け。

〔プログラム〕

```
1: Key: k1 ← Key("A")
```

コンストラクタ	説明
Key(文字型: qChar)	引数qCharでメンバ変数charを， 未定義の値でメンバ変数leftを初期化する。

図　クラスKeyの説明

《解説》

このプログラムには，コンストラクタの呼出しがあるため，**[こう解く インスタンス図]** (➡p.182) を使って解きます。

① コンストラクタの呼出しを見つける。コンストラクタ名はクラス名と同じ。

クラス名と同じため，コンストラクタの呼出しだと分かります。

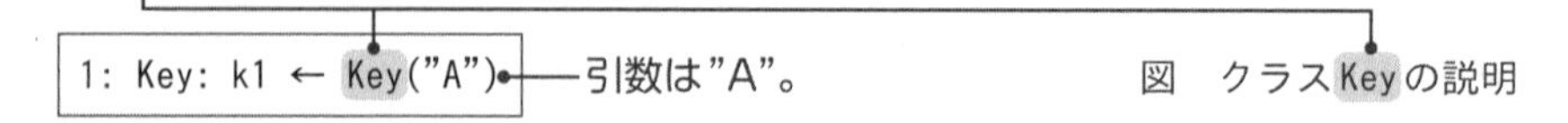

② 引数を「図　クラス○○の説明」中のコンストラクタの説明に当てはめる。

引数"A"を「図　クラスKeyの説明」のコンストラクタの説明に当てはめます。

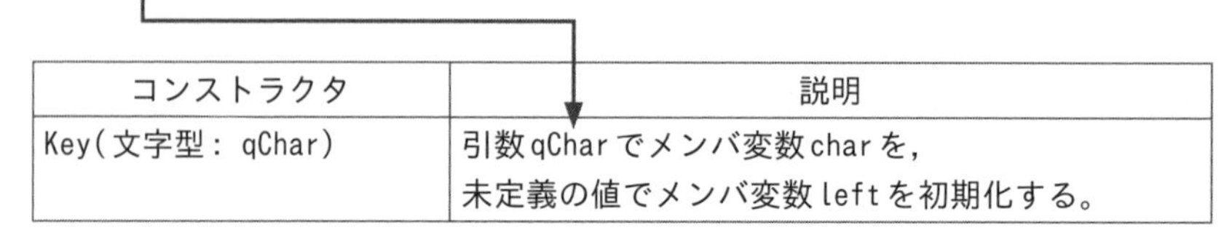

コンストラクタ	説明
Key(文字型: qChar)	引数qCharでメンバ変数charを， 未定義の値でメンバ変数leftを初期化する。

図　クラスKeyの説明

③ コンストラクタの説明を実行する。

「引数"A"でメンバ変数charを，未定義の値でメンバ変数leftを初期化する」は，プログラムで書くと「char ← "A"」と「left ← 未定義の値」と同じ意味です。なお，変数に「未定義の値」を格納すると，変数は未定義になります。**[未定義]** (➡p.029)

④ **インスタンス図を描き，メンバ変数に値を書き込む。**

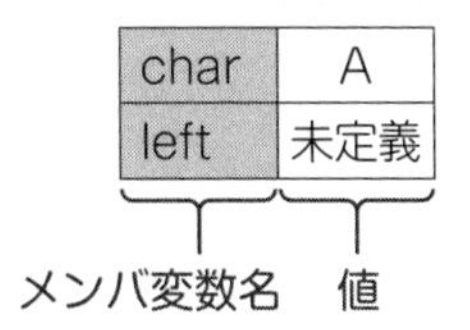

最後に，「k1 ←」により，**インスタンスへの参照**を変数k1に格納するため，参照を表す矢印「•───►」を引きます。**［変数に格納する］**（➡p.186） インスタンス図は，次のとおりです。

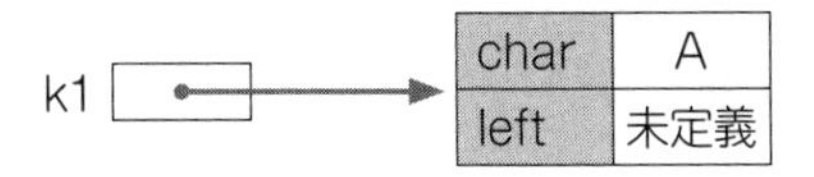

トレースは，本書のトレース方法をもとに**アレンジ**してもよいでしょう。ただし，次の3つの描き方はおすすめしません。

✖左から右にトレースする。プログラムは上から下に実行するのに。混乱しがち。

i	1	2	3

✖格納済みの値まで書く。手間だから。

トレース表	a	b	c
1: a ← 1	1		
2: b ← 2	1	2	
3: c ← 3	1	2	3

✖値を消し込む。どこまで進んだのか分かりにくいから。

```
1: a ← 1
2: a ← 2
3: a ← 3
```

3 ~~1~~ ~~2~~

例題3

問 次のプログラムをトレースし，インスタンス図を描け。

〔プログラム〕

```
1: Item: i1 ← Item(100)
```

コンストラクタ	説明
Item(整数型: qNum)	引数qNumでメンバ変数numを， 未定義の値でメンバ変数nextを初期化する。

図　クラスItemの説明

《解説》

このプログラムには，コンストラクタの呼出しがあるため，［こう解く インスタンス図］(➡p.182) を使って解きます。

① コンストラクタの呼出しを見つける。コンストラクタ名はクラス名と同じ。

クラス名と同じため，コンストラクタの呼出しだと分かります。

```
1: Item: i1 ← Item(100)
```

引数は100。

図　クラスItemの説明

② 引数を「図　クラス○○の説明」中のコンストラクタの説明に当てはめる。

引数100を「図　クラスItemの説明」のコンストラクタの説明に当てはめます。

コンストラクタ	説明
Item(整数型: qNum)	引数qNumでメンバ変数numを， 未定義の値でメンバ変数nextを初期化する。

図　クラスItemの説明

③ コンストラクタの説明を実行する。

「引数100でメンバ変数numを，未定義の値でメンバ変数nextを初期化する」は，プログラムで書くと「num ← 100」と「next ← 未定義の値」と同じ意味です。

④ **インスタンス図を描き，メンバ変数に値を書き込む。**

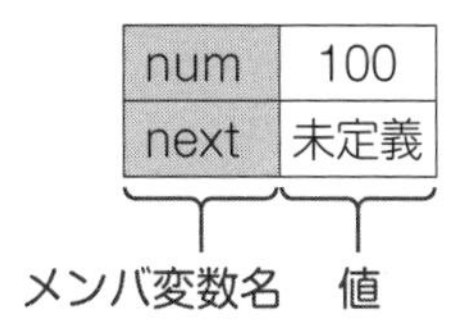

最後に，「i1 ←」により，**インスタンスへの参照**を変数i1に格納するため，参照を表す矢印「•——▶」を引きます。**［変数に格納する］**（➡p.186） インスタンス図は，次のとおりです。

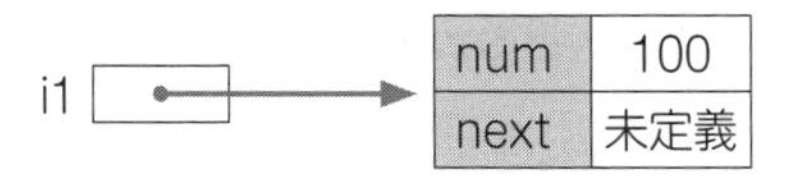

こう解く 参照の矢印

参照を表す矢印を描く際の注意点は，次のとおりです。

◆矢印の先端

参照を表す矢印「•——▶」の**先端**は，変数でなく，**参照先のインスタンス**にします。次の例では「k1.left ← k2」により，矢印の先端は，変数k2でなく，k2の参照先のインスタンスにします。

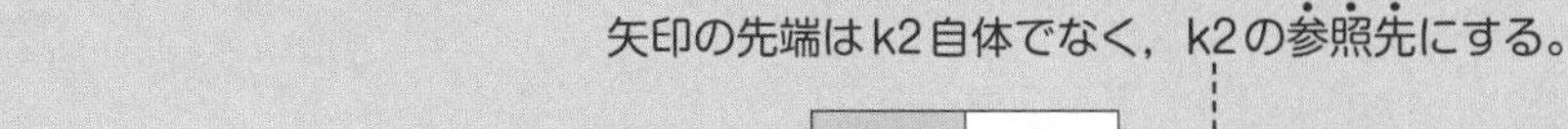

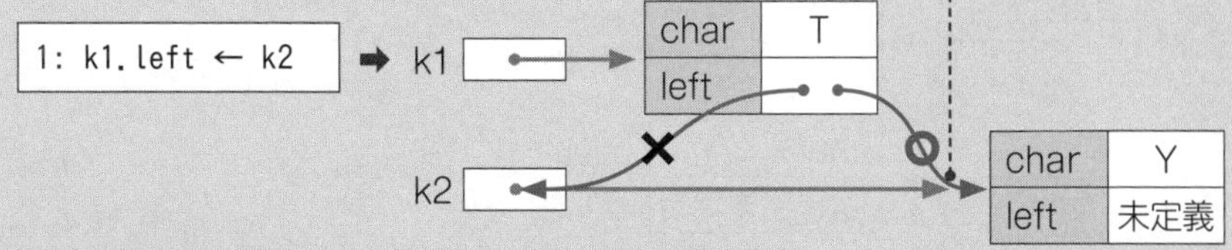

◆矢印の向き

参照を表す矢印「•——▶」は，変数の格納を表す矢印「←」と**反対向きの矢印**を描きます。次の例では「3: k2 ← k1」により，変数k2から，変数k1が参照するインスタンスへ矢印「•——▶」を描きます。両者の矢印は反対向きです。矢印をどの向きにすべきか混乱しがちですが，この覚え方により正しく描けます。

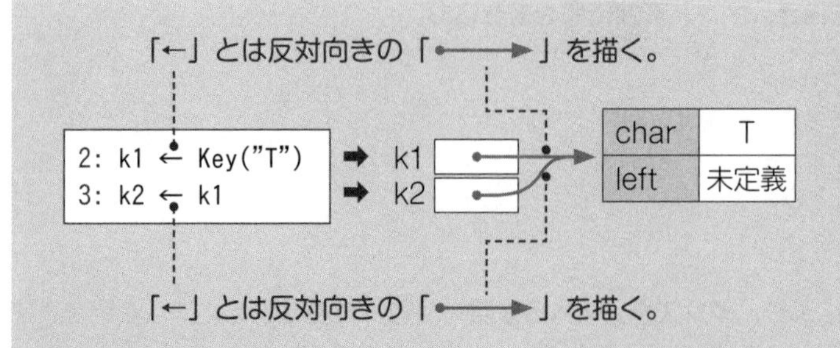

◆未定義への参照は存在しない

インスタンスやメンバ変数には，未定義への参照を格納するのではなく，代わりに未定義になります。例えば，次のように「k2.left」が未定義の状態で，

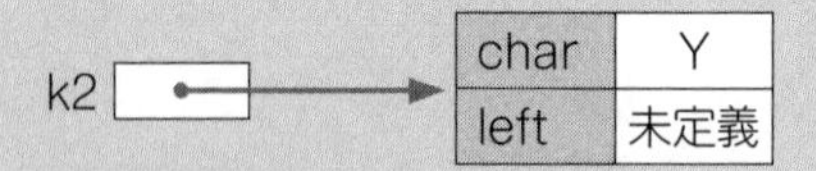

「k1.left ← k2.left」を実行すると，「k1.left」に格納されるのは，「未定義への参照」ではありません。つまり「●——►未定義」ではありません。

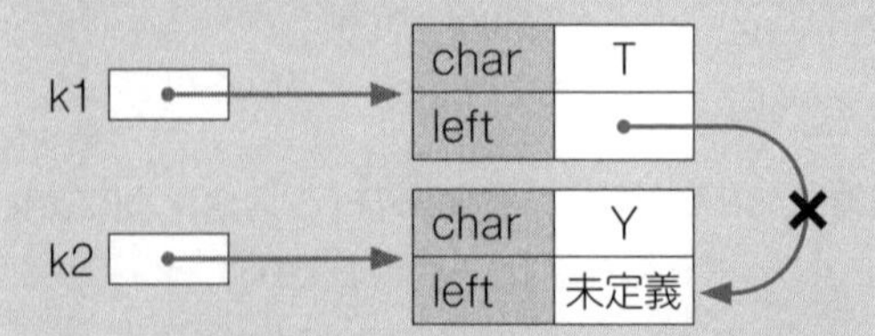

そうでなく，「k1.left」は未定義になります。

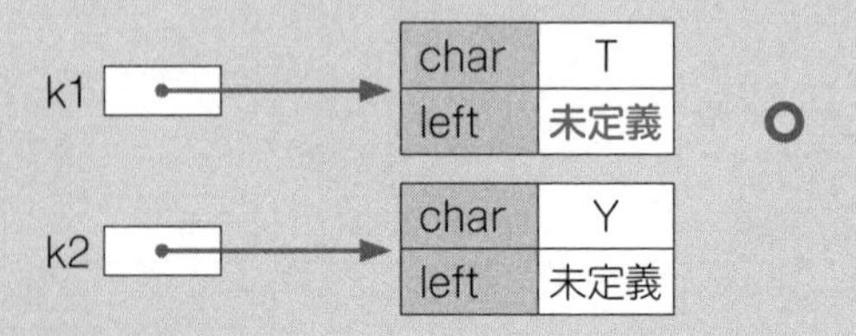

未定義とは「どのインスタンスも参照しない」という意味です。(➡p.029) そのため，未定義への参照は存在せず，つまり「●——►未定義」というものは存在しません。また，未定義になる場合，変数やメンバ変数の箱内に「未定義」と記入します。

例題 4

問 次のプログラムをトレースし，インスタンス図を描け。

〔プログラム〕

```
1: Key: k1, k2
2: k1 ← Key("T")
3: k2 ← Key("Y")
4: k1.left ← k2
5: k2.left ← k1
6: k1.left ← k2.left
```

コンストラクタ	説明
Key(文字型: qChar)	引数qCharでメンバ変数charを， 未定義の値でメンバ変数leftを初期化する。

図　クラスKeyの説明

《解説》

各段階において描くべき箇所を赤色で示しています。

このプログラムには，コンストラクタの呼出しがあるため，［こう解く インスタンス図］(➡p.182) を使って解きます。この例題のコンストラクタについては，**例題2** (➡p.188) と類似問題のため，参考にしてください。

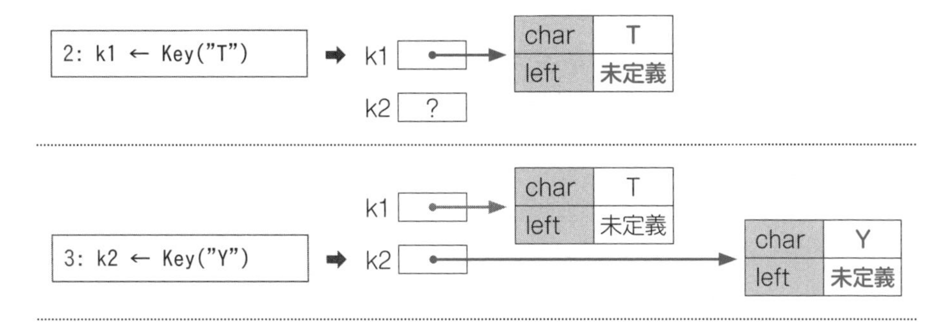

[こう解く 参照の矢印]（➡p.191）を使って，参照の矢印「•——▶」を引きます。

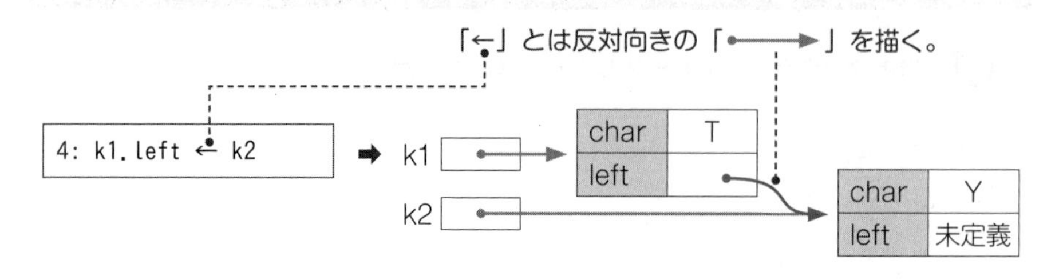

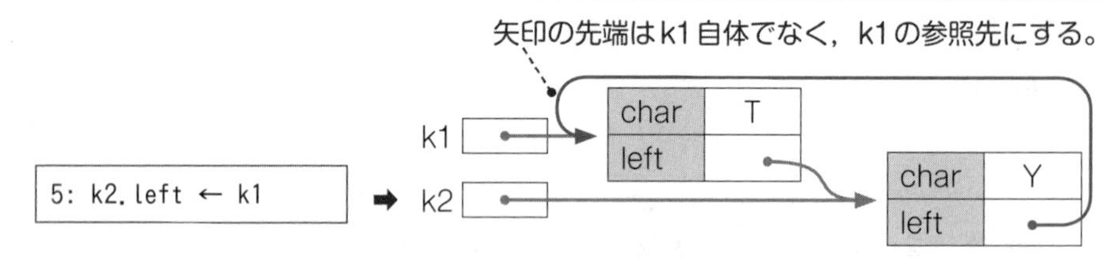

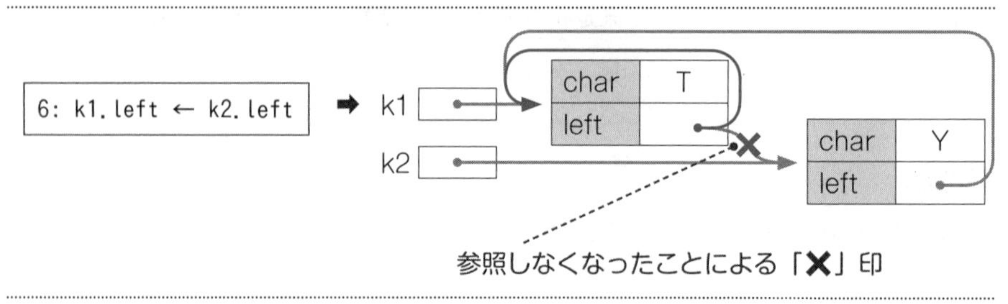

よって，正解は次のとおりです。

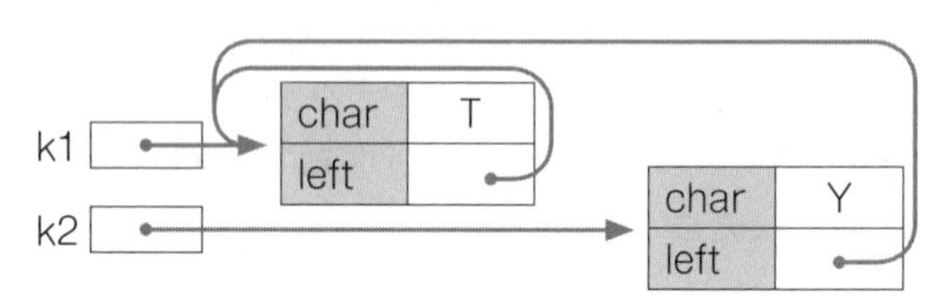

メソッド

クラス内で宣言された関数・手続であるメソッドを実行するための，メソッドの実行手順は，次のとおりです。

◆メソッドの実行手順

① メソッドの呼出しを見つける。丸かっこの左隣がメソッド名。
② 引数を「図　クラス○○の説明」中のメソッドの説明に当てはめる。
③「変数における」に着目し，メソッドの説明を実行する。

次のプログラム・インスタンス図・図の場合におけるメソッドの実行の流れは，次のとおりです。

〔プログラム〕

```
1: k1.showKey()
```

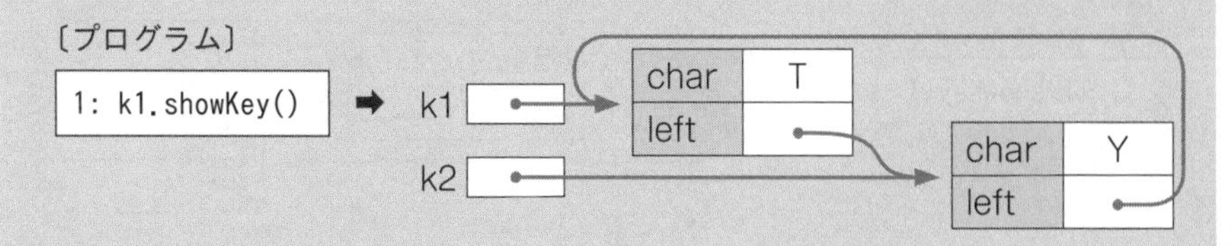

メソッド	戻り値	説明
showKey()	文字列型	メンバ変数charを「○」，メンバ変数leftのcharを「△」とすると，「○の左隣は△」を返す。

図　クラスKeyの説明

このプログラムには，メソッドの呼出しがあるため，**［メソッドの実行手順］**を使って解きます。

① メソッドの呼出しを見つける。丸かっこの左隣がメソッド名。

丸かっこの左隣の「showKey」がメソッド名で，メソッドの呼出しだと分かります。今回は引数がありません。

```
1: k1.showKey()
```

第7章　オブジェクト指向

② **引数を「図　クラス○○の説明」中のメソッドの説明に当てはめる。**

引数がないため，今回は引数の当てはめをしません。

メソッド	戻り値	説明
showKey()	文字列型	メンバ変数charを「○」，メンバ変数leftのcharを「△」とすると，「○の左隣は△」を返す。

図　クラスKeyの説明

③ **「変数における」に着目し，メソッドの説明を実行する。**

「k1.showKey()」のため，変数k1におけるメソッドの説明を実行します。

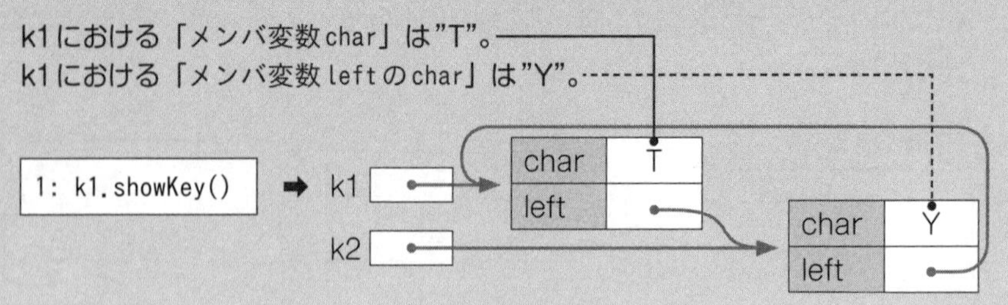

戻り値として，「Tの左隣はY」を返します。

例題5

問　次のプログラム・インスタンス図・図の場合におけるプログラムの各行の戻り値を答えよ。

〔プログラム〕

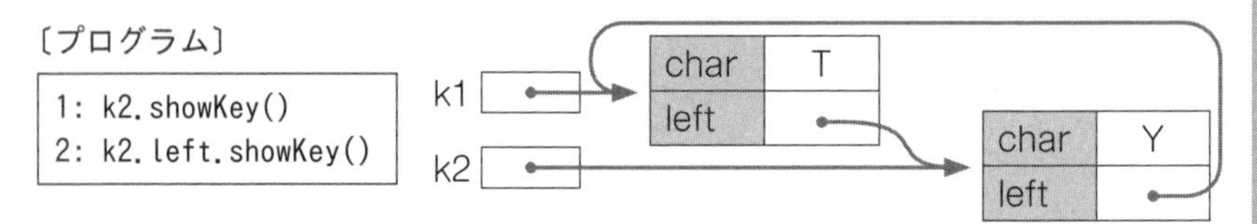

メソッド	戻り値	説明
showKey()	文字列型	メンバ変数charを「○」，メンバ変数leftのcharを「△」とすると，「○の左隣は△」を返す。

図　クラスKeyの説明

《解説》

このプログラムには，メソッドの呼出しがあるため，［こう解く メソッド］（➡p.195）を使って解きます。

① メソッドの呼出しを見つける。丸かっこの左隣がメソッド名。

丸かっこの左隣の「showKey」がメソッド名で，メソッドの呼出しだと分かります。今回は引数がありません。

```
1: k2.showKey()
```

② 引数を「図　クラス○○の説明」中のメソッドの説明に当てはめる。

引数がないため，今回は引数の当てはめをしません。

メソッド	戻り値	説明
showKey()	文字列型	メンバ変数charを「○」，メンバ変数leftのcharを「△」とすると，「○の左隣は△」を返す。

図　クラスKeyの説明

③「変数における」に着目し，メソッドの説明を実行する。

「k2.showKey()」のため，変数k2におけるメソッドの説明を実行します。

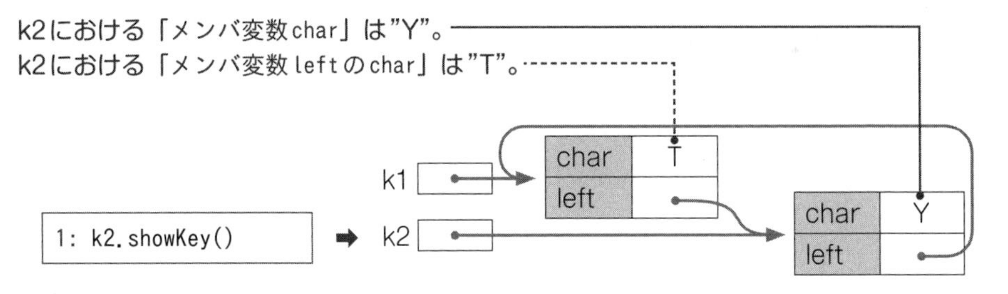

戻り値として，「Yの左隣はT」を返します。

なお，プログラム中の2行は，1行と【メソッドの実行手順】の①〜②が同じため省略し，③だけを説明します。「k2.left.showKey()」のため，変数k2のleftをもとに，メソッドの説明を実行します。

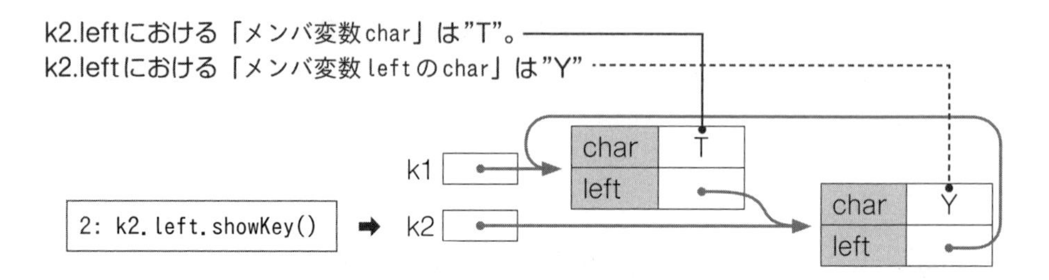

戻り値として，「Tの左隣はY」を返します。

オーバーロード[*7]

呼出し元の引数に応じて，呼出し時のメソッドの**行先**を変えることです。同じメソッド名でも引数が異なれば，それぞれ別のメソッドと判定します。

メソッドの定義に，同じメソッド名が複数あったら，呼出し元の「引数の**個数**が同じ，引数の**型**が同じ，引数の**指定順**が同じ」である呼出し先のメソッドにジャンプします。

次の例では同じshowKeyメソッドであっても，呼出し元の引数に応じて，呼出し先のメソッドが変わります。

***7：オーバーロード**
多重定義ともいう。

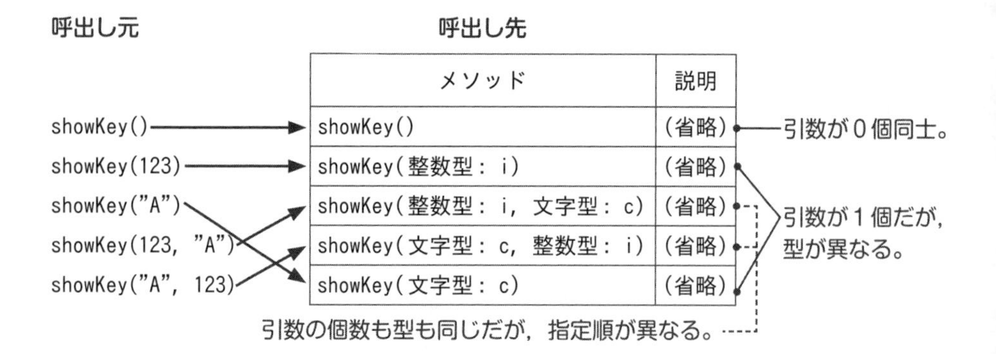

メソッドだけでなく，メソッドの一種であるコンストラクタ（➡p.182）でもオーバーロードとなることがあります。次の例では図1により，コンストラクタKey()の定義が複数あるため，呼出し元の引数に応じて，呼出し先のコンストラクタが変わります。

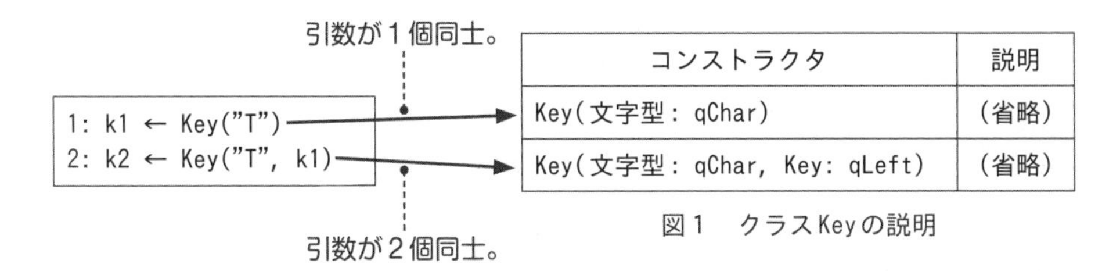

コンストラクタ	説明
Key(文字型: qChar)	（省略）
Key(文字型: qChar, Key: qLeft)	（省略）

図1　クラスKeyの説明

● インスタンスの一次元配列

インスタンスへの参照を，変数でなく，一次元配列（➡p.096）に格納する場合があります。次の例では「Keyの配列: keys ← {}」により，クラスKey型の一次元配列を宣言します。なお，配列の要素番号は1から始まります。

```
1: Keyの配列: keys ← {}
```

➡　keys [?]

次の例では「keysの末尾 に Key("●") を追加する」により，Keyクラスのコンストラクタが実行され，図2のとおり，メンバ変数charに初期値を格納してインスタンスを初期化し，**インスタンスへの参照**を戻り値として，呼出し元に返します。その処理を“●”の値を変えて4回実行し，一次元配列の各要素にそれぞれの**インスタンスへの参照**を格納します。なお，今回のコンストラクタについては，**例題2**（➡p.188）と類似しているため，参考にしてください。

コンストラクタ	説明
Key(文字型: qChar)	引数qCharでメンバ変数charを， 未定義の値でメンバ変数leftを初期化する。

図2　クラスKeyの説明

```
2: keysの末尾 に Key("A") を追加する
3: keysの末尾 に Key("S") を追加する
4: keysの末尾 に Key("D") を追加する
5: keysの末尾 に Key("F") を追加する
```

⬇

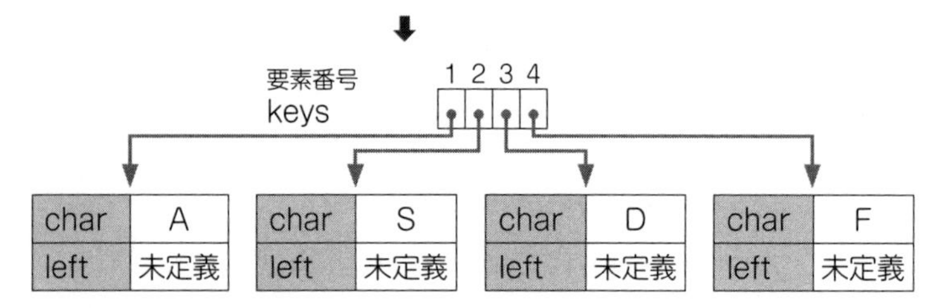

◆宣言と同時に格納

変数の宣言と，**インスタンスへの参照**の格納を複数行で行う場合と，省略して1行で行う場合があります。両者は同じ処理結果となります。考え方は **[宣言と同時に格納]** (➡p.098) と同じです。

●複数行で行う場合

```
1: Keyの配列: keys ← {}
2: keysの末尾 に Key("A") を追加する
3: keysの末尾 に Key("S") を追加する
4: keysの末尾 に Key("D") を追加する
5: keysの末尾 に Key("F") を追加する
```

●1行で行う場合

```
1: Keyの配列: keys ← {Key("A"), Key("S"), Key("D"), Key("F")}
```

◆配列に格納する

インスタンスへの参照を一次元配列に格納する場合，次のとおり，参照を表す矢印「•——►」を引きます。「追加する」や「{}」により，配列の要素には，**インスタンスへの参照**を格納します。トレースではそれを参照を表す矢印「•——►」で表します。考え方は **[変数に格納する]** (➡p.186) と同じです。

```
1: Keyの配列: keys ← {}
2: keysの末尾 に Key("A") を追加する
```

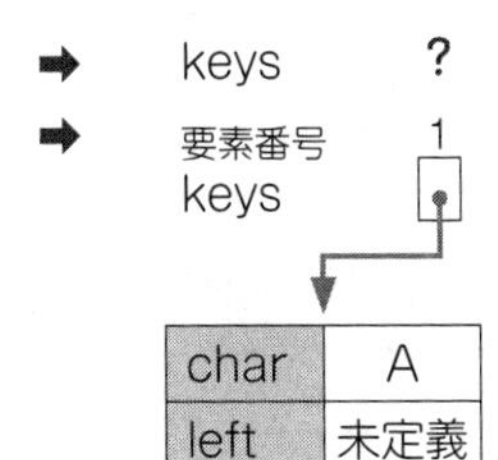

次の場合も，同じ処理結果となります。

```
1: Keyの配列: keys ← {Key("A")}
```

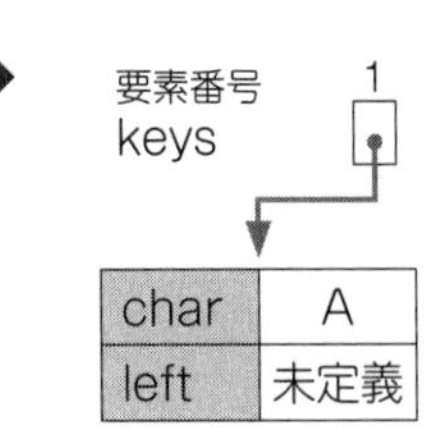

▶確認しよう

□ 問1	コンストラクタの実行手順を書け。(➡p.182)
□ 問2	メソッドの実行手順を書け。(➡p.195)
□ 問3	次の用語を説明せよ。(➡p.182，185，198) • インスタンス　• インスタンスへの参照　• オーバーロード
□ 問4	[こう解く 参照の矢印] で説明した注意点を3つ挙げよ。(➡p.191)

▶練習問題

問題7－1 〔オリジナル問題〕

問 次の記述中の[　　]に入れる正しい答えを，解答群の中から選べ。

関数totalは，クラスItemの要素を計算するプログラムである。クラスItemの説明を，図に示す。関数totalを呼び出したときの戻り値は，[　　]である。

メンバ変数	型	説明
num	整数型	アイテムに格納する数値。
next	Item	アイテムの次の数値を保持するインスタンスへの参照。初期状態は未定義である。

コンストラクタ	説明
Item(整数型: qNum)	引数qNumでメンバ変数numを， 未定義の値でメンバ変数nextを初期化する。
Item(整数型: qNum, Item: qItem)	引数qNumでメンバ変数numを， 引数qItemでメンバ変数nextを初期化する。

図　クラスItemの説明

〔プログラム〕

```
1: ○整数型: total()
2:   Item: i1, i2
3:   i1 ← Item(100)
4:   i2 ← Item(200, i1)
5:   i1.next ← i2
6:   return i1.num + i2.num + i1.next.num + i2.next.next.num
```

解答群

ア　400　　イ　500　　ウ　600　　エ　700

《解説》

このプログラムには，コンストラクタの呼出しがあるため，**［こう解く インスタンス図］**（➡p.182）を使って解きます。**例題3**（➡p.190）と類似問題のため，参考にしてください。ただし，この問題ではコンストラクタが**オーバーロード**（➡p.198）となっています。

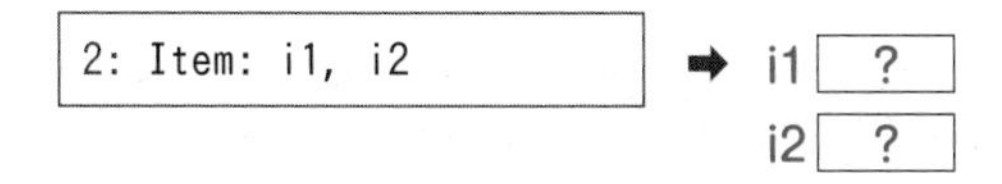

引数が１つのため，引数をコンストラクタ「Item(整数型: qNum)」の説明に当てはめます。

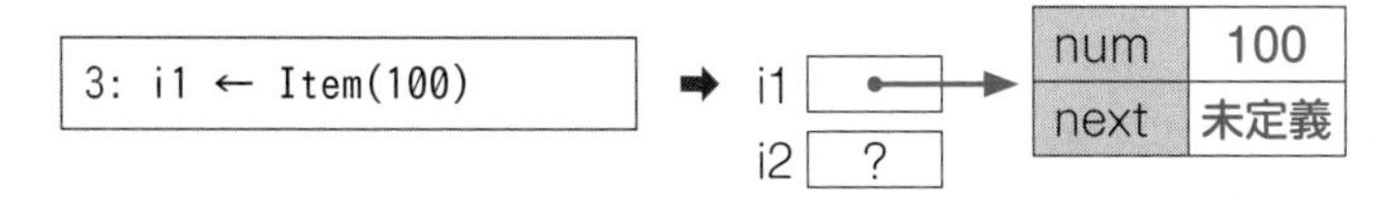

引数が２つのため，引数をコンストラクタ「Item(整数型: qNum, Item: qItem)」の説明に当てはめます。「引数200でメンバ変数numを，引数i1でメンバ変数nextを初期化する」は「num ← 200」「next ← i1」と同じ意味です。nextの矢印の先端は，i1の参照先である値100のインスタンスにします。

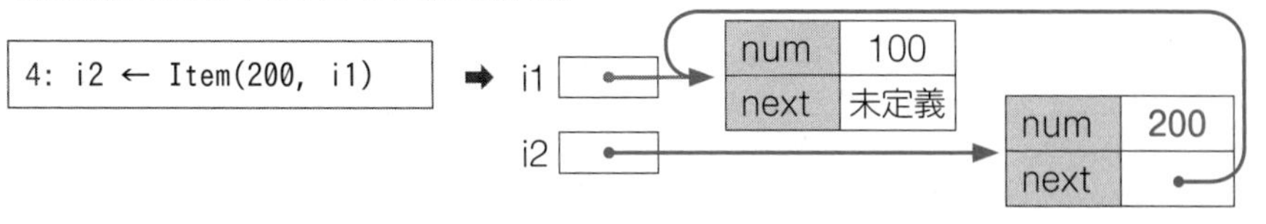

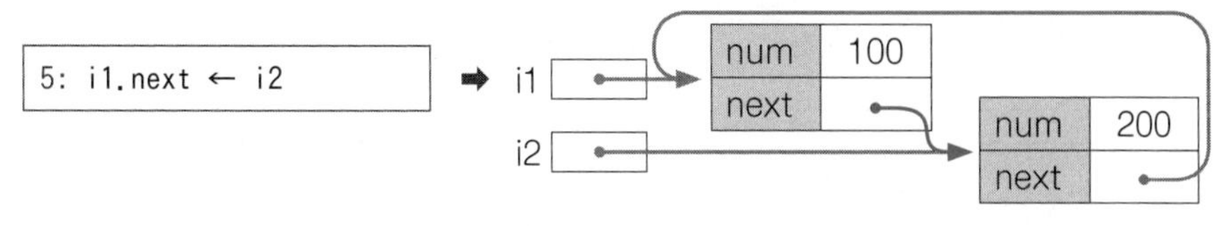

このインスタンス図をもとに，プログラム中の6行の各値を参照し，計算します。

```
6: return i1.num + i2.num + i1.next.num + i2.next.next.num
```

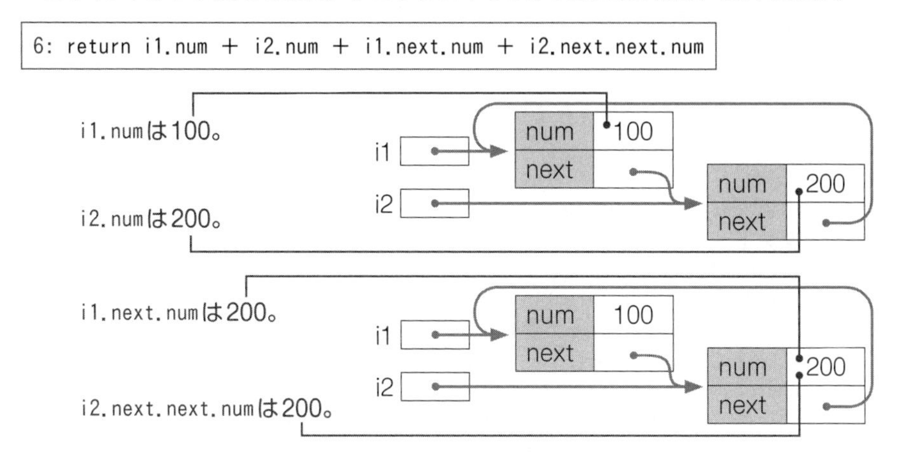

100＋200＋200＋200＝700を戻り値として返します。

よって，正解は**エ**です。

第7章 オブジェクト指向

問題7－2

〔オリジナル問題〕

問 次のプログラム中の [a] と [b] に入れる正しい答えの組合せを，解答群の中から選べ。

手続straightは，クラスKeyを用いてキーボードのキー配列を格納するプログラムである。クラスKeyの説明を，図に示す。手続straightをstraight({"A", "S", "D", "F"})として呼び出したとき，「Aの左隣は未定義。Sの左隣はA。Dの左隣はS。Fの左隣はD。」を出力する。ここで，配列の要素番号は1から始まる。

メンバ変数	型	説明
char	文字型	キーのアルファベット文字。
left	Key	左隣のキーを保持するインスタンスへの参照。 初期状態は未定義である。

メソッド	戻り値	説明
showKey()	文字列型	メンバ変数charを「○」，メンバ変数leftのcharを「△」とすると，「○の左隣は△。」を返す。

コンストラクタ	説明
Key(文字型: qChar)	引数qCharでメンバ変数charを， 未定義の値でメンバ変数leftを初期化する。
Key(文字型: qChar, Key: qLeft)	引数qCharでメンバ変数charを， 引数qLeftでメンバ変数leftを初期化する。

図　クラスKeyの説明

〔プログラム〕

```
 1: ○straight(文字型の配列: args)
 2:   整数型: i
 3:   Keyの配列: keys ← {}
 4:   keysの末尾 に Key(args[1]) を追加する
 5:   for (i を 2 から argsの要素数 まで 1 ずつ増やす)
 6:     keysの末尾 に Key([ a ], [ b ]) を追加する
 7:   endfor
 8:   for (i を 1 から argsの要素数 まで 1 ずつ増やす)
 9:     keys[i].showKey() の戻り値を出力する
10:   endfor
```

解答群

	a	b
ア	args[i − 1]	keys[i]
イ	args[i − 1]	keys[i − 1]
ウ	args[i]	keys[i]
エ	args[i]	keys[i − 1]

《解説》

[こう解く 擬似言語の問題を解く手順] (➡p.073) を使って解きます。

① 実行前の例を作る。処理結果を予測する。

実行前の例は，問題文「手続straightをstraight({"A", "S", "D", "F"})として呼び出したとき」をもとに，**[こう解く 一次元配列図]** (➡p.099) を使って描きます。

- 実行前の例：

args	A	S	D	F
要素番号	1	2	3	4

処理結果は，問題文「「Aの左隣は未定義。Sの左隣はA。Dの左隣はS。Fの左隣はD。」を出力する」より，キーの出力順は実行前の例と同じA→S→D→Fで，左隣のキーの出力順は未定義→A→S→Dです。プログラム中の8～10行では，keysの要素番号1から4まで順にshowKeyメソッドを実行しているため，keysにはその出力順でキーと左隣のキーへの参照が格納されています。

- 処理結果：keys[1]～keys[4]には，キー（char）はA→S→D→Fの順で文字が格納される。また，左隣のキー（left）は未定義→A→S→Dでキーの順でそのキーへ参照が格納される。

② プログラムに実行前の例を当てはめてトレースする。

トレース表のB行の「Key(args[1])」をコンストラクタ「Key(文字型：qChar)」の説明に当てはめると，args[1]はAのため，「引数"A"でメンバ変数charを，未定義の値でメンバ変数leftを初期化する」です。プログラムで書くと「char ← "A"」「left ← 未定義の値」と同じ意味です。「keysの末尾に…追加する」により，**インスタンスへの参**

第7章 オブジェクト指向

照をkeys[1]に格納するため，参照を表す矢印「•——►」を引きます。**[配列に格納する]** (➡p.200) インスタンス図を描くスペースの都合上，一部，トレース表の外に描きます。

	トレース表	条件式	args	i	keys
A	1: ○straight(文字型の配列: args)		A S D F		
B	4: keysの末尾 に Key(args[1]) を追加する				●→
C	5: for(iを2からargsの要素数まで1ずつ増やす)	2 ≦ 4 T		2	

char	A
left	未定義

③ 空所に選択肢を当てはめてトレースする。

ア [a]は「args[i － 1]」，[b]は「keys[i]」を当てはめてトレースします。D行の「keysの末尾 に Key(args[1], keys[2]) を追加する」をコンストラクタ「Key(文字型: qChar, Key: qLeft)」の説明に当てはめると，keys[2]はこの時点では存在しないためエラーとなります。**[プログラムの視点 配列の要素番号が範囲外だとエラー]** (➡p.104)

D	6:　keysの末尾にKey([a], [b])を追加する	2 ≦ 4 T		2	□

④ 処理結果と異なる場合，不正解。別の選択肢で③を行う。全選択肢が済んだら②に戻る。

エラーとなり処理結果と異なるため，**ア**は不正解です。なお，[b]の選択肢は**ア**と**ウ**が同じため，**ア**だけでなく**ウ**も不正解です。別の選択肢で③を行います。

③ 空所に選択肢を当てはめてトレースする。

イ [a]は「args[i － 1]」，[b]は「keys[i － 1]」を当てはめてトレースします。D行の「keysの末尾 に Key(args[1], keys[1]) を追加する」をコンストラクタ「Key(文字型: qChar, Key: qLeft)」の説明に当てはめると，args[1]はA，keys[1]はトレース表のB行で引いた値Aの**インスタンスへの参照**のため，「引数"A"でメンバ変数charを，値Aの**インスタンスへの参照**でメンバ変数leftを初期化する」です。プログラムで書くと「char ← "A"」「left ← (B行で引いた) 値Aの**インスタンスへの参照**」と同じ意味です。「keysの末尾に…追加する」により，**インスタンスへの参照**をkeys[2]に格納するため，参照を表す矢印「•——►」を引きます。

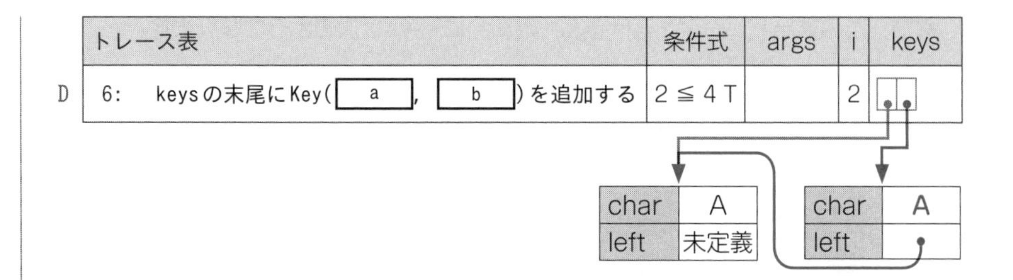

④ 処理結果と異なる場合，不正解。別の選択肢で③を行う。全選択肢が済んだら②に戻る。

処理結果はkeys[2]が，キー（char）に値Sの**インスタンスへの参照**であるべきなのに，今回値Aの**インスタンスへの参照**のため，**イ**は不正解です。別の選択肢で③を行います。

③ 空所に選択肢を当てはめてトレースする。

エ [a]は「args[i]」，[b]は「keys[i − 1]」を当てはめてトレースします。D行の「keysの末尾 に Key(args[2], keys[1]) を追加する」をコンストラクタ「Key(文字型: qChar, Key: qLeft)」の説明に当てはめると，args[2]はS，keys[1]は値Aの**インスタンスへの参照**のため，「引数"S"でメンバ変数charを，値A の**インスタンスへの参照**でメンバ変数leftを初期化する」です。プログラムで書くと「char ← "S"」「left ← 値Aの**インスタンスへの参照**」と同じ意味です。「keysの末尾に…追加する」により，**インスタンスへの参照**をkeys[2]に格納するため，参照を表す矢印「•──►」を引きます。

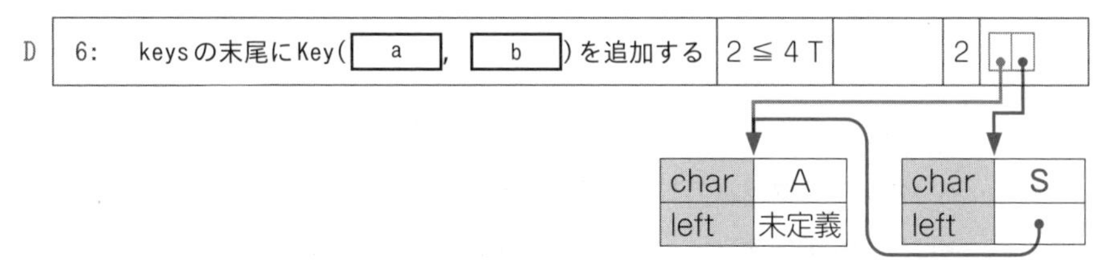

④ 処理結果と異なる場合，不正解。別の選択肢で③を行う。全選択肢が済んだら②に戻る。

処理結果はkeys[2]が，左隣（left）に値Aの**インスタンスへの参照**であるべきで，今回値Aの**インスタンスへの参照**のため，**エ**は正しいです。

よって，正解は**エ**です。

なお，このままトレースを続けると，最終的にkeysは次のようになります。

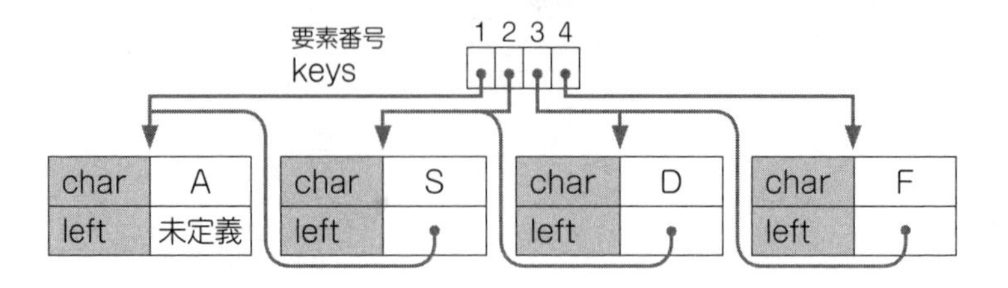

トピックス

トレース いろいろ

本書は出題傾向に合わせて，トレースによる解法を中心に紹介しています。具体的には，次のとおりです。理解度の把握や，試験前の総復習を目的に，これらの解法を振り返るとよいでしょう。

- [こう解く トレース] (➡p.042)
- [こう解く 別のプログラムのトレース] (➡p.059)
- [こう解く 一次元配列図] (➡p.099)
- [こう解く 配列のトレース] (➡p.100)
- [こう解く 二次元配列図] (➡p.125)
- [こう解く インスタンス図] (➡p.182)
- [こう解く 参照の矢印] (➡p.191)
- [こう解く リスト図] (➡p.216)

問題7－3

〔オリジナル問題〕

問 次の記述中の［　　］に入れる正しい答えを，解答群の中から選べ。ここで，文字列の先頭位置は1である。

クラスStringは文字列処理を行うクラスである。クラスStringの説明を図に示す。

手続stringProcessingを呼び出したとき，出力は［　　］となる。

メンバ変数	型	説明
str	文字列型	格納する文字列。

コンストラクタ	説明
String(文字列型: s)	引数sでメンバ変数strを初期化する。

メソッド	戻り値	説明
slice(整数型: start, 整数型: end)	String	メンバ変数strのstart番目からend番目までの文字列を取り出し，その文字列でメンバ変数strを初期化した新しいインスタンスへの参照を返す。
concat(String: a)	String	メンバ変数strとa.strを文字列連結し，その文字列でメンバ変数strを初期化した新しいインスタンスへの参照を返す。
charAt(整数型: index)	String	メンバ変数strのindex番目の単一の文字列でメンバ変数strを初期化した新しいインスタンスへの参照を返す。

図　クラスStringの説明

〔プログラム〕
```
1: ○stringProcessing
2:   String s1 ← String("ABABA")
3:   String s2 ← s1.slice(2, 3)
4:   String s3 ← s2.concat(s1.charAt(4)).concat(s2)
5:   s3.strを出力する
```

解答群

ア　BABBA　　イ　BAABA　　ウ　BABBBA　　エ　BABABA

オ　BABBAB　　カ　BAABAB　　キ　BABBBAB　　ク　BABABAB

《解説》

プログラム中に［　　　］がなく，トレースの結果が正解になる問題です。

「2: String s1 ← String("ABABA")」をコンストラクタの説明に当てはめると，「**引数"ABABA"でメンバ変数strを初期化する**」です。プログラムで書くと「str ← "ABABA"」と同じ意味です。「s1 ←」により，**インスタンスへの参照**を変数s1に格納するため，参照を表す矢印「•――▶」を引きます。**［変数に格納する］**（➡p.186）

「3: String s2 ← s1.slice(2, 3)」は，**［こう解く メソッド］**（➡p.195）のとおり，変数s1におけるメンバ変数str（"ABABA"）のstart（2）番目からend（3）番目までの文字列（"BA"）を取り出し，その文字列でメンバ変数strを初期化（str ← "BA"）した新しい**インスタンスへの参照**を返し，参照を表す矢印「•――▶」を引きます。

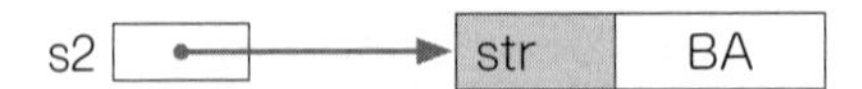

「4: String s3 ← s2.concat(s1.charAt(4)).concat(s2)」のうち，まず最も内側のかっこにある「s1.charAt(4)」を実行します。**［プログラムの視点 かっこの中に，かっこがある場合，内側から順に実行する］**（➡p.211）　メンバ変数str（"ABABA"）のindex（4）番目の単一の文字列（"B"）でメンバ変数strを初期化（str ← "B"）した新しい**インスタンスへの参照**を返します。

str	B

「4: String s3 ← s2.concat(s1.charAt(4)).concat(s2)」のうち，次に左から順に「s2.concat(…)」を実行します。「s2.concat(…)」の引数は「s1.charAt(4)」つまり，さきほど作った**インスタンスへの参照**です。メンバ変数str（"BA"）とa.str（"B"）を文字列連結し（"BAB"），その文字列でメンバ変数strを初期化（str ← "BAB"）した新しい**インスタンスへの参照**を返します。

str	BAB

「4: String s3 ← s2.concat(s1.charAt(4)).concat(s2)」のうち，残りの部分である「….concat(s2)」を実行します。「….concat(s2)」は，メンバ変数str（"BAB"）とa.str（"BA"）を文字列連結し（"BABBA"），その文字列でメンバ変数strを初期化（str ← "BABBA"）した新しい**インスタンスへの参照**を返し，参照を表す矢印「•――▶」を引きます。

「5: s3.strを出力する」と，出力は「BABBA」です。

よって，正解は**ア**です。

かっこの中に，かっこがある場合，内側から順に実行する。

かっこは，算数の計算と同じく内側から順に実行します。実行順は，次の原則に従います。

- かっこが複数ある場合，最も内側のかっこから順に実行する。
- かっこのレベルが同じ場合，左から順に実行する。

```
4: String s3 ← s2.concat(s1.charAt(4)).concat(s2)
```

① 内側のかっこ（s1.charAt(4)）

② 左から順に（s2.concat(s1.charAt(4))）

③ 残りの部分（.concat(s2)）

第1部 擬似言語

第8章 リスト

リスト，なかでも出題範囲である連結リスト（Linked List）について学習します。一次元配列による実現も可能ですが，より複雑な一方で得点に結び付けたいインスタンスによる実現方法を，単方向リストに絞って扱います。

単方向リスト

各要素を参照によってつなぎ合わせたデータ構造です。要素の中に，**格納する値**と，**次の要素への参照**[*1]を格納します。

要素
格納する値　次の要素への参照
A → B → C

*1：参照
要素そのものでなく，要素が存在する場所を指す情報。

要素を取得・格納するために，単方向リストをたどる手順は，次のとおりです。

①単方向リストの**先頭の要素への参照**（head）から要素をたどる。

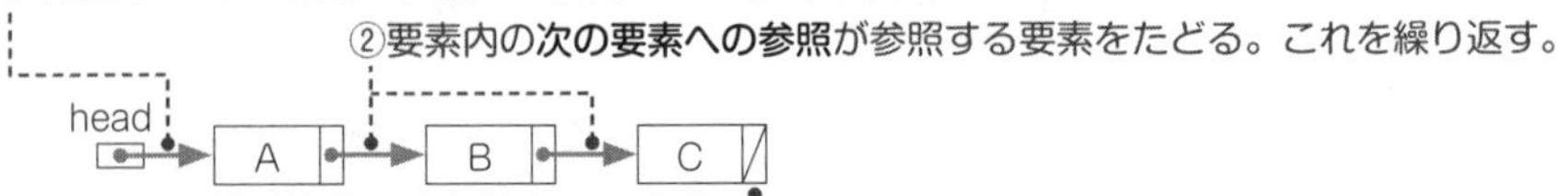

③**次の要素への参照**が未定義（▨）の場合，要素の末尾を意味し，要素をたどる作業を終了する。

例えば，この図では，単方向リストの**先頭の要素への参照**（head）から要素をたどり，値Aを取得し，**次の要素への参照**が参照する次の要素へとたどり，値Bを取得し，さらに，**次の要素への参照**が参照する次の要素へとたどり，値Cを取得します。その後，**次の要素への参照**が未定義のため，たどる作業を終了します。

単方向リストに関する代表的な各処理と，その処理結果を説明します。

◆addFirst（アドファースト）

単方向リストの**先頭に要素を追加する**処理です。

次の例では，headに未定義を格納します。なお，未定義（▱や▯）は，どの要素も参照しないことを意味します。**[未定義]**
(➡p.029)

```
0: head ← 未定義の値
```

➡ head ▱

次の例では「addFirst("C")」により，単方向リストの先頭に値Cの要素を追加します。

```
1: addFirst("C")
```

➡ head → C

次の例では「addFirst("A")」により，単方向リストの先頭に値Aの要素を追加します。

```
2: addFirst("A")
```

➡ head → A → C

◆addLast（アドラスト）

単方向リストの**末尾に要素を追加する**処理です。次の例では「addLast("D")」により，単方向リストの末尾に値Dの要素を追加します。

```
3: addLast("D")
```

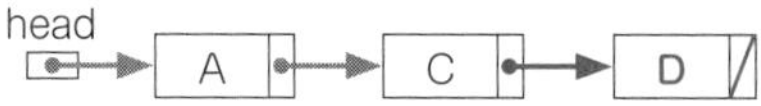

➡ head → A → C → D

◆add（アド）

単方向リストの指定された位置（1番目から数える）に，要素を**追加する**処理です。次の例では「add(2, "B")」により，単方向リストの2番目に，値Bの要素を追加します。

◆removeFirst

単方向リストの先頭の要素を削除します。次の例では「removeFirst()」により，単方向リストの先頭の要素を削除します。

◆removeLast

単方向リストの末尾の要素を削除します。次の例では「removeLast()」により，単方向リストの末尾の要素を削除します。

6: removeLast() ➡ head → B → C

◆remove

指定された文字が単方向リストにあればそのうちの最初の要素を削除します。なければなにもしません。

次の例では「remove("C")」により，値Cの要素を単方向リストから削除します。

次の例では「remove("B")」により，値Bの要素を単方向リストから削除します。

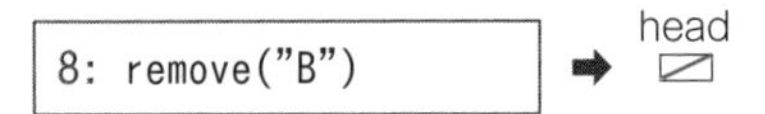

○ 双方向リスト

先頭の要素への参照（head）から**次の要素への参照**を使って，順**方向**にたどるだけでなく，末尾（tail）から**前の要素への参照**を使って，**逆方向**にもたどれる連結リストです。

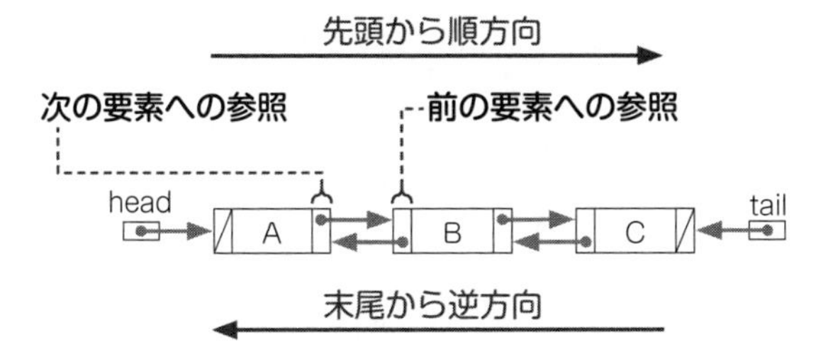

例えば，この図では，双方向リストの**先頭の要素への参照**（head）から順方向に値A➡値B➡値Cとたどるだけでなく，**末尾の要素への参照**（tail）から要素をたどり，値Cを取得し，**前の要素への参照**が参照する前の要素へとたどり，値Bを取得し，さらに，**前の要素への参照**が参照する前の要素へとたどり，値Aを取得します。その後，**前の要素への参照**が未定義のため，たどる作業を終了します。

第8章 リスト

この章では，同じ題材をあえて3回使って，リストについて説明しています。それぞれを読み比べると，理解を深められるでしょう。

- 概要　　　　：**［単方向リスト］**（➡p.212～214）
- 詳細　　　　：**［こう解く リスト図］**（➡p.216～217）
- プログラム：**［問題8－1］**（➡p.219）～**［問題8－4］**（➡p.236）

こう解く リスト図

単方向リスト（以下，リスト）をインスタンスで実現する例の流れをまとめました。⓪～⑧の順でプログラムを実行したとき，次のリスト図を自分で描けるように何度も練習しましょう。

特に重要な，参照の矢印「•──►」，参照しなくなったことによる「✖」印，リストの末尾を示す「**未定義**」に着目し，自分が描いた図と次のリスト図を照らし合わせてください。なお，各段階において描くべき箇所を赤色で示しています。使用する変数は，次のとおりです。

- head（ヘッド）：リストの先頭の要素への参照。
- val（バル）　：リストに格納する文字。
- next（ネクスト）：リストの次の文字を保持する**インスタンスへの参照**。

⓪ 実行前の単方向リスト ➡ head 未定義

- headの初期値は，未定義の値。つまりどこも参照しない。
- リストは，空。

◆リストの追加

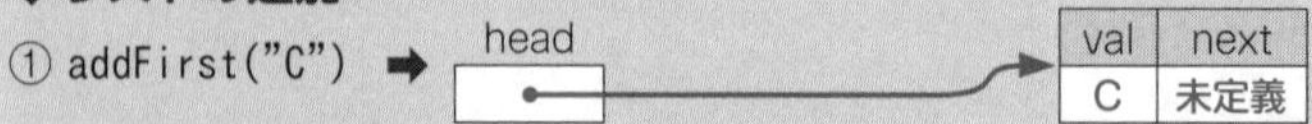

- headは値Cの要素を参照する。末尾のため，nextは未定義。
- リストは，値C。

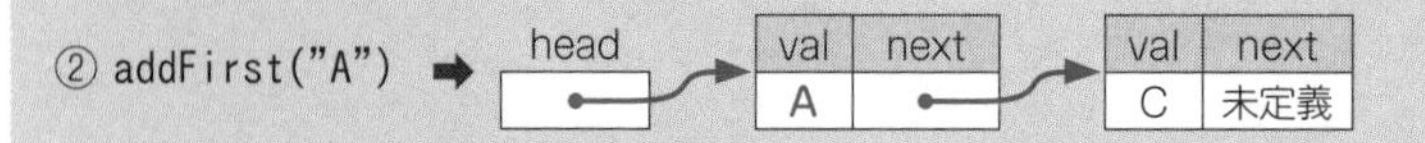

- 値Aの要素は，直前までheadが参照していた値Cの要素を参照する。
- 新たにheadは値Aの要素を参照する。
- リストは，値A➡値C。

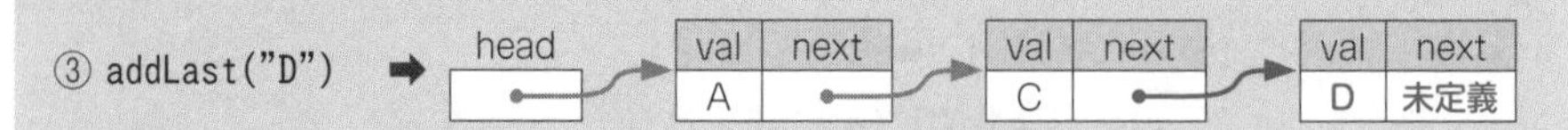

- 直前まで末尾だった値Cの要素が，値Dの要素を参照する。
- リストは，値A➡値C➡値D。

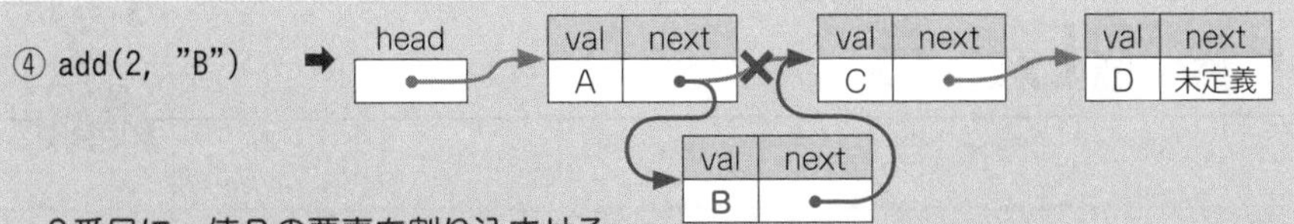

- 2番目に，値Bの要素を割り込ませる。
- 値Aの要素の次の参照と，値Bの要素の次の参照を変更する。
- リストは，値A➡値B➡値C➡値D。

◆リストの削除

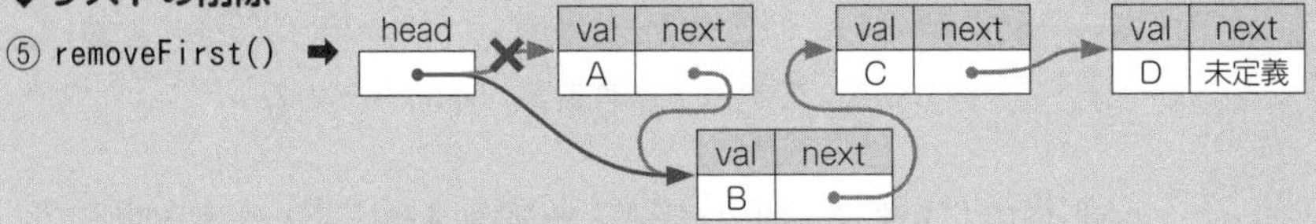

- headは最初（値A）の要素でなく，2番目の要素を参照する。
- リストは，値B➡値C➡値D。

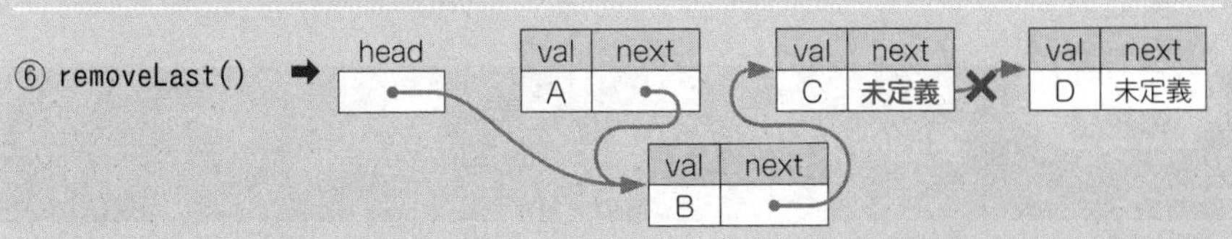

- 末尾（値D）の直前の要素（値C）で，そこからはどの要素も参照しないように未定義を格納する。
- リストは，値B➡値C。

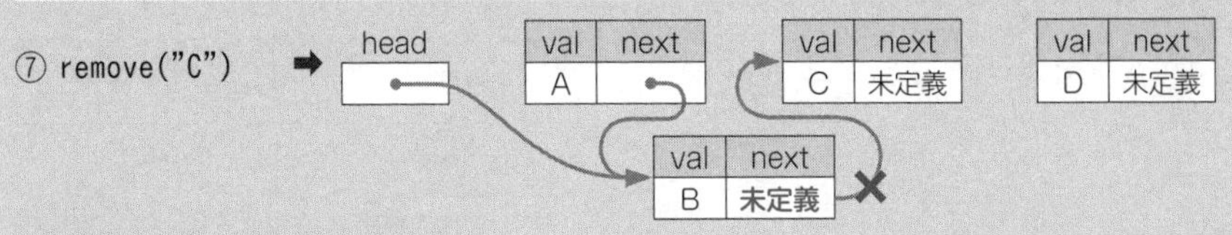

- 値Cの要素を先頭から順に探す。
- 見つかったらその直前の要素で，そこから値Cの要素を参照しないようにする。
- リストは，値B。

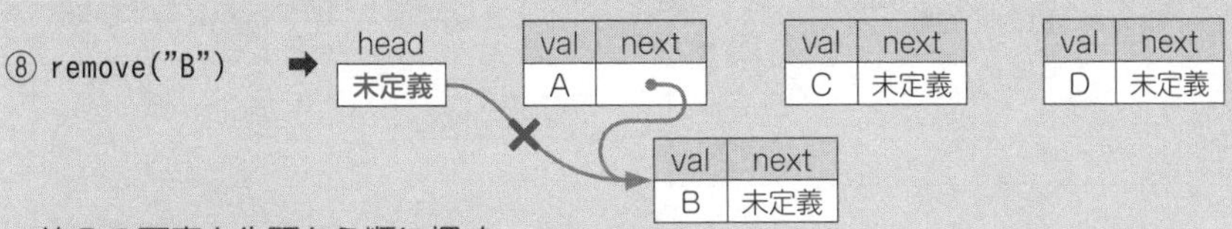

- 値Bの要素を先頭から順に探す。
- headは値Bの要素を参照しないように未定義にする。
- リストは，空。

第8章 リスト

確認しよう

□ 問1	単方向リストにおいて，要素に含まれるものを挙げよ。(➡p.212)
□ 問2	単方向リストと双方向リストの違いを説明せよ。(➡p.212，215)
□ 問3	[こう解く リスト図] をもとに，単方向リストをインスタンスで実現する。次の①〜⑧の順でプログラムを実行したときのリスト図を描け。なお，変数headはリストの先頭の要素への参照を格納する。(➡p.216〜217) ① addFirst("C") ➡ ② addFirst("A") ➡ ③ addLast("D") ➡ ④ add(2, "B") ➡ ⑤ removeFirst() ➡ ⑥ removeLast() ➡ ⑦ remove("C") ➡ ⑧ remove("B")

参照の矢印のその後。

✖印が付いた参照の矢印や，参照されなくなったインスタンスをその後，本書ではどのようにトレースしているかについて，前ページの「⑤ removeFirst()」と「⑥ removeLast()」をもとに説明します。

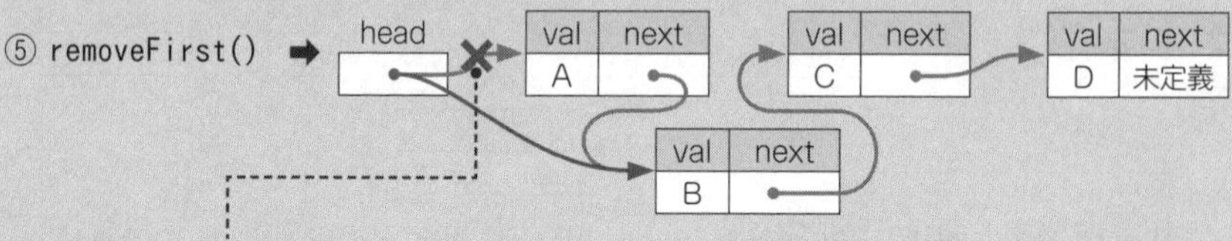

本書では，✖印が付いた参照の矢印はその後，削除している。
まぎらわしくならないように。

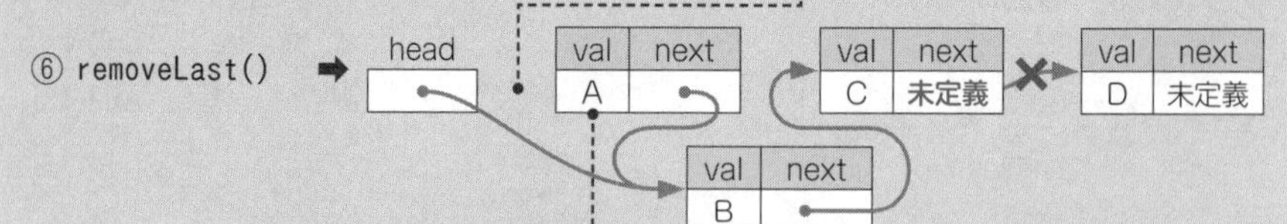

このインスタンスは，✖印により参照されなくなり，
もはやどこからもこのインスタンスへはたどれない。
ただし，このインスタンス自体が無くなるわけではないため残している。

▶練習問題

問題8－1

〔オリジナル問題〕

問 次のプログラム中の［ a ］と［ b ］に入れる正しい答えの組合せを，解答群の中から選べ。

次のプログラムは，単方向リスト（以下，リスト）をクラスLinkedListを用いて実現する。クラスLinkedListの説明を図に示す。手続addFirstは，引数で与えられた文字をリストの先頭に追加する。手続addLastは，引数で与えられた文字をリストの末尾に追加する。大域変数headは，リストの先頭の要素の参照を格納する。リストが空のときは，headは未定義である。

メンバ変数	型	説明
val	文字型	リストに格納する文字。
next	LinkedList	リストの次の文字を保持するインスタンスへの参照。 初期状態は未定義である。

コンストラクタ	説明
LinkedList(文字型: qVal, LinkedList: qNext)	引数qValでメンバ変数valを， 引数qNextでメンバ変数nextを初期化する。

図　クラスLinkedListの説明

〔プログラム〕

```
1: 大域: LinkedList: head ← 未定義の値

2: ○addFirst(文字型: qVal)
3:   head ← LinkedList(qVal, [  a  ])

4: ○addLast(文字型: qVal)
5:   LinkedList: ptr ← head
6:   while (ptr.next が 未定義でない)
7:     [  b  ]
8:   endwhile
9:   ptr.next ← LinkedList(qVal, 未定義の値)
```

解答群

	a	b
ア	未定義の値	ptr ← ptr.next
イ	未定義の値	ptr.next ← ptr
ウ	head	ptr ← ptr.next
エ	head	ptr.next ← ptr

《解説》

[こう解く 擬似言語の問題を解く手順] (➡p.073) を使って解きます。今回は，2～3行が手続addFirst，4～9行が手続addLastであり，合わせて2つのプログラムが記述されています。[プログラムの終了] (➡p.057) なお，インスタンス図を描くスペースの都合上，一部，トレース表の外に描きます。同じ理由で，インスタンス図を横向きにしています。また，各段階において描くべき箇所を**赤色**で示しています。

① 実行前の例を作る。処理結果を予測する。

実行前の例は，手続addFirstと手続addLastを使用したどのような例でもよいですが，ここでは [こう解く リスト図] (➡p.216) で説明した例のうち，このプログラムにある手続addFirstと手続addLastを使用した次の部分を使います。処理結果は同じく「③ addLast(”D”)」実行直後のリストを使います。

- 実行前の例：① addFirst(”C”) ➡ ② addFirst(”A”) ➡ ③ addLast(”D”)
- 処理結果　：リストは，値A➡値C➡値D。

② プログラムに実行前の例を当てはめてトレースする。

まず「① addFirst(”C”)」を行います。「1: 大域：LinkedList: head ← 未定義の値」では，大域変数はプログラム実行前に最初に初期値が格納されます。**[局所変数と大域変数]** (➡p.059)

	トレース表	条件式	qVal
A	1: 大域：LinkedList: head ← 未定義の値		
B	2: ○addFirst(文字型：qVal)		C

head
未定義

③ **空所に選択肢を当てはめてトレースする。**

ア [a] は「未定義の値」，[b] は「ptr ← ptr.next」を当てはめてトレースします。トレース表のC行の「LinkedList(qVal, [a])」をコンストラクタの説明に当てはめると，qValは"C"，[a] は未定義の値のため，「引数"C"でメンバ変数valを，引数未定義の値でメンバ変数nextを初期化する」です。プログラムで書くと「val ← "C"」「next ← 未定義の値」と同じ意味です。「head ←」により，値Cの**インスタンスへの参照**をheadに格納するため，参照を表す矢印「•──►」を引きます。

	トレース表	条件式	qVal
C	3: head ← LinkedList(qVal, [a]) 未定義の値		

次に「② addFirst("A")」を行います。E行の「LinkedList(qVal, [a])」をコンストラクタの説明に当てはめると，qValは"A"，[a] は未定義の値のため，「引数"A"でメンバ変数valを，引数未定義の値でメンバ変数nextを初期化する」です。プログラムで書くと「val ← "A"」「next ← 未定義の値」と同じ意味です。「head ←」により，値Aの**インスタンスへの参照**をheadに格納するため，参照を表す矢印「•──►」を引きます。その結果，当初headから値Cのインスタンスへ描かれていた参照を表す矢印は上書きされます（✖印）。

	トレース表	条件式	qVal
D	2: ○addFirst(文字型: qVal)		A
E	3: head ← LinkedList(qVal, [a]) 未定義の値		

head

val	next
A	未定義

val	next
C	未定義

④ **処理結果と異なる場合，不正解。別の選択肢で③を行う。全選択肢が済んだら②に戻る。**

値Cのインスタンスはどこからも参照されません。［プログラムの視点 **参照が切れたインスタンスは利用できない**］（➡p.224） 処理結果は，リストが値A➡値C➡値Dであるべきなのに，リストの先頭の要素への参照を格納するheadからたどると，今回は値Cをたどれないため，**ア**は不正解です。なお，[a] の選択肢は**ア**と**イ**が同じため，**ア**だけでなく**イ**も不正解です。別の選択肢で③を行います。

③ 空所に選択肢を当てはめてトレースする。

ウ　[a] は「head」，[b] は「ptr ← ptr.next」を当てはめてトレースします。C行で「LinkedList(qVal, [a])」をコンストラクタの説明に当てはめると，qValは"C"，[a] はhead（未定義）です。**未定義への参照**を格納するのではなく，代わりに未定義になります。**[未定義への参照は存在しない]**（➡p.192）そのため「**引数"C"でメンバ変数valを，引数head（未定義）でメンバ変数nextを初期化する**」です。

	トレース表	条件式	qVal
C	3: head ← LinkedList(qVal, [a])　head		

head → val: C / next: 未定義

次に「② addFirst("A")」を行います。E行はややこしいため，２つの段階に分けて説明します。１段階目は「LinkedList(qVal, [a])」です。「LinkedList(qVal, [a])」をコンストラクタの説明に当てはめると，qValは"A"，[a] はheadの参照先である値Cのインスタンスのため，「**引数"A"でメンバ変数valを，引数headの参照先である値Cのインスタンスへの参照でメンバ変数nextを初期化する**」です。プログラムで書くと「val ← "A"」「next ← head」と同じ意味です。nextの矢印の先端は，headの参照先である値Cのインスタンスにします。**[矢印の先端]**（➡p.191）

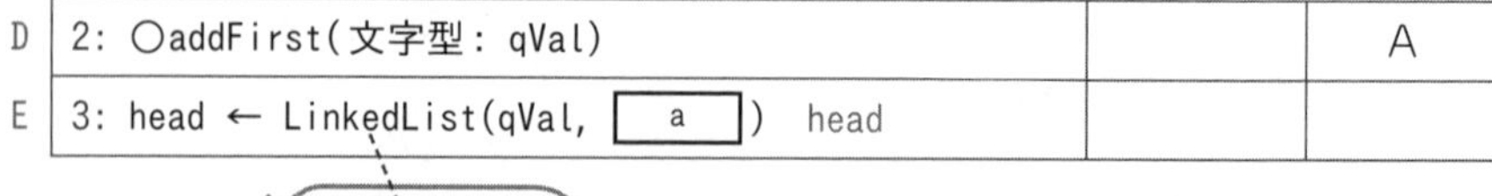

D	2: ○addFirst(文字型: qVal)		A
E	3: head ← LinkedList(qVal, [a])　head		

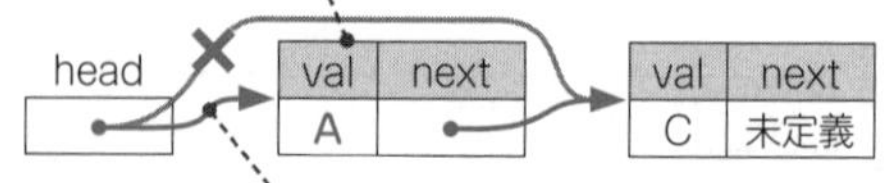

２段階目は「head ←」です。「head ←」により，１段階目で初期化した値A**のインスタンスへの参照**をheadに格納するため，参照を表す矢印「●──▶」を引きます。その結果，当初headから値Cのインスタンスへ描かれていた参照を表す矢印は上書きされます（✖印）。

次に「③ addLast("D")」を行います。

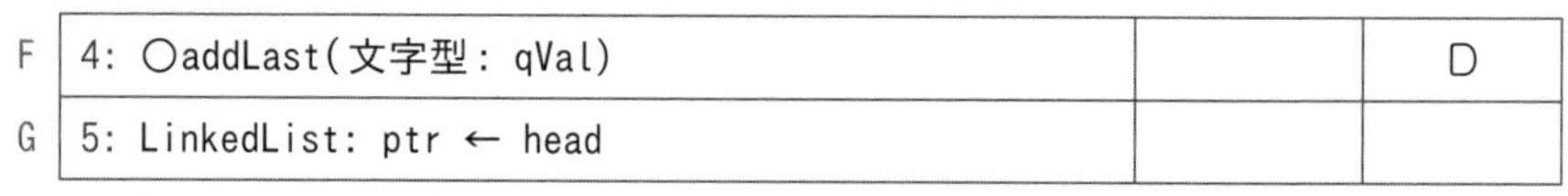

F	4: ○addLast(文字型: qVal)		D
G	5: LinkedList: ptr ← head		

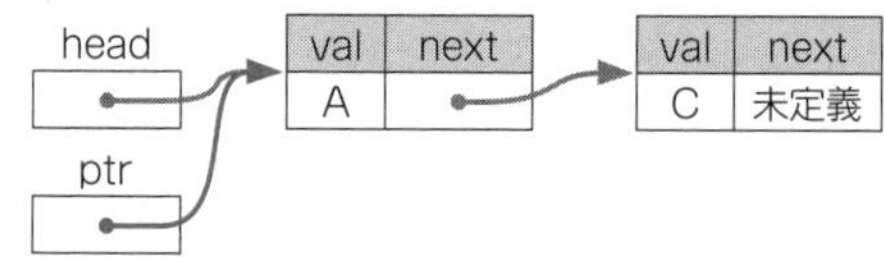

- G行でptrの矢印の先端は，headの参照先である値Aのインスタンスにする。**[矢印の先端]**（➡p.191）

	トレース表	条件式	qVal
H	6: while (ptr.next が 未定義でない)	T	
I	7: [b] ptr ← ptr.next		

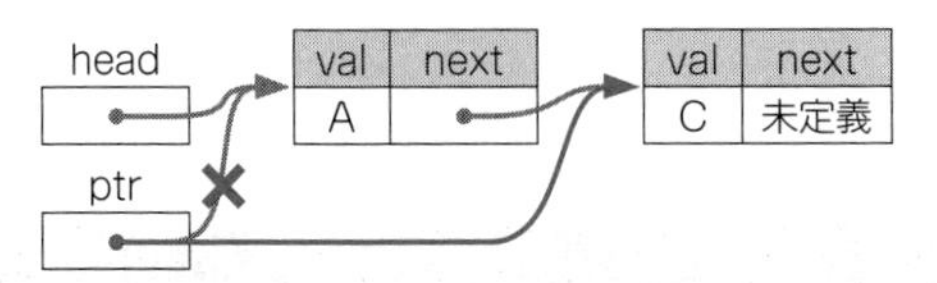

- I行でptrの矢印の先端は，当初のptr.nextの参照先である値Cのインスタンスにする。

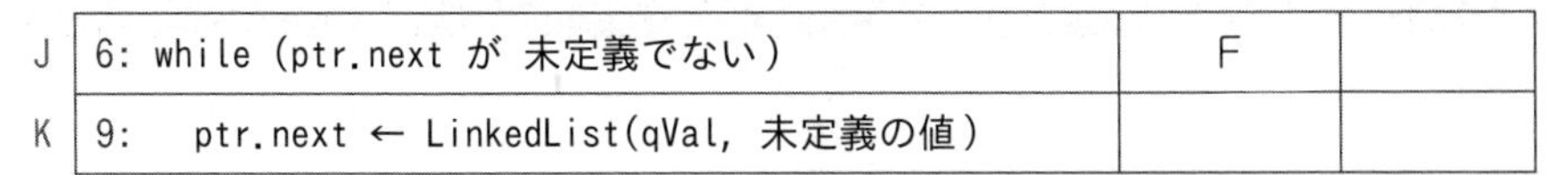

J	6: while (ptr.next が 未定義でない)	F	
K	9: ptr.next ← LinkedList(qVal, 未定義の値)		

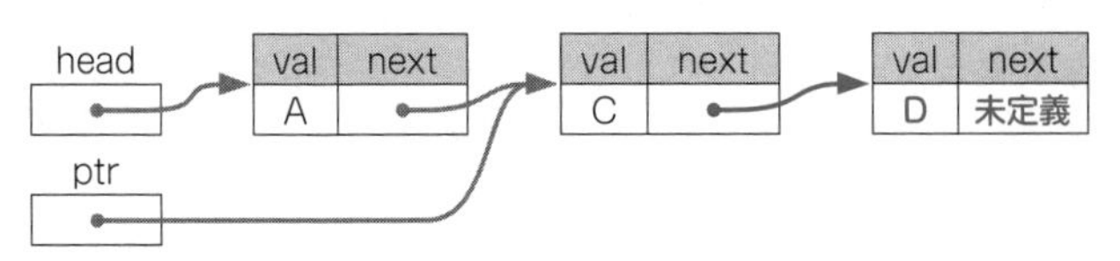

- K行でptr.nextは，トレース表のC行（➡p.222）のようにコンストラクタLinkedListにより初期化される値Dのインスタンスを参照する。

④ 処理結果と異なる場合，不正解。別の選択肢で③を行う。全選択肢が済んだら②に戻る。

処理結果は，リストが値A➡値C➡値Dであるべきで，今回そのとおりになっているため，**ウ**は正しいです。念のため，別の選択肢で③を行います。

③ 空所に選択肢を当てはめてトレースする。

エ [a] は「head」，[b] は「ptr.next ← ptr」を当てはめてトレースします。C行〜H行は**ウ**と同じため，省略します。

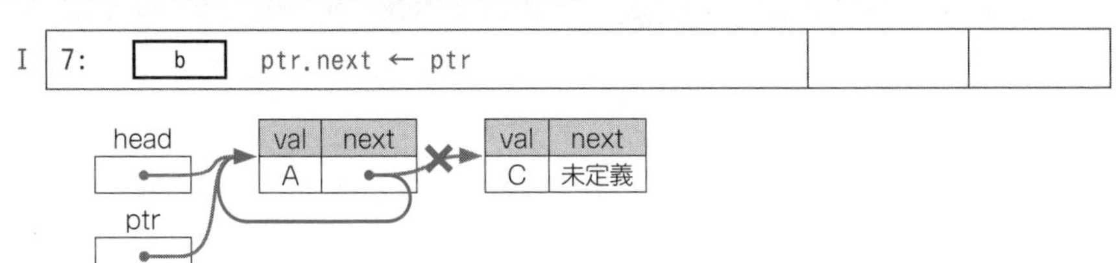

I	7: [b] ptr.next ← ptr		

- I行でptr.nextの矢印の先端は，ptrの参照先である値Aのインスタンスにする。

第8章 リスト

④ 処理結果と異なる場合，不正解。別の選択肢で③を行う。全選択肢が済んだら②に戻る。

値Aのインスタンスが循環参照におちいっています。［プログラムの視点 **自分が自分を参照する循環参照は，不正解**］（➡p.224） 処理結果は，リストが値A➡値C➡値Dであるべきなのに，今回は値A➡値A…と永久に処理が次に進みません。また，値Cのインスタンスはどこからも参照されません。**エ**は不正解です。

よって，正解は**ウ**です。

自分が自分を参照する循環参照は，不正解。

トレースの途中で，次のようなインスタンス図になることがあります。これはheadの参照先であるインスタンスにおいて，そのnext（次の文字を保持する**インスタンスへの参照**）も自分自身のインスタンスです。つまり，このインスタンスは自分が自分を参照している**循環参照**（じゅんかん）におちいっています。

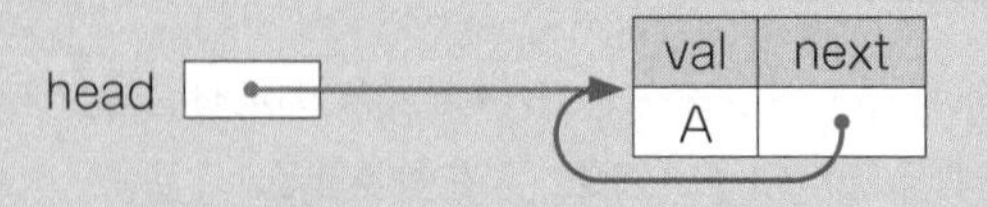

循環参照におちいると，処理が次に進みません。そのため，選択肢を当てはめて循環参照になる場合，その選択肢は不正解です。

参照が切れたインスタンスは利用できない。

次のインスタンス図のように，値Cのインスタンスだけが宙に浮き，どこからも参照されない場合，もはやこのインスタンスをどこからも参照されません。そのため，参照すべきインスタンスが宙に浮いた時点で，不正解だと分かります。

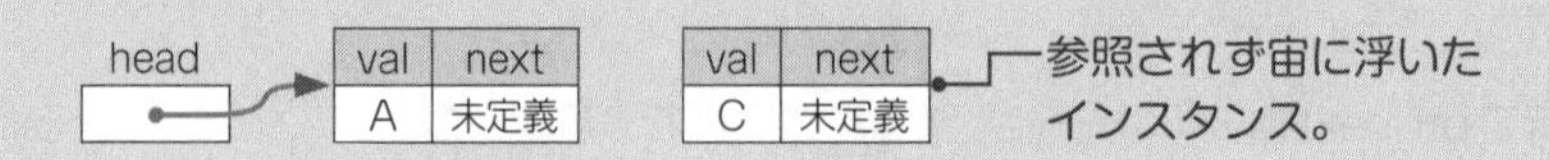

問題8－2

〔オリジナル問題〕

問 次のプログラム中の［ a ］と［ b ］に入れる正しい答えの組合せを，解答群の中から選べ。ここで，文字の先頭の位置は1である。

次のプログラムは，単方向リスト（以下，リスト）をクラスLinkedListを用いて実現する。クラスLinkedListの説明を図に示す。手続addは，引数で与えられた位置に，引数で与えられた文字を追加する。その位置以降にある値の位置は一つずつ後ろにずれる。大域変数headは，リストの先頭の要素への参照を格納する。リストが空のときは，headは未定義である。この手続addではリストが空であることを想定しないものとする。

メンバ変数	型	説明
val	文字型	リストに格納する文字。
next	LinkedList	リストの次の文字を保持するインスタンスへの参照。 初期状態は未定義である。

コンストラクタ	説明
LinkedList(文字型: qVal, LinkedList: qNext)	引数qValでメンバ変数valを， 引数qNextでメンバ変数nextを初期化する。

図　クラスLinkedListの説明

〔プログラム〕
```
 1: 大域: LinkedList: head  // リストの先頭要素への参照が格納されている

 2: ○add(整数型: idx, 文字型: qVal)
 3:   整数型: i ← 1
 4:   LinkedList: curr ← LinkedList(qVal, 未定義の値)
 5:   if (idx が 1 と等しい)
 6:     curr.next ← head
 7:     head ← curr
 8:     return  // プログラムを終了する
 9:   endif
10:   LinkedList: ptr ← head
11:   LinkedList: prev ← ptr
12:   while (ptr が 未定義でない)
13:     if (i が idx と等しい)
```

第8章 リスト

```
14:         [ a ]
15:         [ b ]
16:         return  // プログラムを終了する
17:       endif
18:       prev ← ptr
19:       ptr ← ptr.next
20:       i ← i + 1
21:     endwhile
```

解答群

	a	b
ア	curr.next ← ptr.next	prev ← curr
イ	curr.next ← ptr.next	prev.next ← curr
ウ	curr.next ← ptr	prev ← curr
エ	curr.next ← ptr	prev.next ← curr

《解説》

［こう解く 擬似言語の問題を解く手順］（➡p.073）を使って解きます。

① 実行前の例を作る。処理結果を予測する。

実行前の例は，手続addを使用したどのような例でもよいですが，ここでは［こう解く リスト図］（➡p.216）で説明した例のうち，このプログラムにある手続addを使用した次の部分を使います。つまり，リストが当初，値A➡値C➡値Dの状態で「④ add(2, "B")」を実行すると，処理結果は値A➡値B➡値C➡値Dとなります。

- 実行前の例：リストが次の状態で，④ add(2, "B")

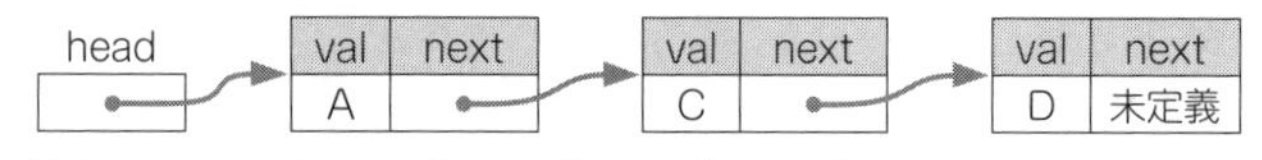

- 処理結果　：リストは，値A➡値B➡値C➡値D。

② プログラムに実行前の例を当てはめてトレースする。

「④ add(2, "B")」を行います。なお，「1: 大域: LinkedList: head」では大域変数への値の格納は，この時点では行いません。上記の実行前の例を実行した際，大域変数には最初に初期値が格納されているためです。

	トレース表	条件式	idx	qVal	i
A	2: ○add(整数型: idx, 文字型: qVal)		2	B	
B	3: 整数型: i ← 1				1
C	4: LinkedList: curr ← LinkedList(qVal, 未定義の値)				

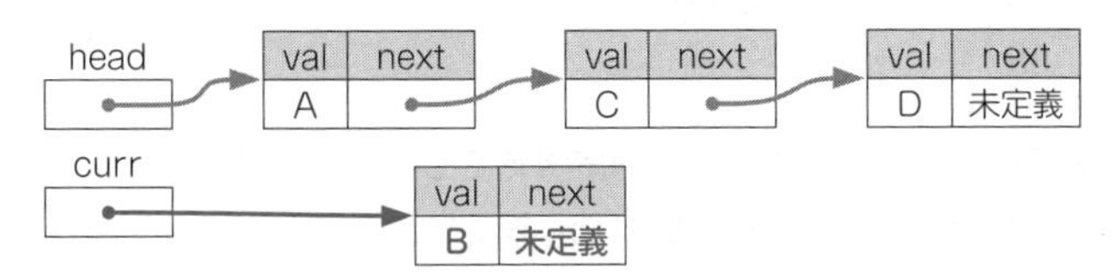

- C行でcurrは，コンストラクタLinkedListにより初期化される値Bのインスタンスを参照する。**[問題8－1]** のトレース表のC行 (➡p.222) が参考になる。

D	5: if (idx が 1 と等しい)	2 = 1 F			
E	10: LinkedList: ptr ← head				
F	11: LinkedList: prev ← ptr				
G	12: while (ptr が 未定義でない)	T			
H	13: if (i が idx と等しい)	1 = 2 F			

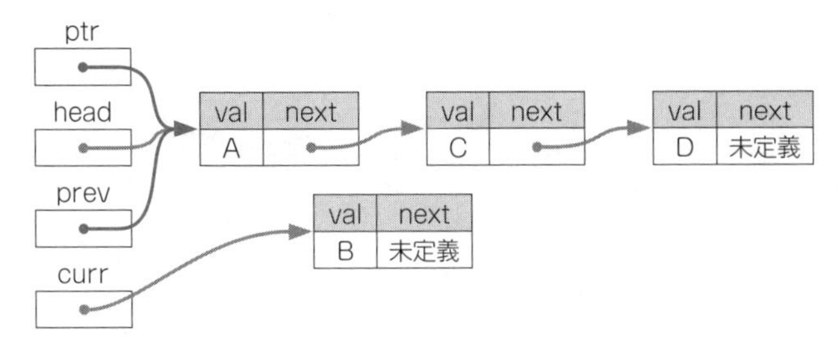

- E行でptrの矢印の先端は，headの参照先である値Aのインスタンスにする。**[矢印の先端]** (➡p.191)
- F行でprevの矢印の先端は，ptrの参照先である値Aのインスタンスにする。

I	18: prev ← ptr				
J	19: ptr ← ptr.next				
K	20: i ← i + 1				2
L	12: while (ptr が 未定義でない)	T			
M	13: if (i が idx と等しい)	2 = 2 T			

第8章 リスト

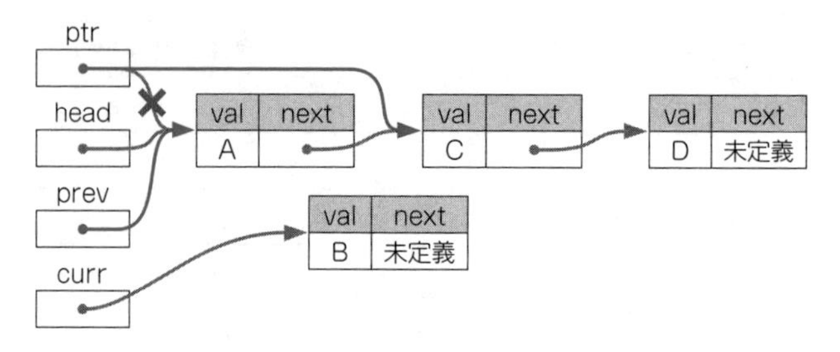

- I行でprevの矢印の先端は，当初のptrの参照先である値Aのインスタンスにする。
- J行でptrの矢印の先端は，当初のptr.nextの参照先である値Cのインスタンスにする。

③ 空所に選択肢を当てはめてトレースする。

ア [a] は「curr.next ← ptr.next」，[b] は「prev ← curr」を当てはめてトレースします。

	トレース表	条件式	idx	qVal	i
N	14: [a] curr.next ← ptr.next				
O	15: [b] prev ← curr				
P	16: return				

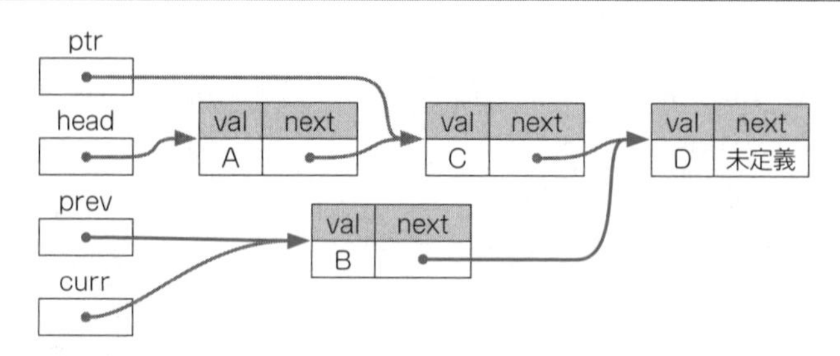

- N行でcurr.nextの矢印の先端は，ptr.nextの参照先である値Dのインスタンスにする。
- O行でprevの矢印の先端は，currの参照先である値Bのインスタンスにする。

④ 処理結果と異なる場合，不正解。別の選択肢で③を行う。全選択肢が済んだら②に戻る。

処理結果は，リストが値A➡値B➡値C➡値Dであるべきなのに，リストの先頭の要素への参照を格納するheadからたどると，今回は値A➡値C➡値Dで，値Bをたどれないため，**ア**は不正解です。別の選択肢で③を行います。

③ 空所に選択肢を当てはめてトレースする。

イ [a] は「curr.next ← ptr.next」，[b] は「prev.next ← curr」を当て

はめてトレースします。

	トレース表	条件式	idx	qVal	i
N	14: a curr.next ← ptr.next				
O	15: b prev.next ← curr				
P	16: return				

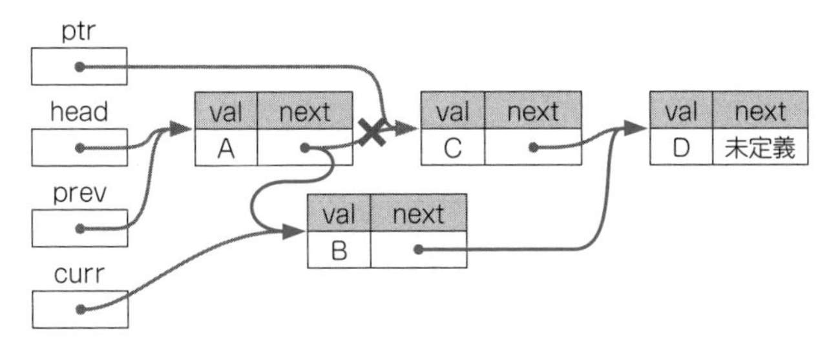

- N行でcurr.nextの矢印の先端は，ptr.nextの参照先である値Dのインスタンスにする。
- O行でprev.nextの矢印の先端は，currの参照先である値Bのインスタンスにする。

④ 処理結果と異なる場合，不正解。別の選択肢で③を行う。全選択肢が済んだら②に戻る。

処理結果は，リストが値A➡値B➡値C➡値Dであるべきなのに，リストの先頭の要素への参照を格納するheadからたどると，今回は値A➡値B➡値Dで，値Cをたどれないため，**イ**は不正解です。別の選択肢で③を行います。

③ 空所に選択肢を当てはめてトレースする。

ウ a は「curr.next ← ptr」，b は「prev ← curr」を当てはめてトレースします。

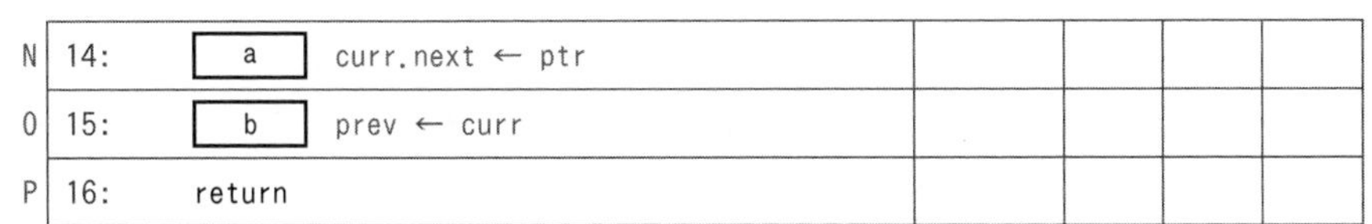

N	14: a curr.next ← ptr				
O	15: b prev ← curr				
P	16: return				

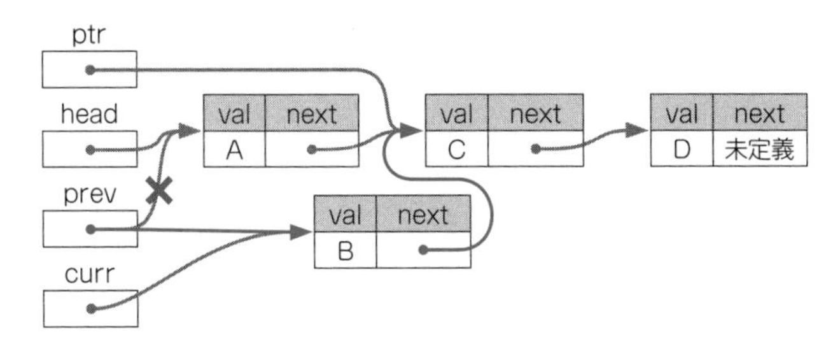

- N行でcurr.nextの矢印の先端は，ptrの参照先である値Cのインスタンスにする。
- O行でprevの矢印の先端は，currの参照先である値Bのインスタンスにする。

④ 処理結果と異なる場合，不正解。別の選択肢で③を行う。全選択肢が済んだら②に戻る。

処理結果は，リストが値A➡値B➡値C➡値Dであるべきなのに，今回は値A➡値C➡値Dで，値Bをたどれないため，**ウ**は不正解です。別の選択肢で③を行います。

③ 空所に選択肢を当てはめてトレースする。

エ [a] は「curr.next ← ptr」，[b] は「prev.next ← curr」を当てはめてトレースします。

	トレース表	条件式	idx	qVal	i
N	14: [a] curr.next ← ptr				
O	15: [b] prev.next ← curr				
P	16: return				

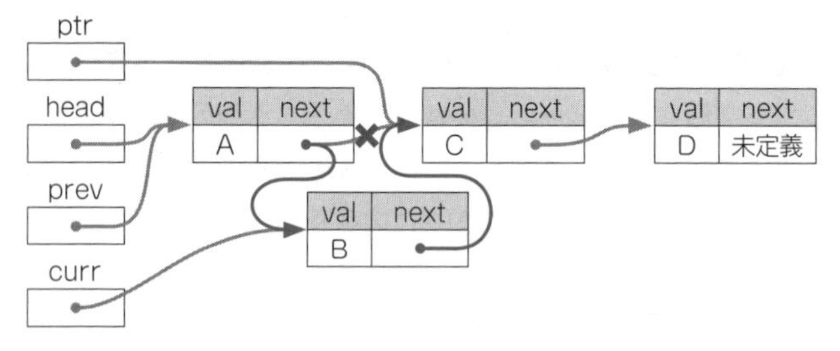

- N行でcurr.nextの矢印の先端は，ptrの参照先である値Cのインスタンスにする。
- O行でprev.nextの矢印の先端は，currの参照先である値Bのインスタンスにする。

④ 処理結果と異なる場合，不正解。別の選択肢で③を行う。全選択肢が済んだら②に戻る。

処理結果は，リストが値A➡値B➡値C➡値Dであるべきで，今回は値A➡値B➡値C➡値Dとたどれるため，**エ**は正しいです。

よって，正解は**エ**です。

問題8－3

〔オリジナル問題〕

問 次のプログラム中の［ a ］と［ b ］に入れる正しい答えの組合せを，解答群の中から選べ。

次のプログラムは，単方向リスト（以下，リスト）をクラスLinkedListを用いて実現する。クラスLinkedListの説明を図に示す。手続removeFirstは，リストの先頭の要素を削除する。手続removeLastは，リストの末尾の要素を削除する。大域変数headは，リストの先頭の要素への参照を格納する。リストが空のときは，headは未定義である。

メンバ変数	型	説明
val	文字型	リストに格納する文字。
next	LinkedList	リストの次の文字を保持するインスタンスへの参照。 初期状態は未定義である。

図　クラスLinkedListの説明

〔プログラム〕

```
 1: 大域: LinkedList: head  // リストの先頭要素への参照が格納されている

 2: ○removeFirst()
 3:   if (head が 未定義でない)
 4:     [    a    ]
 5:   endif

 6: ○removeLast()
 7:   if (head が 未定義でない)
 8:     if (head.next が 未定義)
 9:       head ← head.next
10:     else
11:       LinkedList: ptr ← head
12:       LinkedList: prev ← head
13:       while (ptr.next が 未定義でない)
14:         [    b    ]
15:         ptr ← ptr.next
16:       endwhile
17:       prev.next ← 未定義の値
18:     endif
19:   endif
```

第8章 リスト

解答群

	a	b
ア	head ← head.next	prev.next ← ptr
イ	head ← 未定義の値	prev.next ← ptr
ウ	head ← head.next	prev ← ptr
エ	head ← 未定義の値	prev ← ptr

《解説》

［こう解く 擬似言語の問題を解く手順］（➡p.073）を使って解きます。今回は，2～5行が手続removeFirst，6～19行が手続removeLastであり，合わせて2つのプログラムが記述されています。［プログラムの終了］（➡p.057）

① 実行前の例を作る。処理結果を予測する。

実行前の例は，手続removeFirstと手続removeLastを使用したどのような例でもよいですが，ここでは［こう解く リスト図］（➡p.216）で説明した例のうち，このプログラムにある手続removeFirstと手続removeLastを使用した次の部分を使います。つまり，リストが当初，値A➡値B➡値C➡値Dの状態で「⑤ removeFirst() ➡ ⑥ removeLast()」を実行すると，処理結果は値B➡値Cとなります。

- 実行前の例：リストが次の状態で，⑤ removeFirst() ➡ ⑥ removeLast()

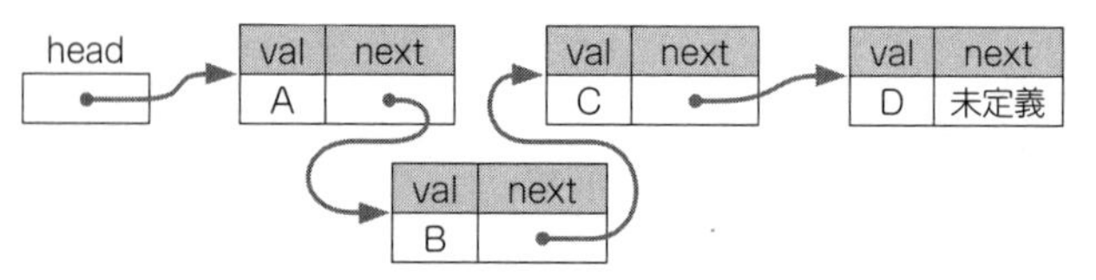

- 処理結果　：リストは，値B➡値C。

② プログラムに実行前の例を当てはめてトレースする。

まず「⑤ removeFirst()」を行います。なお，「1: 大域: LinkedList: head」では大域変数への値の格納は，この時点では行いません。上記の実行前の例を実行した際，大域変数には最初に初期値が格納されているためです。

	トレース表	条件式
A	2: ○removeFirst()	
B	3: if (head が 未定義でない)	T

③ 空所に選択肢を当てはめてトレースする。

ア [a] は「head ← head.next」, [b] は「prev.next ← ptr」を当てはめてトレースします。

C	4: [a] head ← head.next	

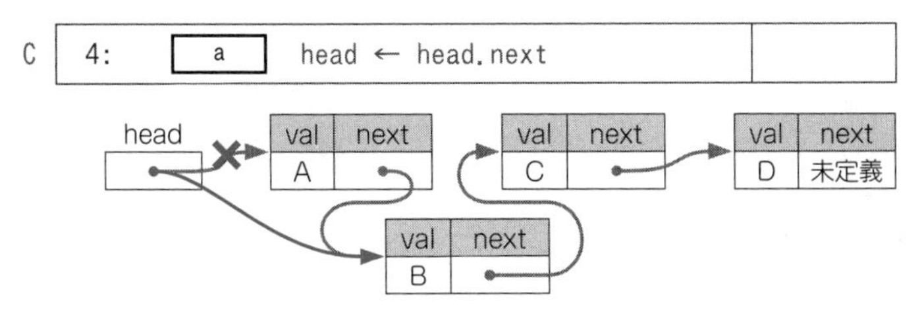

- C行でheadの矢印の先端は，head.nextの参照先である値Bのインスタンスにする。

次に「⑥ removeLast()」を行います。

	トレース表	条件式
D	6: ○removeLast()	
E	7: if (head が 未定義でない)	T
F	8: if (head.next が 未定義)	F
G	11: LinkedList: ptr ← head	
H	12: LinkedList: prev ← head	

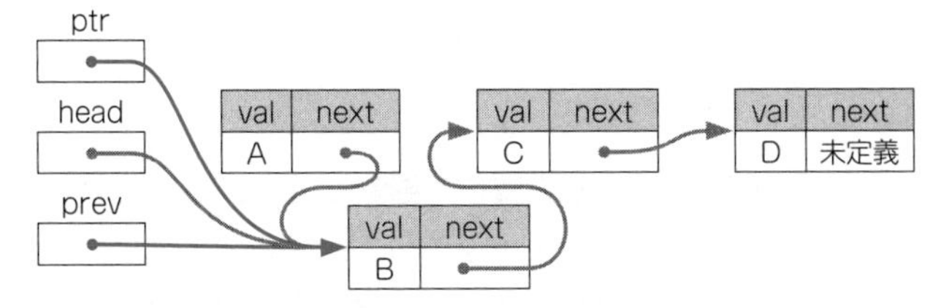

- G行でptrの矢印の先端は，headの参照先である値Bのインスタンスにする。
- H行でprevの矢印の先端は，headの参照先である値Bのインスタンスにする。

I	13: while (ptr.next が 未定義でない)	T
J	14: [b] prev.next ← ptr	
K	15: ptr ← ptr.next	

第8章 リスト

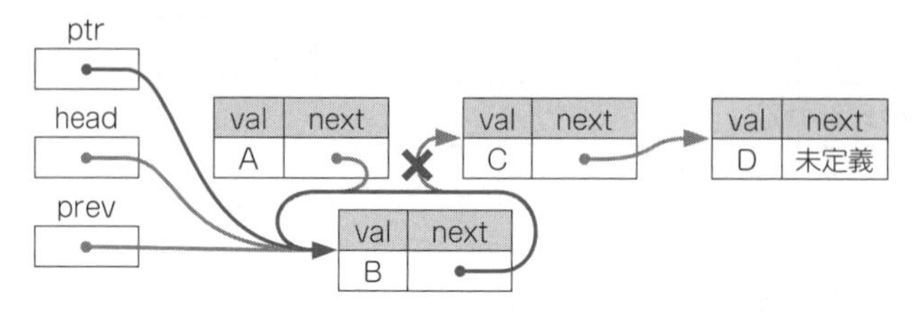

- J行でprev.nextの矢印の先端は，ptrの参照先である値Bのインスタンスにする。
- K行でptrの矢印の先端は，当初のptr.nextの参照先である値Bのインスタンスにする。元々の参照の矢印を上書きする。

④ 処理結果と異なる場合，不正解。別の選択肢で③を行う。全選択肢が済んだら②に戻る。

値Bのインスタンスが循環参照におちいっています。**[プログラムの視点 自分が自分を参照する循環参照は，不正解]**（➡p.224） 処理結果は，リストが値B➡値Cであるべきなのに，リストの先頭の要素への参照を格納するheadからたどると，今回は値B➡値B…と永久に処理が次に進みません。また，値Cと値Dのインスタンスはどこからも参照されません。**ア**は不正解です。別の選択肢で③を行います。

③ 空所に選択肢を当てはめてトレースする。

イ [a] は「head ← 未定義の値」，[b] は「prev.next ← ptr」を当てはめてトレースします。

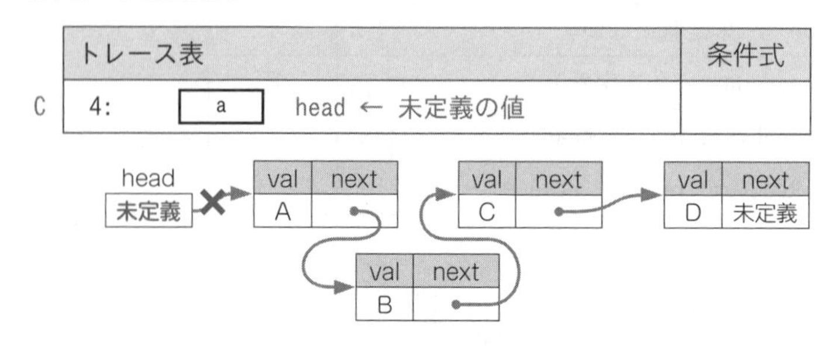

	トレース表	条件式
C	4: [a] head ← 未定義の値	

④ 処理結果と異なる場合，不正解。別の選択肢で③を行う。全選択肢が済んだら②に戻る。

headが未定義のため，値Aをはじめとしたすべてのインスタンスはどこからも参照されず，たどれません。**[プログラムの視点 参照が切れたインスタンスは利用できない]**（➡p.224） **イ**は不正解です。なお，[a] の選択肢は**イ**と**エ**が同じため，**イ**だけでなく**エ**も不正解です。別の選択肢で③を行います。

③ 空所に選択肢を当てはめてトレースする。

ウ [a] は「head ← head.next」，[b] は「prev ← ptr」を当てはめてトレー

スします。トレース表のC行～I行は**ア**と同じため，省略します。

	トレース表	条件式
J	14: 　b　prev ← ptr	
K	15: 　ptr ← ptr.next	

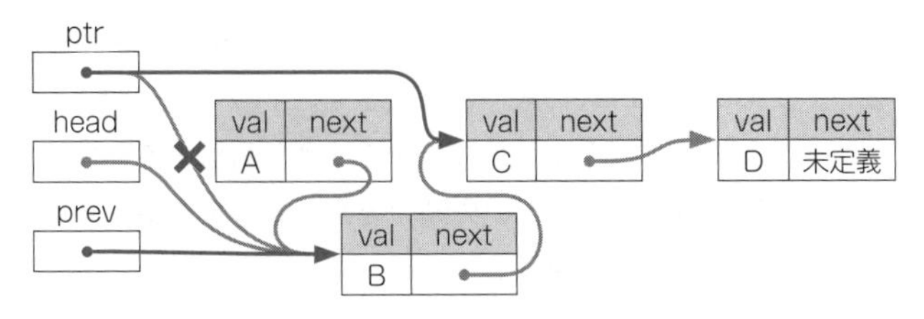

- J行でprevの矢印の先端は，当初のptrが参照先である値Bのインスタンスにする。
- K行でptrの矢印の先端は，当初のptr.nextの参照先である値Cのインスタンスにする。

L	13: 　while (ptr.next が 未定義でない)	T
M	14: 　b　prev ← ptr	
N	15: 　ptr ← ptr.next	
O	13: 　while (ptr.next が 未定義でない)	F
P	17: 　prev.next ← 未定義の値	

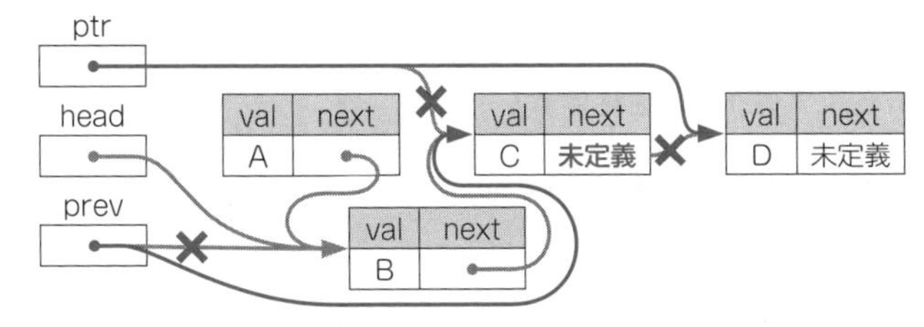

- M行でprevの矢印の先端は，当初のptrの参照先である値Cのインスタンスにする。
- N行でptrの矢印の先端は，当初のptr.nextの参照先である値Dのインスタンスにする。
- P行でprev.nextは，未定義となり，どのインスタンスも参照しない。

④ 処理結果と異なる場合，不正解。別の選択肢で③を行う。全選択肢が済んだら②に戻る。

処理結果は，リストが値B➡値Cであるべきで，今回は値B➡値Cとたどれるため，**ウ**は正しいです。

よって，正解は**ウ**です。

第8章 リスト

問題8－4

〔オリジナル問題〕

問 次のプログラム中の [a] と [b] に入れる正しい答えの組合せを，解答群の中から選べ。

次のプログラムは，単方向リスト（以下，リスト）をクラスLinkedListを用いて実現する。クラスLinkedListの説明を図に示す。手続removeは，引数で与えられた文字がリストにあればそのうちの最初の要素を削除する。なければなにもしない。大域変数headは，リストの先頭の要素への参照を格納する。リストが空のときは，headは未定義である。

メンバ変数	型	説明
val	文字型	リストに格納する文字。
next	LinkedList	リストの次の文字を保持するインスタンスへの参照。 初期状態は未定義である。

図　クラスLinkedListの説明

〔プログラム〕
```
 1: 大域: LinkedList: head  // リストの先頭要素への参照が格納されている

 2: ○remove(文字型: qVal)
 3:   if (head が 未定義)
 4:     return  // プログラムを終了する
 5:   endif
 6:   if (qVal が head.val と等しい)
 7:     head ← head.next
 8:   else
 9:     LinkedList: ptr ← head
10:     LinkedList: prev ← head
11:     while ( [ a ] が qVal と等しくない)
12:       prev ← ptr
13:       ptr ← ptr.next
14:       if (ptr が 未定義)
15:         return  // プログラムを終了する
16:       endif
17:     endwhile
18:     [ b ]
19:   endif
```

解答群

	a	b
ア	ptr.val	ptr.next ← prev.next
イ	ptr.val	prev.next ← ptr.next
ウ	prev.val	ptr.next ← prev.next
エ	prev.val	prev.next ← ptr.next

《解説》

[こう解く 擬似言語の問題を解く手順] (➡p.073) を使って解きます。

① 実行前の例を作る。処理結果を予測する。

実行前の例は，手続removeを使用したどのような例でもよいですが，ここでは [こう解く リスト図] (➡p.216) で説明した例のうち，このプログラムにある手続removeを使用した次の部分を使います。つまり，リストが当初，値B➡値Cの状態で「⑦ remove("C")」を実行すると，処理結果は値Bとなります。

- 実行前の例：リストが次の状態で，⑦ remove("C")

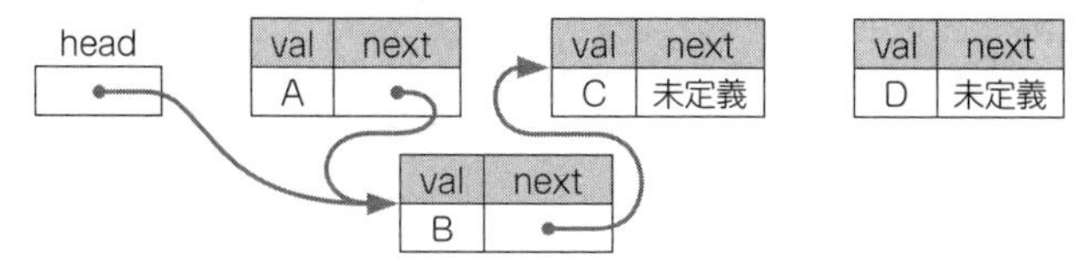

- 処理結果　：リストは，値B。

② プログラムに実行前の例を当てはめてトレースする。

「⑦ remove("C")」を行います。なお，「1: 大域: LinkedList: head」では大域変数への値の格納は，この時点では行いません。上記の実行前の例を実行した際，大域変数には最初に初期値が格納されているためです。

	トレース表	条件式	qVal
A	2: ○remove(文字型: qVal)		C
B	3: if (head が 未定義)	F	
C	6: if (qVal が head.val と等しい)	C＝B F	
D	9: LinkedList: ptr ← head		
E	10: LinkedList: prev ← head		

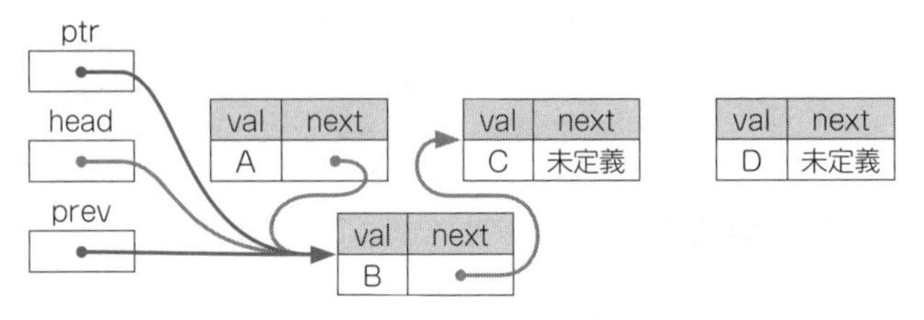

- D行でptrの矢印の先端は，headの参照先である値Bのインスタンスにする。**［矢印の先端］**（➡p.191）
- E行でprevの矢印の先端は，headの参照先である値Bのインスタンスにする。

③ 空所に選択肢を当てはめてトレースする。

ア [a] は「ptr.val」，[b] は「ptr.next ← prev.next」を当てはめてトレースします。

F	11: while ([a] が qVal と等しくない) ptr.val	B≠C T	
G	12: prev ← ptr		
H	13: ptr ← ptr.next		
I	14: if (ptr が 未定義)	F	
J	11: while ([a] が qVal と等しくない) ptr.val	C≠C F	
K	18: [b] ptr.next ← prev.next		

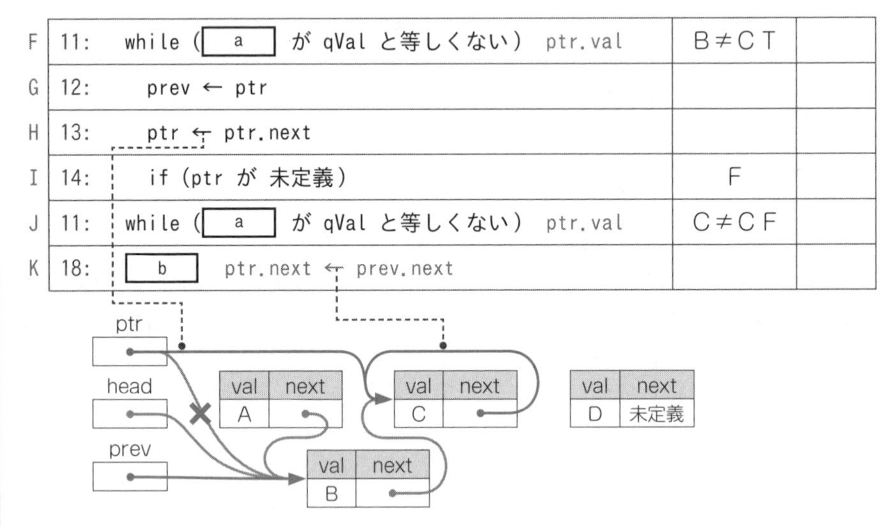

- G行でprevの矢印の先端は，当初のptrの参照先である値Bのインスタンスにする。
- H行でptrの矢印の先端は，当初のptr.nextの参照先である値Cのインスタンスにする。

- K行でptr.nextの矢印の先端は，prev.nextの参照先である値Cのインスタンスにする。なお，この時点でptrの参照先は，H行により値Cのインスタンスに変わっている。

④ 処理結果と異なる場合，不正解。別の選択肢で③を行う。全選択肢が済んだら②に戻る。

値Cのインスタンスが循環参照におちいっています。**[プログラムの視点 自分が自分を参照する循環参照は，不正解]**（➡p.224） 処理結果は，リストが値Bであるべきなのに，リストの先頭の要素への参照を格納するheadからたどると，今回は値B➡値C➡値C…と永久に処理が進みません。**ア**は不正解です。別の選択肢で③を行います。

③ 空所に選択肢を当てはめてトレースする。

イ [a] は「ptr.val」，[b] は「prev.next ← ptr.next」を当てはめてトレースします。トレース表のF行〜J行は**ア**と同じため，省略します。

	トレース表	条件式	qVal
K	18: [b] prev.next ← ptr.next		

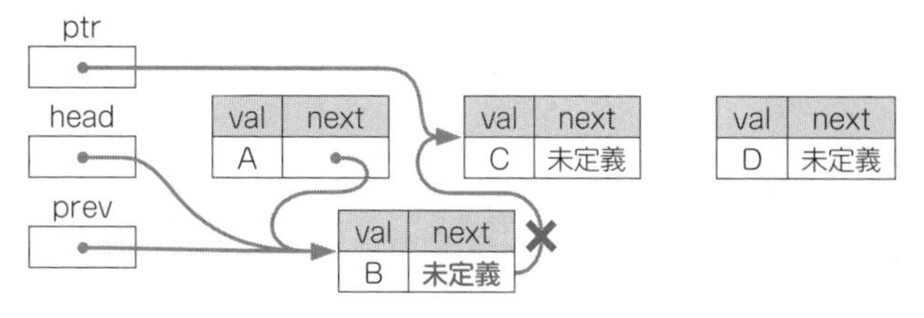

- K行でprev.nextは，未定義となり，どのインスタンスも参照しない。**[未定義への参照は存在しない]**（➡p.192）

④ 処理結果と異なる場合，不正解。別の選択肢で③を行う。全選択肢が済んだら②に戻る。

処理結果は，リストが値Bであるべきで，今回は値Bのみをたどるため，**イ**は正しいです。念のため，別の選択肢で③を行います。

③ 空所に選択肢を当てはめてトレースする。

ウ [a] は「prev.val」，[b] は「ptr.next ← prev.next」を当てはめてトレースします。

	トレース表	条件式	qVal
F	11: while ([a] が qVal と等しくない) prev.val	B≠C T	
G	12: prev ← ptr		
H	13: ptr ← ptr.next		
I	14: if (ptr が 未定義)	F	

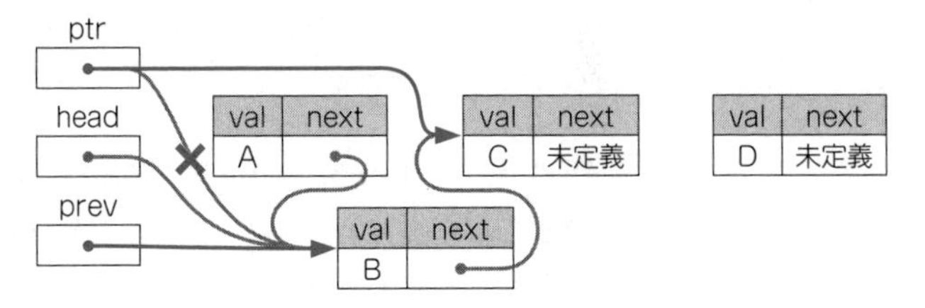

- G行でprevの矢印の先端は，当初のptrの参照先である値Bのインスタンスにする。
- H行でptrの矢印の先端は，当初のptr.nextの参照先である値Cのインスタンスにする。

	トレース表	条件式	qVal
J	11:　while (a が qVal と等しくない)　prev.val	B≠C T	
K	12:　　prev ← ptr		
L	13:　　ptr ← ptr.next		
M	14:　　if (ptr が 未定義)	T	
N	15:　　　return　// プログラムを終了する		

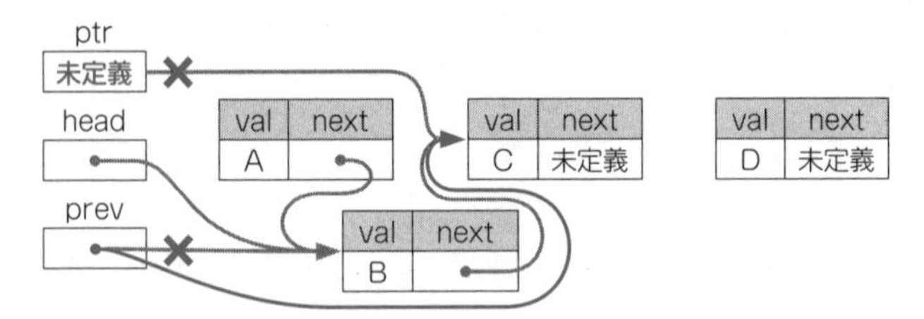

- K行でprevの矢印の先端は，当初のptrの参照先である値Cのインスタンスにする。
- L行でptrは，未定義となり，どのインスタンスも参照しない。**［未定義への参照は存在しない］**(➡p.192)

④ 処理結果と異なる場合，不正解。別の選択肢で③を行う。全選択肢が済んだら②に戻る。

処理結果は，リストが値Bであるべきなのに，今回は値B➡値Cのため，**ウ**は不正解です。なお，［ a ］の選択肢は**ウ**と**エ**が同じため，**ウ**だけでなく**エ**も不正解です。

よって，正解は**イ**です。

第1部 擬似言語

第9章 スタック・キュー

スタックとキューは，きょうだいのような関係のデータ構造です。それぞれの仕組みと，トレースをした場合の動きについて，両者の共通点と相違点を理解・比較しながら学習すると，効率的かつ有益となるでしょう。

スタック[*1]

最初に**入れた値**が**最後**に**取り出される**方式のデータ構造です。この方式をFILO（ファイロ）（First-In Last-Out，先入れ後出し）または，LIFO（ライフォ）（Last-In First-Out，後入れ先出し）ともいいます。値の追加は頂上から順に，底に詰めて行います。値の取出しは最も頂上にある値から順に行います。

スタック

頂上		底

*1：スタック
語源は，stack（お皿などが整然と積み重なったもの）から。

◆push（プッシュ）

スタックに値を**追加する**処理です。次の例では「push("A")」により，スタックの頂上から値Aを追加し底に詰めます。

```
1: push("A")
```

➡

		A

次の例では「push("B")」により，スタックの頂上から値Bを追加し底に詰めます。

```
2: push("B")
```

➡

	B	A

◆pop

スタックから値を**取り出す**処理です。次の例では「value ← pop()」により，スタックの最も頂上にある値Bを取り出します。変数valueに値Bが格納されます。

```
3: 文字型: value
4: value ← pop()
```

➡ B ↖ | | | A |

◆peek*2

スタックの最も頂上にある値を取り出さずに，**値だけを返す**処理です。popとpeekの違いは，次のとおりです。

- popはスタックから値を**取り出す**処理。値はスタックから削除される。
- peekはスタックから**値だけ**を**返す**処理。値はスタックから削除されずに残る。

次の例は「work ← peek()」により，スタックの最も頂上にある値Aだけを戻り値として返します。変数workに値Aが格納されます。値Aはスタックから削除されずに残ります。

```
5: 文字型: work
6: work ← peek()
```

➡ | | | A |

***2：peek**
語源は，peek（のぞき見る）から。

出題例 1

〔基本情報技術者試験 平成30年春 午前問5〕

問 次の二つのスタック操作を定義する。

PUSH n：スタックにデータ（整数値n）をプッシュする。

POP：スタックからデータをポップする。

空のスタックに対して，次の順序でスタック操作を行った結果はどれか。

PUSH 1 → PUSH 5 → POP → PUSH 7 → PUSH 6 → PUSH 4 → POP → POP → PUSH 3

ア	イ	ウ	エ
1	3	3	6
7	4	7	4
3	6	1	3

《解説》

図を描きながら，各操作をひとつずつ追っていきます。

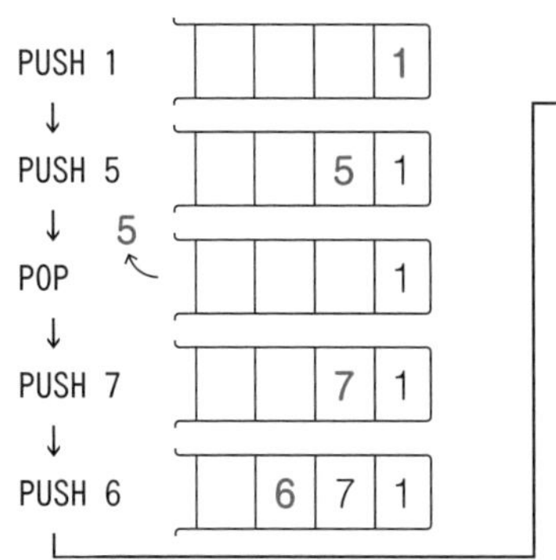

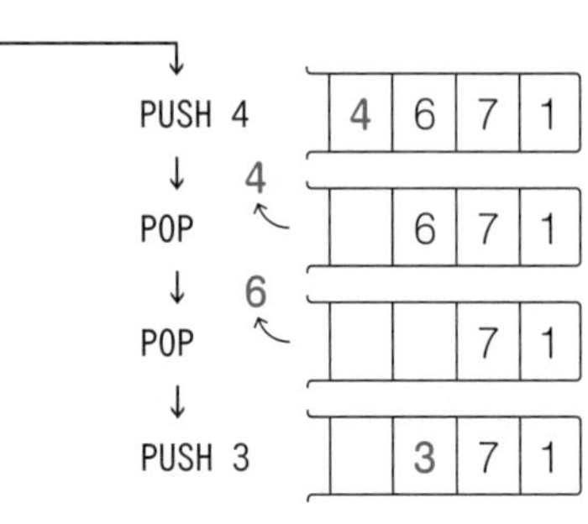

よって，正解は**ウ**です。

◎キュー[*3]

最初に入れた値が最初に取り出される方式のデータ構造です。この方式をFIFO（ファイフォ）（First-In First-Out，先入れ先出し）ともいいます。値の追加は末尾から順に，先頭に詰めて行います。値の取出しは先頭から順に行います。

	末尾		先頭
キュー			

*3：キュー
語源は，queue（順番を待つ行列）から。

◆enqueue（エンキュー）

キューに値を**追加する**処理です。次の例では「enqueue("A")」により，キューの末尾から値Aを追加し先頭に詰めます。

```
1: enqueue("A")
```

➡ | | | A |

次の例では「enqueue("B")」により，キューの末尾から値Bを追加し先頭に詰めます。

```
2: enqueue("B")
```

➡ | | B | A |

◆dequeue（デキュー）

キューから値を**取り出す**処理です。次の例では「value ← dequeue()」により，キューの先頭にある値Aを取り出します。変数valueに値Aが格納されます。キューの先頭位置の値がずれます。

```
3: 文字型: value
4: value ← dequeue()
```

➡ | | | B | →A

◆peek（ピーク）

キューの先頭にある値を取り出さずに，**値だけを返す**処理です。dequeueとpeekの違いは，次のとおりです。

- dequeueはキューから値を**取り出す**処理。値はキューから削除される。
- peekはキューから**値だけ**を**返す**処理。値はキューから削除されずに残る。

次の例は「work ← peek()」により，キューの先頭にある値Bだけを戻り値として返します。変数workに値Bが格納されます。値Bはキューから削除されずに残ります。

```
5: 文字型: work
6: work ← peek()
```

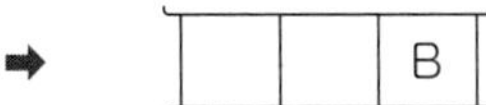

出題例2

〔基本情報技術者試験 平成30年秋 午前問5〕

問 待ち行列に対する操作を，次のとおり定義する。

ENQ n ：待ち行列にデータnを挿入する。

DEQ　：待ち行列からデータを取り出す。

空の待ち行列に対し，ENQ 1，ENQ 2，ENQ 3，DEQ，ENQ 4，ENQ 5，DEQ，ENQ 6，DEQ，DEQの操作を行った。次にDEQ操作を行ったとき，取り出されるデータはどれか。

ア　1　　イ　2　　ウ　5　　エ　6

《解説》

図を描きながら，各操作をひとつずつ追っていきます。

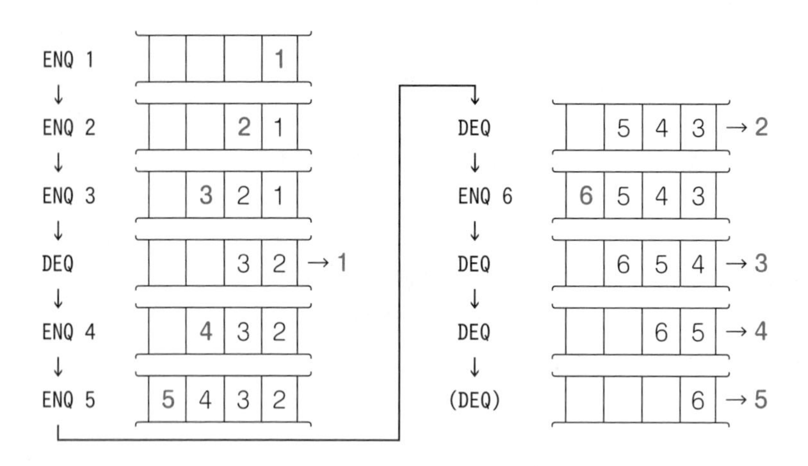

よって，正解は**ウ**です。

▶確認しよう

□ **問1**	スタックにおける値の格納方式を何というか。**(➡p.241)**
□ **問2**	スタックにおけるpopとpeekの違いを説明せよ。**(➡p.242)**
□ **問3**	キューにおける値の格納方式を何というか。**(➡p.244)**
□ **問4**	キューにおけるdequeueとpeekの違いを説明せよ。**(➡p.245)**

▸練習問題

問題9－1　〔基本情報技術者試験 令和4年サンプル問題 科目B問8〕

問　次の記述中の［　　　］に入れる正しい答えを，解答群の中から選べ。

優先度付きキューを操作するプログラムである。優先度付きキューとは扱う要素に優先度を付けたキューであり，要素を取り出す際には優先度の高いものから順番に取り出される。クラスPrioQueueは優先度付きキューを表すクラスである。クラスPrioQueueの説明を図に示す。ここで，優先度は整数型の値1，2，3のいずれかであり，小さい値ほど優先度が高いものとする。

手続prioSchedを呼び出したとき，出力は［　　　］の順となる。

コンストラクタ	説明
PrioQueue()	空の優先度付きキューを生成する。

メソッド	戻り値	説明
enqueue(文字列型：s, 整数型：prio)	なし	優先度付きキューに，文字列sを要素として，優先度prioで追加する。
dequeue()	文字列型	優先度付きキューからキュー内で最も優先度の高い要素を取り出して返す。最も優先度の高い要素が複数あるときは，そのうちの最初に追加された要素を一つ取り出して返す。
size()	整数型	優先度付きキューに格納されている要素の個数を返す。

図　クラスPrioQueueの説明

〔プログラム〕

```
 1: ○prioSched()
 2:   PrioQueue: prioQueue ← PrioQueue()
 3:   prioQueue.enqueue("A", 1)
 4:   prioQueue.enqueue("B", 2)
 5:   prioQueue.enqueue("C", 2)
 6:   prioQueue.enqueue("D", 3)
 7:   prioQueue.dequeue()  /* 戻り値は使用しない */
 8:   prioQueue.dequeue()  /* 戻り値は使用しない */
 9:   prioQueue.enqueue("D", 3)
10:   prioQueue.enqueue("B", 2)
11:   prioQueue.dequeue()  /* 戻り値は使用しない */
12:   prioQueue.dequeue()  /* 戻り値は使用しない */
13:   prioQueue.enqueue("C", 2)
14:   prioQueue.enqueue("A", 1)
15:   while (prioQueue.size() が 0 と等しくない)
16:     prioQueue.dequeue() の戻り値を出力
17:   endwhile
```

解答群

ア “A”, “B”, “C”, “D”

イ “A”, “B”, “D”, “D”

ウ “A”, “C”, “C”, “D”

エ “A”, “C”, “D”, “D”

《解説》

プログラム中に［　　　］がなく，トレースの結果が正解になる問題です。**［キュー］**（➡p.244）のとおり，キューは，**最初**に**入れた値**が**最初**に**取り出される**方式のデータ構造です。値の追加は末尾から順に，先頭に詰めて行います。値の取出しは先頭から順に行います。また，スペースの都合上，キューに格納される値の要素と優先度を次の図で表します。

末尾　　　　先頭

キュー

要素　優先度

A1

	トレース表	条件式	優先度付きキュー
A	1: ○prioSched()		
B	2: PrioQueue: prioQueue ← PrioQueue()		
C	3: prioQueue.enqueue("A", 1)		A1
D	4: prioQueue.enqueue("B", 2)		B2 A1
E	5: prioQueue.enqueue("C", 2)		C2 B2 A1
F	6: prioQueue.enqueue("D", 3)		D3 C2 B2 A1

- C行ではキューの末尾から値（要素Aと優先度1）を追加し先頭に詰める。

G	7: prioQueue.dequeue()		D3 C2 B2 → A1
H	8: prioQueue.dequeue()		D3 C2 → B2

- G行ではF行のキューのうち，最も優先度が高い値（要素Aと優先度1）を取り出して返す。キューの先頭位置の値がずれる。
- H行ではG行のキューのうち，最も優先度が高い値を取り出して返す。ただし，優先度2の値が複数あるため，図中の「そのうちの最初に追加された要素を一つ取り出して返す」より，値（要素Bと優先度2）を取り出して返す。キューの先頭位置の値がずれる。

	トレース表	条件式	優先度付きキュー
I	9: prioQueue.enqueue("D", 3)		D3 D3 C2
J	10: prioQueue.enqueue("B", 2)		B2 D3 D3 C2
K	11: prioQueue.dequeue()		B2 D3 D3 → C2
L	12: prioQueue.dequeue()		D3 D3 → B2

- K行ではJ行のキューのうち，最も優先度が高い値を取り出して返す。ただし，優先度2の値が複数あるため，最初に追加された値（要素Cと優先度2）を取り出して返す。キューの先頭位置の値がずれる。
- L行ではK行のキューのうち，最も優先度が高い値（要素Bと優先度2）を取り出して返す。

	トレース表	条件式	優先度付きキュー
M	13: prioQueue.enqueue("C", 2)		C2 D3 D3
N	14: prioQueue.enqueue("A", 1)		A1 C2 D3 D3
O	15: while (prioQueue.size() が 0 と等しくない)	4 ≠ 0 T	
P	16: prioQueue.dequeue() の戻り値を出力		C2 D3 D3 → A1
Q	15: while (prioQueue.size() が 0 と等しくない)	3 ≠ 0 T	
R	16: prioQueue.dequeue() の戻り値を出力		D3 D3 → C2
S	15: while (prioQueue.size() が 0 と等しくない)	2 ≠ 0 T	
T	16: prioQueue.dequeue() の戻り値を出力		D3 → D3
U	15: while (prioQueue.size() が 0 と等しくない)	1 ≠ 0 T	
V	16: prioQueue.dequeue() の戻り値を出力		→ D3
W	15: while (prioQueue.size() が 0 と等しくない)	0 ≠ 0 F	

- P，R，T，V行で出力された戻り値の要素は，A→C→D→Dの順である。

よって，正解は**エ**です。

第1部 擬似言語

第10章 ビット列

ビット列とは，２進数における0や1が複数個並んだ値です。トレースに最適な題材のため，出題されます。まず10進数と２進数を相互に変換する基数変換を学び，次にビット列を対象に行う演算を学びます。

◎ 基数変換[*1]

ある基数から別の基数へ，値の表示形式を変換することです。値自体の大きさは変わりません。整数を基数変換するためには，次の２つの方法があります。この方法は，「どの場面で，どれを使うか」があいまいになりがちです。

- ○進数[*2] ➡ 10進数は，「**重み掛け**」
- 10進数 ➡ ○進数は，「**割る**」

なお，$()_2$は，かっこ内の値が２進数であることを，$()_{10}$は同じく10進数であることを，$()_{16}$は同じく16進数であることを示します。

◆重み掛け

○進数 ➡ 10進数へ基数変換する方法で，各ケタに分割し，重みを掛けて，足します。例は次のとおりです。なお，１の位（右端）の「重みの累乗」には，その基数の０乗[*3]を記入します。

***1：基数変換**
10進数の値を基数変換しても，値の大きさは変わらない。例えば，$(12)_{10}$＝$(C)_{16}$＝$(1100)_2$となる。

10進数	16進数	2進数
0	0	0
1	1	1
2	2	10
3	3	11
4	4	100
5	5	101
6	6	110
7	7	111
8	8	1000
9	9	1001
10	A	1010
11	B	1011
12	C	1100
13	D	1101
14	E	1110
15	F	1111

***2：○進数**
ここでは，何進数でも当てはまることを意味する。

***3：0乗**
何の０乗であっても，値はすべて１。つまり，2^0＝16^0＝1となる。

例1 $(11010)_2$ ➡ $(?)_{10}$

① 元の値	$(11010)_2$				
② 各ケタに分割	1	1	0	1	0
③ 重みの累乗	2^4	2^3	2^2	2^1	2^0
④ 重みの値	16	8	4	2	1
⑤ 重みを掛ける	16 + 8 + 0 + 2 + 0				
⑥ 足す	$=(26)_{10}$				

例2 $(2A)_{16}$ ➡ $(?)_{10}$

① 元の値	$(2A)_{16}$	
② 各ケタに分割	2	A
③ 重みの累乗	16^1	16^0
④ 重みの値	16	1
⑤ 重みを掛ける	32 + 10	
⑥ 足す	$=(42)_{10}$	

◆**割る**

10進数 ➡ ○進数へ基数変換する方法で，○進数で**0になるまで**割り，余りを**下から上へ**並べます。例は次のとおりです。

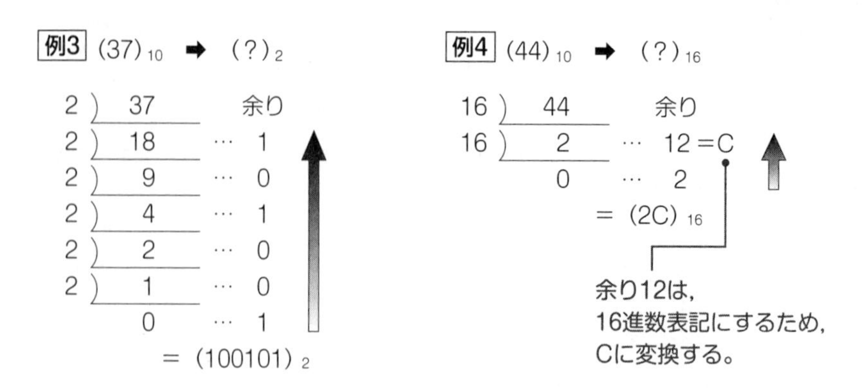

例題 1

問 次の基数変換の空所を埋め，変換後の値を求めよ

問1 $(10101001)_2$ ➡ $(?)_{10}$

① 元の値	$(10101001)_2$							
② 各ケタに分割								
③ 重みの累乗								
④ 重みの値								
⑤ 重みを掛ける								
⑥ 足す	=( )$_{10}$							

問2 $(37)_{16}$ ➡ $(?)_{10}$

$(37)_{16}$	
=( )$_{10}$	

問3 $(58)_{10}$ ➡ $(?)_2$

問4 $(26)_{10}$ ➡ $(?)_{16}$

16) 26 余り
16) …
…
= ( )$_{16}$

《解説》

問1 $(10101001)_2$ ➡ $(?)_{10}$

① 元の値	$(10101001)_2$							
② 各ケタに分割	1	0	1	0	1	0	0	1
③ 重みの累乗	2^7	2^6	2^5	2^4	2^3	2^2	2^1	2^0
④ 重みの値	128	64	32	16	8	4	2	1
⑤ 重みを掛ける	128 + 0 + 32 + 0 + 8 + 0 + 0 + 1							
⑥ 足す	$=(169)_{10}$							

問2 $(37)_{16}$ ➡ $(?)_{10}$

$(37)_{16}$	
3	7
16^1	16^0
16	1
48 + 7	
$=(55)_{10}$	

問3 $(58)_{10}$ ➡ $(?)_2$

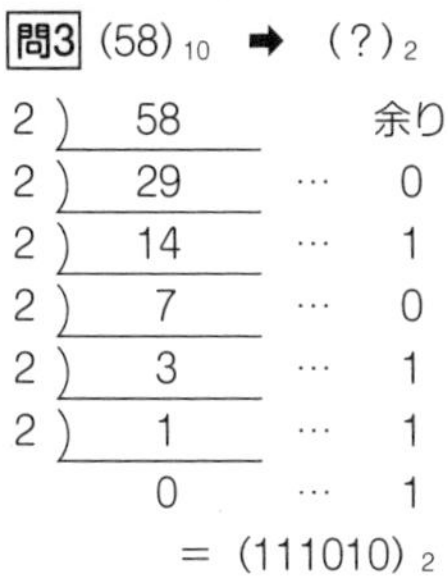

問4 $(26)_{10}$ ➡ $(?)_{16}$

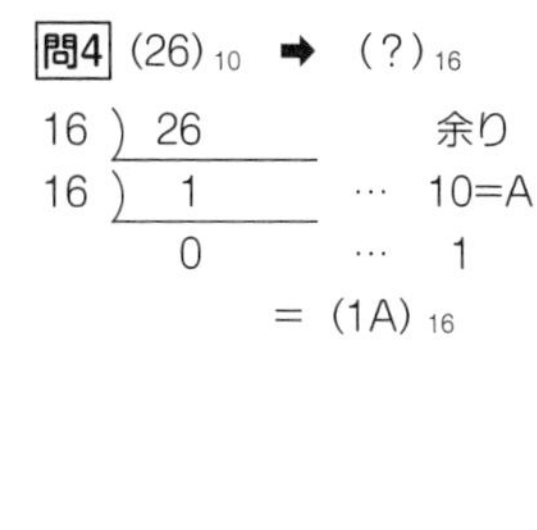

8ビット型

8ビット符号なし整数*4を格納する型です。8ビット型の例は，次のとおりです。

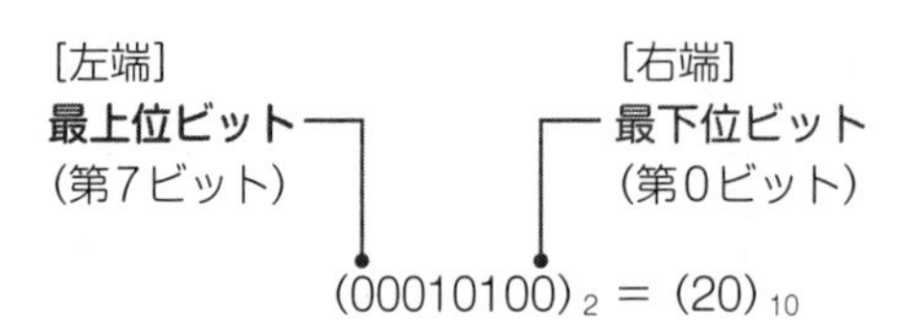

$(00010100)_2 = (20)_{10}$

8ビット型では，算術演算（加算・減算・除算）・シフト演算・論理演算（論理和・論理積・排他的論理和）を行います。演算の注意点は，次のとおりです。

- 値を2進数に**基数変換**したうえで，演算を行う必要がある。
- 値を**縦に並べて**ビット位置を合わせたうえで，演算を行うと間違いにくい。

***4：8ビット符号なし整数**
2進数8ケタの値で，0と正数（プラス）のみであり，負数（マイナス）は表現しない整数。符号なしは非負ともいう。

加算

足し算を行う算術演算です。繰り上がり*5がある場合，注意が必要です。例は次のとおりです。

	111	**… 繰り上がり**
	$(00001111)_2 =$	$(15)_{10}$
＋	$(00000001)_2 =$	$(1)_{10}$
結果	$(00010000)_2 =$	$(16)_{10}$

***5：繰り上がり**
足す数が超過するために，下の位から上の位に数を上げること。10進数では，上の位に$(10)_{10}$を繰り上げる。2進数では，上の位に$(10)_2 = (2)_{10}$を繰り上げる。

減算

引き算を行う算術演算です。繰り下がり *6 がある場合，注意が必要です。例は次のとおりです。

```
        0111  … 繰り下がり
    00001000

    (00001000)2 = (8)10
 −  (00000001)2 = (1)10
結果 (00000111)2 = (7)10
```

*6：繰り下がり
引く数が不足するために，上の位から下の位に数を下ろすこと。10進数では，下の位に $(10)_{10}$ を繰り下げる。2進数では，下の位に $(10)_2 = (2)_{10}$ を繰り下げる。

除算

割り算を行う算術演算です。商（割り算の計算結果）と剰余（割り算の余り）を求めます。次の特徴があります。

- 除数が2の累乗 *7 の場合，除数の1よりも右側の部分に対応する被除数の部分が剰余，残りが商になる。

*7：2の累乗
2を繰返し掛け算したもの。べき乗ともいう。具体的には，$2^1 = 2$，$2^2 = 4$，$2^3 = 8$，$2^4 = 16$ など。

また，「被除数 = 除数 × 商 + 剰余」の式が成り立ちます。例は次のとおりです。

●例1　170 ÷ 4 = 42 余り 2

（170：被除数，4：除数，42：商，2：剰余）

除数（00000100）の1よりも右側の部分（00）に対応する被除数（10101010）の部分（10）が剰余，残りが商（101010）になる。

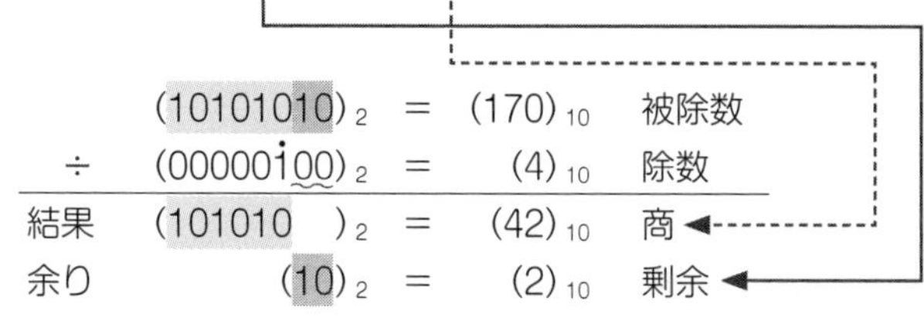

第10章 ビット列

●例2　85 ÷ 8 = 10 余り 5

除数（0000**1**000）の**1**よりも右側の部分（000）に対応する被除数（01010101）の部分（101）が剰余，残りが商（01010）になる。

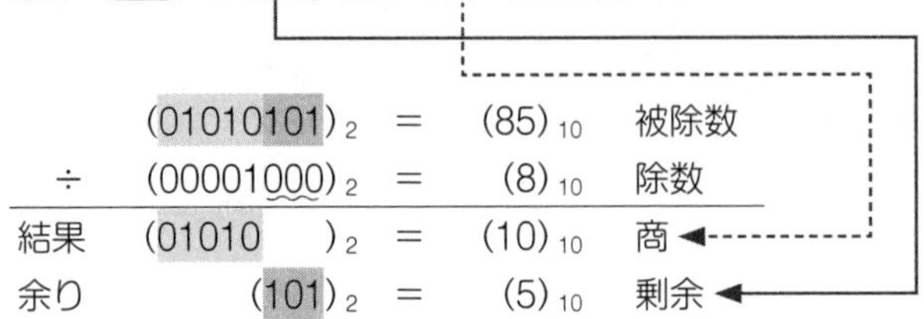

○論理和

各ケタを縦方向に見て，**どちらか一方でも1**ならば，結果が1となる論理演算です。**OR**と同じ意味です。擬似言語では「∨」で表します。例は次のとおりです。

	$(00000101)_2$	=	$(5)_{10}$
∨	$(00000011)_2$	=	$(3)_{10}$
結果	$(00000111)_2$	=	$(7)_{10}$

このケタは1，0でどちらか一方でも1のため，結果が1。

○論理積

各ケタを縦方向に見て，**どちらとも1**ならば，結果が1となる論理演算です。**AND**と同じ意味です。擬似言語では「∧」で表します。例は次のとおりです。

	$(00000101)_2$	=	$(5)_{10}$
∧	$(00000011)_2$	=	$(3)_{10}$
結果	$(00000001)_2$	=	$(1)_{10}$

このケタは1，1でどちらとも1のため，結果が1。

排他的論理和

各ケタを縦方向に見て，**どちらか一方だけが1**ならば，結果が1となる論理演算です。**XOR**と同じ意味です。擬似言語では「⊕」で表します。例は次のとおりです。

	$(00000101)_2$	=	$(5)_{10}$
⊕	$(00000011)_2$	=	$(3)_{10}$
結果	$(00000110)_2$	=	$(6)_{10}$

このケタは0，1でどちらか一方だけが1のため，結果が1。

論理演算の組合せ

論理演算を組み合わせることで，次の結果を求められます。

●Ⓐ ∧ Ⓑ

Ⓐ ∧ Ⓑにより，Ⓐのうち，Ⓑが1である部分のみを抜き出します。**ビットマスク**ともいいます。例は次のとおりです。

	$(10101010)_2$	…	Ⓐ
∧	$(00001111)_2$	…	Ⓑ
結果	$(00001010)_2$		

Ⓐのうち，Ⓑが1である部分のみを抜き出す。

●Ⓐ ∧ (Ⓐ − 1)

Ⓐ ∧ (Ⓐ − 1)により，1である右端ビットよりも左側部分だけを抜き出します。Ⓐが $(10101010)_2$ の場合，(Ⓐ − 1)は $(10101001)_2$ です。例は次のとおりです。

第10章 ビット列

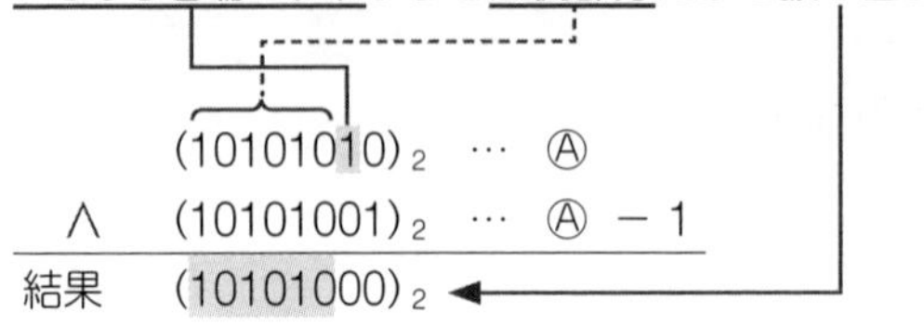

●Ⓐ ∨ Ⓑ

Ⓐ ∨ Ⓑにより，両者の1の部分を合体します。**ビットセット**ともいいます。例は次のとおりです。

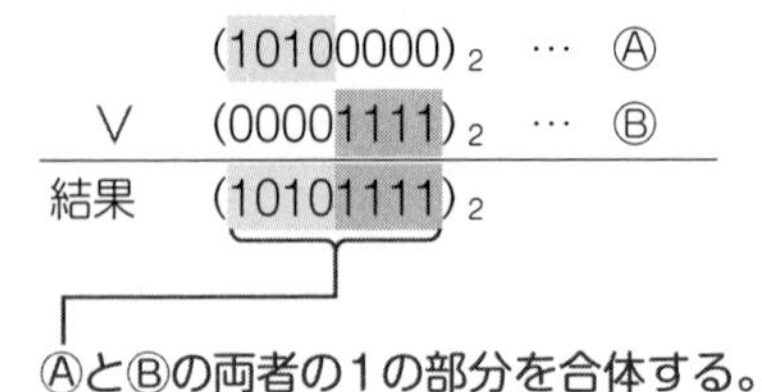

●Ⓐ ⊕ 11111111

Ⓐ ⊕ 11111111により，Ⓐの全ビットを反転させます。例は次のとおりです。

	$(10101010)_2$	…	Ⓐ
⊕	$(11111111)_2$	…	11111111
結果	$(01010101)_2$		

Ⓐの全ビットを反転させる。

◎ 論理左シフト

2進数の値を，左へずらす命令です。ずらした結果，ビット位置からあふれたものは無視し，空いたビット位置には0を設定します。1ケタ左シフトするたびに，値は**2倍**になります。例は次のとおりです。

●例　3ビットだけ 論理左シフト

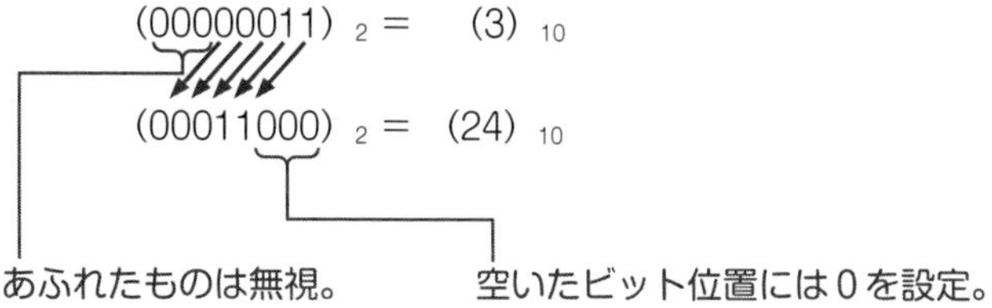

$(00000011)_2 = (3)_{10}$

$(00011000)_2 = (24)_{10}$

あふれたものは無視。　空いたビット位置には0を設定。

◎ 論理右シフト

2進数の値を，右へずらす命令です。ずらした結果，ビット位置からあふれたものは無視し，空いたビット位置には0を設定します。1ケタ右シフトするたびに，値は**半分**になります。例は次のとおりです。

●例　2ビットだけ 論理右シフト

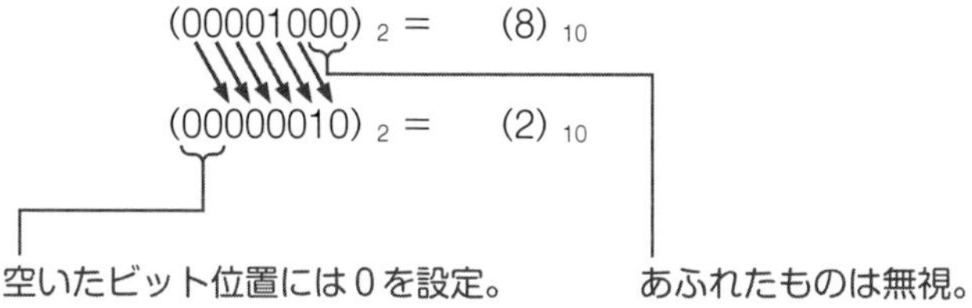

$(00001000)_2 = (8)_{10}$

$(00000010)_2 = (2)_{10}$

空いたビット位置には0を設定。　あふれたものは無視。

▸確認しよう

□ 問1	次を基数変換するための方法は何か。(➡p.251) • ○進数➡10進数　　• 10進数➡○進数
□ 問2	2進数の除算の特徴について，次の文中の［　　］を埋めよ。(➡p.255) • 除数が2の累乗の場合，除数の1よりも右側の部分に対応する被除数の部分が［　　］，残りが［　　］になる。
□ 問3	次の論理演算の組合せにより，どのような結果を求められるか。(➡p.257～258) • Ⓐ ∧ Ⓑ　　• Ⓐ ∧ (Ⓐ − 1)　　• Ⓐ ∨ Ⓑ　　• Ⓐ ⊕ 11111111
□ 問4	シフト演算の特徴について，次の文中の［　　］を埋めよ。(➡p.259) • 1ケタ論理左シフトするたびに，値は［　　］になる。 • 1ケタ論理右シフトするたびに，値は［　　］になる。

▶練習問題

問題10－1

〔基本情報技術者試験 平成30年秋 午前問2 改題〕

問 次のプログラム中の［ a ］に入れる正しい答えを，解答群の中から選べ。

関数rightEndは，列中の少なくとも一つは1であるビット列が与えられたとき，最も右にある1を残し，他のビットを全て0にする。例えば，00101000が与えられたとき，00001000が求まる。ここで，ビット列は符号なしの8ビットで表される。

なお，演算子∨はビット単位の論理和，演算子∧はビット単位の論理積，演算子⊕はビット単位の排他的論理和を表す。

〔プログラム〕

```
1: ○8ビット型: rightEnd(8ビット型: a)
2:   8ビット型: b, c
3:   b ← a － 1
4:   c ← a ⊕ b
5:   return [ a ]
```

解答群

ア　a ∨ c

イ　b ∨ c

ウ　a ∧ c

エ　b ∧ c

第10章 ビット列

《解説》

［こう解く 擬似言語の問題を解く手順］（➡p.073）を使って解きます。

（➡p.073）

① 実行前の例を作る。処理結果を予測する。

実行前の例と処理結果は，問題文「例えば，00101000が与えられたとき，00001000が求まる」をもとにすると，次のとおりです。

- 実行前の例：　00101000
- 処理結果：　00001000

② プログラムに実行前の例を当てはめてトレースする。

	トレース表	条件式	a	b	c
A	1: ○8ビット型: rightEnd(… a)		00101000		
B	3: b ← a − 1			00100111	
C	4: c ← a ⊕ b				00001111

- B行では10進数で1000−1＝999になるように，2進数で1000−0001＝0111となる。同じように，2進数で00101000−00000001＝00100111となる。

③ 空所に選択肢を当てはめてトレースする。

ア ［ a ］に「a ∨ c」を当てはめてトレースします。

D	5: return ［ a ］●──戻り値は00101111。			

④ 処理結果と異なる場合，不正解。別の選択肢で③を行う。全選択肢が済んだら②に戻る。

処理結果は，戻り値が00001000であるべきなのに，今回00101111のため，アは不正解です。別の選択肢で③を行います。

③ 空所に選択肢を当てはめてトレースする。

イ [a] に「b ∨ c」を当てはめてトレースします。

	トレース表	条件式	a	b	c
D	5: return [a] ●── 戻り値は00101111。				

④ 処理結果と異なる場合，不正解。別の選択肢で③を行う。全選択肢が済んだら②に戻る。

処理結果は，戻り値が00001000であるべきなのに，今回00101111のため，**イ**は不正解です。別の選択肢で③を行います。

③ 空所に選択肢を当てはめてトレースする。

ウ [a] に「a ∧ c」を当てはめてトレースします。

D	5: return [a] ●── 戻り値は00001000。				

④ 処理結果と異なる場合，不正解。別の選択肢で③を行う。全選択肢が済んだら②に戻る。

処理結果は，戻り値が00001000であるべきで，今回00001000のため，**ウ**は正しいです。念のため，別の選択肢で③を行います。

③ 空所に選択肢を当てはめてトレースする。

エ [a] に「b ∧ c」を当てはめてトレースします。

D	5: return [a] ●── 戻り値は00000111。				

④ 処理結果と異なる場合，不正解。別の選択肢で③を行う。全選択肢が済んだら②に戻る。

処理結果は，戻り値が00001000であるべきなのに，今回00000111のため，**エ**は不正解です。

よって，正解は**ウ**です。

問題10－2

〔基本情報技術者試験 平成29年春 午前問5 改題〕

問 次のプログラム中の［ a ］と［ b ］に入れる正しい答えの組合せを，解答群の中から選べ。

関数multiplyは，シフト演算と加算の繰返しによって2進整数の乗算を行う。ここで，乗数xと被乗数yは符号なしの8ビット型で表される。

なお，演算子 << は論理左シフト，演算子 >> は論理右シフトを表す。最下位ビットを第0ビットと記す。

〔プログラム〕

```
 1: ○8ビット型: multiply(8ビット型: x, 8ビット型: y)
 2:   8ビット型: r ← 00000000
 3:   整数型: i ← 1
 4:   do
 5:     if ( [ a ] が 1 と等しい)
 6:       r ← r + x
 7:     endif
 8:     [    ]
 9:     [ b  ]
10:     i ← i + 1
11:   while (i ≦ 8)
12:   return r
```

解答群

	a	b
ア	yの第0ビット	x ← x << 1 y ← y >> 1
イ	yの第0ビット	x ← x >> 1 y ← y << 1
ウ	yの第7ビット	x ← x << 1 y ← y >> 1
エ	yの第7ビット	x ← x >> 1 y ← y << 1

《解説》

［こう解く 擬似言語の問題を解く手順］（➡p.073）を使って解きます。

① 実行前の例を作る。処理結果を予測する。

実行前の例は，問題文「関数multiplyは，シフト演算と加算の繰返しによって2進整数の乗算を行う。ここで，乗数xと被乗数yは符号なしの8ビット型で表される」をもとに，例を作ります。ここでは被乗数yを2（00000010），乗数xを3（00000011）とします。処理結果は，2 × 3 = 6（00000110）です。

- 実行前の例：　被乗数yを2（00000010），乗数xを3（00000011）
- 処理結果：　　戻り値は6（00000110）

② プログラムに実行前の例を当てはめてトレースする。

	トレース表	条件式	y	x	r	i
A	1: ○8ビット型： multiply(… x, … y)		00000010	00000011		
B	2: 8ビット型：r ← 00000000				00000000	
C	3: 整数型：i ← 1					1

第10章 ビット列

③ 空所に選択肢を当てはめてトレースする。

ア [a] に「yの第0ビット」，[b] に「x ← x << 1」「y ← y >> 1」を当てはめてトレースします。なお，第0ビットとは右端のビット位置です。**[8ビット型]**
(➡p.254)

	トレース表	条件式	y	x	r	i
D	5: if ([a] が 1 と等しい)	F				
E	8: [b] x ← x << 1			00000110		
F	9: [b] y ← y >> 1		00000001			
G	10: i ← i + 1					2
H	11: while (i ≦ 8)	2 ≦ 8 T				
I	5: if ([a] が 1 と等しい)	T				
J	6: r ← r + x				00000110	
K	8: [b] x ← x << 1			00001100		
L	9: [b] y ← y >> 1		00000000			
M	10: i ← i + 1					3
N	11: while (i ≦ 8)	3 ≦ 8 T				
O	5: if ([a] が 1 と等しい)	F				

- O行で5行の条件式は，11行の繰返しが終了するまで，ずっとF（偽）。P行で戻り値00000110を返す。

P	12: return r ●──戻り値は00000110。					

④ 処理結果と異なる場合，不正解。別の選択肢で③を行う。全選択肢が済んだら②に戻る。

処理結果は，戻り値が00000110であるべきで，今回00000110のため，**ア**は正しいです。念のため，別の選択肢で③を行います。

③ 空所に選択肢を当てはめてトレースする。

イ [a] に「yの第0ビット」，[b] に「x ← x >> 1」「y ← y << 1」を当てはめてトレースします。

	トレース表	条件式	y	x	r	i
D	5: if (a が 1 と等しい)	F				
E	8: b x ← x >> 1			00000001		
F	9: y ← y << 1		00000100			
G	10: i ← i + 1					2
H	11: while (i ≦ 8)	2≦8 T				
I	5: if (a が 1 と等しい)	F				
K	8: b x ← x >> 1			00000000		
L	9: y ← y << 1		00001000			

- K行でxが00000000となる。これでは6行の「r ← r + x」で戻り値rにxを加算しても値は変わることがない。

④ 処理結果と異なる場合，不正解。別の選択肢で③を行う。全選択肢が済んだら②に戻る。

処理結果は，戻り値が00000110であるべきなのに，今回00000000のため，**イ**は不正解です。別の選択肢で③を行います。

③ 空所に選択肢を当てはめてトレースする。

ウ a に「yの第7ビット」， b に「x ← x << 1」「y ← y >> 1」を当てはめてトレースします。なお，第7ビットとは左端のビット位置です。**[8ビット型]**
(➡p.254)

D	5: if (a が 1 と等しい)	F				
E	8: b x ← x << 1			00000110		
F	9: y ← y >> 1		00000001			
G	10: i ← i + 1					2
H	11: while (i ≦ 8)	2≦8 T				
I	5: if (a が 1 と等しい)	F				
K	8: b x ← x << 1			00001100		
L	9: y ← y >> 1		00000000			

- L行でyが00000000となる。これでは5行でT（真）にならず，6行で戻り値rに値を格納することがない。

④ 処理結果と異なる場合，不正解。別の選択肢で③を行う。全選択肢が済んだら②に戻る。

処理結果は，戻り値が00000110であるべきなのに，今回00000000のため，**ウ**は不正解です。別の選択肢で③を行います。

③ 空所に選択肢を当てはめてトレースする。

エ　[a]に「yの第7ビット」，[b]に「x ← x >> 1」「y ← y << 1」を当てはめてトレースします。

	トレース表	条件式	y	x	r	i
D	5:　if ([a]が 1 と等しい)	F				
E	8:　[b]　x ← x >> 1			00000001		
F	9:　　　　y ← y << 1		00000100			
G	10:　i ← i + 1					2
H	11: while (i ≦ 8)	2 ≦ 8 T				
I	5:　if ([a]が 1 と等しい)	F				
K	8:　[b]　x ← x >> 1			00000000		
L	9:　　　　y ← y << 1		00001000			

- K行でxが00000000となる。これでは6行の「r ← r + x」で戻り値rにxを加算しても値は変わることがない。

④ 処理結果と異なる場合，不正解。別の選択肢で③を行う。全選択肢が済んだら②に戻る。

処理結果は，戻り値が00000110であるべきなのに，今回00000000のため，**エ**は不正解です。

よって，正解は**ア**です。

アクセスキー **T**（大文字のティー）

第1部 擬似言語

第11章 問題演習

総まとめを目的とした問題演習を行います。本書で扱った内容を総合的に復習できる良問ばかりです。この問題を通して，これまで学んできた，文法・データ構造・こう解く の復習をしましょう。また，一度きりでなく，何度もこの問題を解くとよいでしょう。

問題11－1

〔ＩＴパスポート試験 令和5年公開問題 問60〕

問　手続printArrayは，配列integerArrayの要素を並べ替えて出力する。手続printArrayを呼び出したときの出力はどれか。ここで，配列の要素番号は1から始まる。

〔プログラム〕

```
 1: ○printArray()
 2:   整数型: n, m
 3:   整数型の配列: integerArray ← {2, 4, 1, 3}
 4:   for (n を 1 から (integerArrayの要素数 － 1) まで 1 ずつ増やす)
 5:     for (m を 1 から (integerArrayの要素数 － n) まで 1 ずつ増やす)
 6:       if (integerArray[m] ＞ integerArray[m + 1])
 7:         integerArray[m] と integerArray[m + 1] の値を入れ替える
 8:       endif
 9:     endfor
10:   endfor
11:   integerArrayの全ての要素 を先頭から順にコンマ区切りで出力する
```

ア　1,2,3,4　　イ　1,3,2,4　　ウ　3,1,4,2　　エ　4,3,2,1

《解説》

プログラム中に□がなく，トレースの結果が正解になる問題です。

	トレース表	条件式	n	m	integerArray
A	1: ○printArray()				
B	3: 整数型の配列: integerArray ← {2, 4, 1, 3}				[2][4][1][3]
C	4: for (nを1から(integerArrayの要素数－1) まで1ずつ増やす)	1 ≦ 3 T	1		
D	5: for (mを1から(integerArrayの要素数－n) まで1ずつ増やす)	1 ≦ 3 T		1	
E	6: if (integerArray[m]＞integerArray[m＋1])	2 ＞ 4 F			
F	5: for (mを1から(integerArrayの要素数－n) まで1ずつ増やす)	2 ≦ 3 T		2	
G	6: if (integerArray[m]＞integerArray[m＋1])	4 ＞ 1 T			
H	7: integerArray[m]とintegerArray[m＋1] の値を入れ替える				[ ][1][4][ ]
I	5: for (mを1から(integerArrayの要素数－n) まで1ずつ増やす)	3 ≦ 3 T		3	
J	6: if (integerArray[m]＞integerArray[m＋1])	4 ＞ 3 T			
K	7: integerArray[m]とintegerArray[m＋1] の値を入れ替える				[ ][ ][3][4]
L	5: for (mを1から(integerArrayの要素数－n) まで1ずつ増やす)	4 ≦ 3 F		4	
M	4: for (nを1から(integerArrayの要素数－1) まで1ずつ増やす)	2 ≦ 3 T	2		
N	5: for (mを1から(integerArrayの要素数－n) まで1ずつ増やす)	1 ≦ 2 T		1	
O	6: if (integerArray[m]＞integerArray[m＋1])	2 ＞ 1 T			
P	7: integerArray[m]とintegerArray[m＋1] の値を入れ替える				[1][2][ ][ ]
Q	5: for (mを1から(integerArrayの要素数－n) まで1ずつ増やす)	2 ≦ 2 T		2	

	トレース表	条件式	n	m	integerArray
R	6:　　if (integerArray[m] ＞ integerArray[m＋1])	2 ＞ 3 F			
S	5:　for (mを1から(integerArrayの要素数ーn) まで1ずつ増やす)	3 ≦ 2 F		3	
T	4: for (nを1から(integerArrayの要素数ー1) まで1ずつ増やす)	3 ≦ 3 T	3		
U	5:　for (mを1から(integerArrayの要素数ーn) まで1ずつ増やす)	1 ≦ 1 T		1	
V	6:　　if (integerArray[m] ＞ integerArray[m＋1])	1 ＞ 2 F			
W	5:　for (mを1から(integerArrayの要素数ーn) まで1ずつ増やす)	2 ≦ 1 F		2	
X	4: for (nを1から(integerArrayの要素数ー1) まで1ずつ増やす)	4 ≦ 3 F	4		
Y	11: integerArrayの全ての要素 を先頭から順にコンマ区切りで出力する				1 2 3 4

よって，正解は**ア**です。なお，このプログラムは，バブルソートという整列アルゴリズムによるものです。ただし，トレースのみで正解できます。

トピックス

定番アルゴリズムの暗記は不要。

出題されるプログラムが，**探索**（サーチ）や**並び替え**（ソート）などの定番アルゴリズムによるものの場合があります。ただし，それらを**前提知識**として暗記しているかは，試験で問われていません。つまり，トレース力という**技能・スキル**の有無を測るための題材として，たまたま定番アルゴリズムを用いたプログラムを出題しているに過ぎません。

基本情報技術者試験の「試験要綱」のとおり，**知識**を問うのは**科目A**です。**科目B**では**技能・スキル**を問います。科目B対策として，わざわざ定番アルゴリズムを暗記する必要はありません。

問題11－2　〔ＩＴパスポート試験 令和4年公開問題 問78〕

問　関数checkDigitは，10進9桁の整数の各桁の数字が上位の桁から順に格納された整数型の配列originalDigitを引数として，次の手順で計算したチェックデジットを戻り値とする。プログラム中のaに入れる字句として，適切なものはどれか。ここで，配列の要素番号は1から始まる。

〔手順〕

(1) 配列originalDigitの要素番号1～9の要素の値を合計する。

(2) 合計した値が9より大きい場合は，合計した値を10進の整数で表現したときの各桁の数字を合計する。この操作を，合計した値が9以下になるまで繰り返す。

(3) (2)で得られた値をチェックデジットとする。

〔プログラム〕

```
 1: ○整数型: checkDigit(整数型の配列: originalDigit)
 2:   整数型: i, j, k
 3:   j ← 0
 4:   for (i を 1 から originalDigitの要素数 まで 1 ずつ増やす)
 5:     j ← j + originalDigit[i]
 6:   endfor
 7:   while (j が 9 より大きい)
 8:     k ← j ÷ 10 の商  /* 10進9桁の数の場合，jが2桁を超えることはない */
 9:     [  a  ]
10:   endwhile
11:   return j
```

解答群

ア　j ← j － 10 × k

イ　j ← k ＋ (j － 10 × k)

ウ　j ← k ＋ (j － 10) × k

エ　j ← k ＋ j

《解説》

［こう解く 擬似言語の問題を解く手順］（➡p.073）を使って解きます。

① 実行前の例を作る。処理結果を予測する。

実行前の例は，問題文「関数checkDigitは，10進9桁の整数の各桁の数字が上位の桁から順に格納された整数型の配列originalDigitを引数として」をもとに，［こう解く 一次元配列図］（➡p.099）を使って描きます。今回の例では要素番号と同じ値を格納します。

処理結果は，問題文の〔手順〕(1) の「要素番号1～9の要素の値を合計する」より1＋2＋3＋4＋5＋6＋7＋8＋9＝45, 同じく (2) の「各桁の数字を合計する」より4＋5＝9です。

- 実行前の例：originalDigit

originalDigit	1	2	3	4	5	6	7	8	9
要素番号	1	2	3	4	5	6	7	8	9

- 処理結果： 戻り値は9。

② プログラムに実行前の例を当てはめてトレースする。

	トレース表	条件式	originalDigit	i	j	k
A	1: ○整数型: checkDigit(… originalDigit)		1 2 3 4 5 6 7 8 9			
B	3: j ← 0				0	

4～6行のforで，要素番号を1～9まで1ずつ増やしながら，その値を合計しているため，jに45を格納します。トレース表が長くならないように，C行にはその結果だけを記述します。

C	4～6:				45	
D	7: while (j が 9 より大きい)	45 ＞ 9 T				
E	8: k ← j ÷ 10 の商					4

- E行でkに格納されるのは4.5でなく，4。**［小数部分の切捨て］**（➡p.071）

問題演習

③ 空所に選択肢を当てはめてトレースする。

ア [a]に「j ← j − 10 × k」を当てはめてトレースします。なお，掛け算は足し算・引き算よりも前に計算します。

	トレース表	条件式	originalDigit	i	j	k
F	9: [a] j ← j − 10 × k				5	
G	7: while (j が 9 より大きい)	5 > 9 F				
H	11: return j ←戻り値は5。					

- F行（jが45，kが4）ではjに，45 − 10 × 4 = 5を格納する。

④ 処理結果と異なる場合，不正解。別の選択肢で③を行う。全選択肢が済んだら②に戻る。

処理結果は，戻り値が9であるべきなのに，今回5のため，**ア**は不正解です。別の選択肢で③を行います。

③ 空所に選択肢を当てはめてトレースする。

イ [a]に「j ← k + (j − 10 × k)」を当てはめてトレースします。

	トレース表	条件式	originalDigit	i	j	k
F	9: [a] j ← k + (j − 10 × k)				9	
G	7: while (j が 9 より大きい)	9 > 9 F				
H	11: return j ←戻り値は9。					

- F行（jが45，kが4）ではjに，4 + (45 − 10 × 4) = 9を格納する。

④ 処理結果と異なる場合，不正解。別の選択肢で③を行う。全選択肢が済んだら②に戻る。

処理結果は，戻り値が9であるべきで，今回9のため，**イ**は正しいです。念のため，別の選択肢で③を行います。

③ 空所に選択肢を当てはめてトレースする。

ウ [a]に「j ← k + (j − 10) × k」を当てはめてトレースします。

	トレース表	条件式	originalDigit	i	j	k
F	9: [a] j ← k + (j − 10) × k				144	
G	7: while (j が 9 より大きい)	144 > 9 T				
H	8: k ← j ÷ 10 の商					14
I	9: [a] j ← k + (j − 10) × k				1890	

- F行（jが45，kが4）ではjに，4 + (45 − 10) × 4 = 144を格納する。
- I行（jが144，kが14）ではjに，14 + (144 − 10) × 14 = 1890を格納する。

④ **処理結果と異なる場合，不正解。別の選択肢で③を行う。全選択肢が済んだら②に戻る。**

処理結果は，戻り値が9であるべきなのに，**ウ**ではトレースを進めるたびにjが144→1890のように値が増えており，9にはなりません。**ウ**は不正解です。

③ **空所に選択肢を当てはめてトレースする。**

エ [a] に「j ← k + j」を当てはめてトレースします。

	トレース表	条件式	originalDigit	i	j	k
F	9: [a] j ← k + j				49	
G	7: while (j が 9 より大きい)	49 > 9 T				
H	8: k ← j ÷ 10 の商					4
I	9: [a] j ← k + j				53	

④ **処理結果と異なる場合，不正解。別の選択肢で③を行う。全選択肢が済んだら②に戻る。**

処理結果は，戻り値が9であるべきなのに，**エ**ではトレースを進めるたびにjが49→53のように値が増えており，9にはなりません。**エ**は不正解です。

よって，正解は**イ**です。

問題中に**実行前の例・処理結果**が存在しないため，[こう解く **実行前の例を作る**] (➡p.070) などにより，それらを作る必要がある問題は，次のとおりです。

- [問題1－6] (➡p.090) の関数fee。
- [問題2－3] (➡p.113) の関数calcMean。
- [問題8－1] (➡p.219) の手続addFirst，手続addLast。
- [問題8－2] (➡p.225) の手続add。
- [問題8－3] (➡p.231) の手続removeFirst，手続removeLast。
- [問題8－4] (➡p.236) の手続remove。
- [問題11－2] (➡p.272) の関数checkDigit。
- [問題11－6] (➡p.287) の手続append。

問題11－3

〔基本情報技術者試験 令和5年公開問題 科目B問4〕

問 次の記述中の［　　］に入れる正しい答えを，解答群の中から選べ。ここで，配列の要素番号は1から始まる。

関数addは，引数で指定された正の整数valueを大域の整数型の配列hashArrayに格納する。格納できた場合はtrueを返し，格納できなかった場合はfalseを返す。ここで，整数valueをhashArrayのどの要素に格納すべきかを，関数calcHash1及びcalcHash2を利用して決める。

手続testは，関数addを呼び出して，hashArrayに正の整数を格納する。手続testの処理が終了した直後のhashArrayの内容は，［　　］である。

〔プログラム〕

```
 1: 大域: 整数型の配列: hashArray

 2: ○論理型: add(整数型: value)
 3:   整数型: i ← calcHash1(value)
 4:   if (hashArray[i] = −1)
 5:     hashArray[i] ← value
 6:     return true
 7:   else
 8:     i ← calcHash2(value)
 9:     if (hashArray[i] = −1)
10:       hashArray[i] ← value
11:       return true
12:     endif
13:   endif
14:   return false

21: ○整数型: calcHash1(整数型: value)
22:   return (value mod hashArrayの要素数) + 1

31: ○整数型: calcHash2(整数型: value)
32:   return ((value + 3) mod hashArrayの要素数) + 1

41: ○test()
42:   hashArray ← {5個の −1}
43:   add(3)
44:   add(18)
45:   add(11)
```

解答群

ア　{－1, 3, －1, 18, 11}

イ　{－1, 11, －1, 3, －1}

ウ　{－1, 11, －1, 18, －1}

エ　{－1, 18, －1, 3, 11}

オ　{－1, 18, 11, 3, －1}

《解説》

プログラム中に［　　］がなく，トレースの結果が正解になる問題です。

	トレース表	条件式	hashArray
AA	1: 大域：整数型の配列：hashArray		
AB	41: ○test()		
AC	42: hashArray ← {5個の －1}		－1 －1 －1 －1 －1
AD	43: add(3)		

- AD行でadd(3)として関数addを呼び出す。

	トレース表	条件式	hashArray	value	i
BA	2: ○論理型：add(整数型：value)			3	
BB	3: 整数型：i ← calcHash1(value)				

- BB行でcalcHash1(3)として関数calcHash1を呼び出す。

	トレース表	条件式	hashArray	value
CA	21: ○整数型：calcHash1(整数型：value)			3
CB	22: return (value mod hashArrayの要素数) + 1	戻り値は4。		

- CB行で3 ÷ 5 = 0 余り 3。［mod］(➡p.071)　3に1を加えた4をcalcHash1(3)の戻り値として返す。

BC	3: 整数型：i ← calcHash1(value)				4
BD	4: if (hashArray[i] = －1)	－1 = －1 T			
BE	5: 　hashArray[i] ← value		3		
BF	6: 　return true				

- BF行でadd(3)の戻り値trueを返す。AE行でtest()の続きを実行する。

	トレース表	条件式	hashArray
AE	44: add(18)		

- AE行でadd(18)として関数addを呼び出す。BF行で返された戻り値は，AE行で変数などに格納する処理がないため，どこにも格納されず捨てられる。

	トレース表	条件式	hashArray	value	i
DA	2: ○論理型: add(整数型: value)			18	
DB	3: 整数型: i ← calcHash1(value)				

- DB行でcalcHash1(18)として関数calcHash1を呼び出す。

	トレース表	条件式	hashArray	value
EA	21: ○整数型: calcHash1(整数型: value)			18
EB	22: return (value mod hashArrayの要素数) + 1	戻り値は4。		

- EB行で18 ÷ 5 = 3 余り 3。3に1を加えた4をcalcHash1(18)の戻り値として返す。

	トレース表	条件式	hashArray	value	i
DC	3: 整数型: i ← calcHash1(value)				4
DD	4: if (hashArray[i] = −1)	3 = −1 F			
DE	8: i ← calcHash2(value)				

- DE行でcalcHash2(18)として関数calcHash2を呼び出す。

	トレース表	条件式	hashArray	value
FA	31: ○整数型: calcHash2(整数型: value)			18
FB	32: return ((value + 3) mod hashArrayの要素数) + 1	戻り値は2。		

- FB行で(18 + 3) ÷ 5 = 4 余り 1。1に1を加えた2をcalcHash2(18)の戻り値として返す。

	トレース表	条件式	hashArray	value	i
DF	8: i ← calcHash2(value)				2
DG	9: if (hashArray[i] = −1)	−1 = −1 T			
DH	10: hashArray[i] ← value		[, 18, , ,]		
DI	11: return true				

- DI行でadd(18)の戻り値trueを返す。AF行でtest()の続きを実行する。

	トレース表	条件式	hashArray
AF	45: add(11)		

- AF行でadd(11)として関数addを呼び出す。

	トレース表	条件式	hashArray	value	i
GA	2: ○論理型: add(整数型: value)			11	
GB	3: 整数型: i ← calcHash1(value)				

- GB行でcalcHash1(11)として関数calcHash1を呼び出す。

	トレース表	条件式	hashArray	value
HA	21: ○整数型: calcHash1(整数型: value)			11
HB	22: return (value mod hashArrayの要素数) + 1	←戻り値は2。		

- HB行で11 ÷ 5 = 2 余り 1。1に1を加えた2をcalcHash1(11)の戻り値として返す。

	トレース表	条件式	hashArray	value	i
GC	3: 整数型: i ← calcHash1(value)				2
GD	4: if (hashArray[i] = −1)	18 = −1 F			
GE	8: i ← calcHash2(value)				

- GE行でcalcHash2(11)として関数calcHash2を呼び出す。

	トレース表	条件式	hashArray	value
IA	31: ○整数型: calcHash2(整数型: value)			11
IB	32: return ((value + 3) mod hashArrayの要素数) + 1	←戻り値は5。		

- IB行で(11 + 3) ÷ 5 = 2 余り 4。4に1を加えた5をcalcHash2(11)の戻り値として返す。

	トレース表	条件式	hashArray	value	i
GF	8: i ← calcHash2(value)				5
GG	9: if (hashArray[i] = −1)	−1 = −1 T			
GH	10: hashArray[i] ← value		[ ][ ][ ][ ][11]		
GI	11: return true		[−1][18][−1][3][11]		

- GI行でadd(11)の戻り値falseを返す。test()を終了する。プログラム終了時には，すべての要素の値を書き込む。［こう解く 配列のトレース］(➡p.100)

よって，正解は**エ**です。

問題演習

問題11－4 〔オリジナル問題〕

問 次の記述中の［　　］に入れる正しい答えを，解答群の中から選べ。ここで，文字列の先頭の位置は1である。

クラスTextは文字列処理を行うクラスである。クラスTextの説明を図に示す。

関数textManipulationをtextManipulation("ABABB")として呼び出したとき，戻り値は［　　］となる。

コンストラクタ	説明
Text()	インスタンスへの参照を返す。

メソッド	戻り値	説明
replaceAll(文字列型：s, 文字列型：from, 文字列型：to)	文字列型	sのfromに一致するすべての文字列をtoで置き換えた新しい文字列を返す。
subString(文字列型：s, 整数型：start, 整数型：len)	文字列型	sのstart番目からlen文字分を取り出し，その文字列を返す。
indexOf(文字列型：s, 文字列型：target)	整数型	sを1番目から検索し，targetが最初に現れた位置を返す。targetが見つからない場合は－1を返す。

図　クラスTextの説明

〔プログラム〕

```
1: ○整数型：textManipulation(文字列型：s1)
2:   Text: t ← Text()
3:   文字列型：s2 ← t.replaceAll(s1, "AB", "BA")
4:   文字列型：s3 ← t.subString(s2, 2, 3)
5:   文字列型：s4 ← t.replaceAll(s3, "AB", "ABB")
6:   整数型：r ← t.indexOf(s4 ＋ s2, "BAB")
7:   return r
```

解答群

ア　3　　イ　4　　ウ　5　　エ　6　　オ　7　　カ　8

《解説》

プログラム中に□がなく，トレースの結果が正解になる問題です。**[こう解く メソッド]** (➡p.195) を使って解きます。

	トレース表	条件式	s1	s2	s3	s4	r
A	1: ○整数型: textManipulation(文字列型: s1)		ABABB				
B	2: Text: t ← Text()						
C	3: 文字列型: s2 ← t.replaceAll(s1, ”AB”, ”BA”)			BABAB			
D	4: 文字列型: s3 ← t.subString(s2, 2, 3)				ABA		
E	5: 文字列型: s4 ← t.replaceAll(s3, ”AB”, ”ABB”)						
F	6: 整数型: r ← t.indexOf(s4 + s2, ”BAB”)					ABBA	
G	7: return r						3

- B行でコンストラクタの説明に当てはめると，「インスタンスへの参照を返す」。「t ←」により，**インスタンスへの参照**を変数tに格納するため，参照を表す矢印「●──▶」を引く。**[変数に格納する]** (➡p.186)

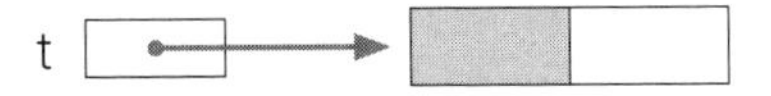

- C行でs（”ABABB”）のfrom（”AB”）に一致するすべての文字列をto（”BA”）で置き換えた新しい文字列（”BABAB”）を返す。
- D行でs（”BABAB”）のstart（2）番目からlen（3）文字分を取り出し，その文字列（”ABA”）を返す。
- E行でs（”ABA”）のfrom（”AB”）に一致するすべての文字列をto（”ABB”）で置き換えた新しい文字列（”ABBA”）を返す。
- F行で「+」は**文字列連結** (➡p.072) のため，s（”ABBABABAB”）を1番目から検索し，target（”BAB”）が最初に現れた位置（3）を返す。

よって，正解は**ア**です。

問題11－5　〔基本情報技術者試験 令和4年サンプル問題 問5〕

問　次のプログラム中の [　　　] に入れる正しい答えを，解答群の中から選べ。

任意の異なる2文字をc1，c2とするとき，英単語群に含まれる英単語において，c1の次にc2が出現する割合を求めるプログラムである。英単語は，英小文字だけから成る。英単語の末尾の文字がc1である場合，その箇所は割合の計算に含めない。例えば，図に示す4語の英単語“importance”，“inflation”，“information”，“innovation”から成る英単語群において，c1を“n”，c2を“f”とする。英単語の末尾の文字以外に“n”は五つあり，そのうち次の文字が“f”であるものは二つである。したがって，求める割合は，2 ÷ 5 ＝ 0.4 である。c1とc2の並びが一度も出現しない場合，c1の出現回数によらず割合を0と定義する。

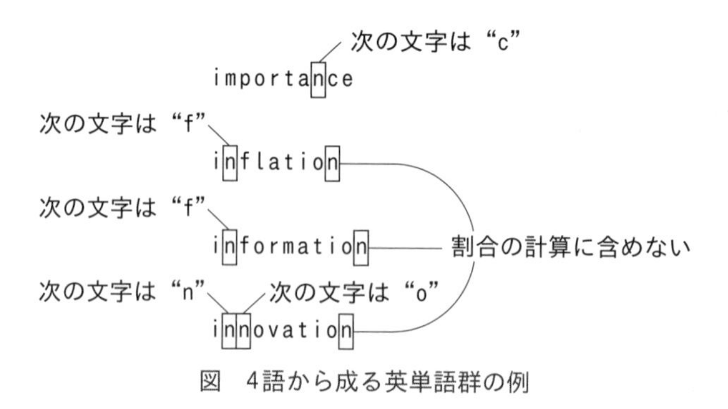

図　4語から成る英単語群の例

プログラムにおいて，英単語群はWords型の大域変数wordsに格納されている。クラスWordsのメソッドの説明を，表に示す。本問において，文字列に対する演算子“＋”は，文字列の連結を表す。また，整数に対する演算子“÷”は，実数として計算する。

表　クラスWordsのメソッドの説明

メソッド	戻り値	説明
freq(文字列型: str)	整数型	英単語群中の文字列strの出現回数を返す。
freqE(文字列型: str)	整数型	英単語群の中で，文字列strで終わる英単語の数を返す。

〔プログラム〕

```
 1: 大域: Words: words  /* 英単語群が格納されている */

 2: /* c1の次にc2が出現する割合を返す */
 3: ○実数型: prob(文字型: c1, 文字型: c2)
 4:    文字列型: s1 ← c1の1文字だけから成る文字列
 5:    文字列型: s2 ← c2の1文字だけから成る文字列
 6:    if (words.freq(s1 + s2) が 0 より大きい)
 7:      return [    ]
 8:    else
 9:      return 0
10:    endif
```

解答群

ア　(words.freq(s1) − words.freqE(s1)) ÷ words.freq(s1 + s2)

イ　(words.freq(s2) − words.freqE(s2)) ÷ words.freq(s1 + s2)

ウ　words.freq(s1 + s2) ÷ (words.freq(s1) − words.freqE(s1))

エ　words.freq(s1 + s2) ÷ (words.freq(s2) − words.freqE(s2))

《解説》

[こう解く 擬似言語の問題を解く手順] (➡p.073) を使って解きます。

① 実行前の例を作る。処理結果を予測する。

問題文「例えば，図に示す4語の英単語“importance”，“inflation”，“information”，“innovation”から成る英単語群」より，実行前の例は「図　4語から成る英単語群の例」です。また，処理結果は問題文「したがって，求める割合は，2 ÷ 5 = 0.4 である」より0.4です。

第11章 問題演習

- 実行前の例：

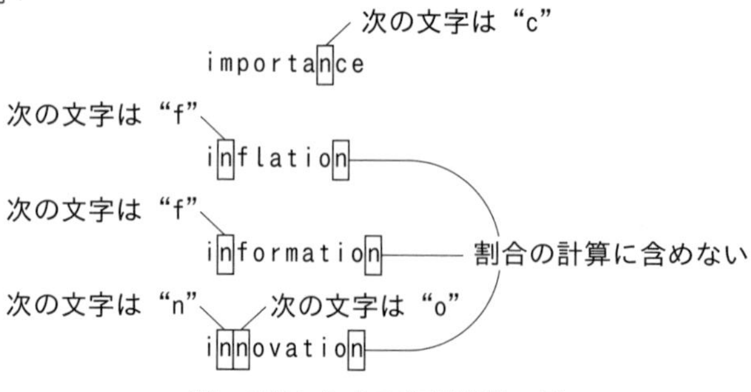

図　4語から成る英単語群の例

- 処理結果：0.4

② プログラムに実行前の例を当てはめてトレースする。

問題文「c1を“n”, c2を“f”とする」を当てはめてトレースします。**[こう解く メソッド]**（➡p.195）を使って解きます。大域変数は，プログラム実行前に最初に初期値が格納されます。**[局所変数と大域変数]**（➡p.059）

	トレース表	条件式	c1	c2	s1	s2
A	1: 大域: Words: words					
B	3: ○実数型: prob(文字型: c1, 文字型: c2)		n	f		
C	4: 文字列型: s1 ← c1の1文字だけから成る文字列				n	
D	5: 文字列型: s2 ← c2の1文字だけから成る文字列					f
E	6: if (words.freq(s1 + s2) が 0 より大きい	2＞0T				

- A行で問題文「英単語群はWords型の大域変数wordsに格納されている」より，大域変数wordsには図中の4語の英単語が格納される。
- E行で「s1 + s2」は，「文字列に対する演算子“+”は，文字列の連結を表す」とあるため「nf」。**[+]**（➡p.072）
- 「words.freq(s1 + s2)」は，表中の「英単語群中の文字列strの出現回数を返す」より，図中の「nf」の出現回数である**2**を返す。

③ 空所に選択肢を当てはめてトレースする。

ア [　　　] に「(words.freq(s1) − words.freqE(s1)) ÷ words.freq(s1 + s2)」を当てはめてトレースします。

	トレース表	条件式	c1	c2	s1	s2
F	7: return ［　　］•── 戻り値は2.5。					

- 「words.freq(s1)」は図中の「n」の出現回数である**8**を返す。
- 「words.freqE(s1)」は図中で，「n」で終わる英単語の数である**3**を返す。
- 「words.freq(s1 + s2)」は図中の「nf」の出現回数である**2**を返す。
- つまり，(8 − 3) ÷ 2 = 2.5。

④ 処理結果と異なる場合，不正解。別の選択肢で③を行う。全選択肢が済んだら②に戻る。

処理結果は，戻り値が0.4であるべきなのに，今回2.5のため，**ア**は不正解です。別の選択肢で③を行います。

③ 空所に選択肢を当てはめてトレースする。

イ ［　　］に「(words.freq(s2) − words.freqE(s2)) ÷ words.freq(s1 + s2)」を当てはめてトレースします。

F	7: return ［　　］•── 戻り値は1.0。					

- 「words.freq(s2)」は図中の「f」の出現回数である**2**を返す。
- 「words.freqE(s2)」は図中で，「f」で終わる英単語の数である**0**を返す。
- 「words.freq(s1 + s2)」は図中の「nf」の出現回数である**2**を返す。
- つまり，(2 − 0) ÷ 2 = 1.0。

④ 処理結果と異なる場合，不正解。別の選択肢で③を行う。全選択肢が済んだら②に戻る。

処理結果は，戻り値が0.4であるべきなのに，今回1.0のため，**イ**は不正解です。別の選択肢で③を行います。

③ 空所に選択肢を当てはめてトレースする。

ウ ［　　］に「words.freq(s1 + s2) ÷ (words.freq(s1) − words.freqE(s1))」を当てはめてトレースします。

F	7: return ［　　］•── 戻り値は0.4。					

- 「words.freq(s1 + s2)」は図中の「nf」の出現回数である**2**を返す。
- 「words.freq(s1)」は図中の「n」の出現回数である**8**を返す。
- 「words.freqE(s1)」は図中で，「n」で終わる英単語の数である**3**を返す。
- つまり，2 ÷ (8 − 3) = 0.4。

④ 処理結果と異なる場合，不正解。別の選択肢で③を行う。全選択肢が済んだら②に戻る。

処理結果は，戻り値が0.4であるべきで，今回0.4のため，**ウ**は正しいです。念のため，別の選択肢で③を行います。

③ 空所に選択肢を当てはめてトレースする。

エ [　　] に「words.freq(s1 ＋ s2) ÷ (words.freq(s2) － words.freqE(s2))」を当てはめてトレースします。

	トレース表	条件式	c1	c2	s1	s2
F	7: return [　　] ←戻り値は1.0。					

- 「words.freq(s1 ＋ s2)」は図中の「nf」の出現回数である**2**を返す。
- 「words.freq(s2)」は図中の「f」の出現回数である**2**を返す。
- 「words.freqE(s2)」は図中で，「f」で終わる英単語の数である**0**を返す。
- つまり，2 ÷ (2 － 0) ＝ 1.0。

④ 処理結果と異なる場合，不正解。別の選択肢で③を行う。全選択肢が済んだら②に戻る。

処理結果は，戻り値が0.4であるべきなのに，今回1.0のため，**エ**は不正解です。

よって，正解は**ウ**です。

処理の途中から当てはめたりトレースしたりする問題は，次のとおりです。その分，難易度は高まります。

- **［問題3－3］**（➡p.142）の関数transformSparseMatrix。
- **［問題8－2］**（➡p.225）の手続add。
- **［問題8－3］**（➡p.231）の手続removeFirst，手続removeLast。
- **［問題8－4］**（➡p.236）の手続remove。

問題11－6

〔基本情報技術者試験 令和4年サンプル問題 問3〕

問 次のプログラム中の [a] と [b] に入れる正しい答えの組合せを，解答群の中から選べ。

手続appendは，引数で与えられた文字を単方向リストに追加する手続である。単方向リストの各要素は，クラスListElementを用いて表現する。クラスListElementの説明を図に示す。ListElement型の変数はクラスListElementのインスタンスへの参照を格納するものとする。大域変数listHeadは，単方向リストの先頭の要素への参照を格納する。リストが空のときは，listHeadは未定義である。

メンバ変数	型	説明
val	文字型	リストに格納する文字。
next	ListElement	リストの次の文字を保持するインスタンスへの参照。 初期状態は未定義である。

コンストラクタ	説明
ListElement(文字型: qVal)	引数qValでメンバ変数valを初期化する。

図　クラスListElementの説明

〔プログラム〕
```
 1: 大域: ListElement: listHead ← 未定義の値

 2: ○append(文字型: qVal)
 3:   ListElement: prev, curr
 4:   curr ← ListElement(qVal)
 5:   if (listHead が [ a ])
 6:     listHead ← curr
 7:   else
 8:     prev ← listHead
 9:     while (prev.next が 未定義でない)
10:       prev ← prev.next
11:     endwhile
12:     prev.next ← [ b ]
13:   endif
```

問題演習

解答群

	a	b
ア	未定義	curr
イ	未定義	curr.next
ウ	未定義	listHead
エ	未定義でない	curr
オ	未定義でない	curr.next
カ	未定義でない	listHead

《解説》

[こう解く 擬似言語の問題を解く手順] (➡p.073) を使って解きます。

① 実行前の例を作る。処理結果を予測する。

実行前の例は，問題文「手続appendは，引数で与えられた文字を単方向リストに追加する手続である」や **[こう解く リスト図]** (➡p.216) をもとに作ります。ここでは次の実行前の例を使用します。処理結果は，同じくそれをもとに予測します。

- 実行前の例：① append("A") ➡ ② append("B")
- 処理結果　：リストは，値A➡値B。

② プログラムに実行前の例を当てはめてトレースする。

まず「① append("A")」を行います。大域変数は，プログラム実行前に最初に初期値が格納されます。**[局所変数と大域変数]** (➡p.059)

	トレース表	条件式	qVal
A	1: 大域: ListElement: listHead ← 未定義の値		
B	2: ○append(文字型: qVal)		A
C	4: curr ← ListElement(qVal)		

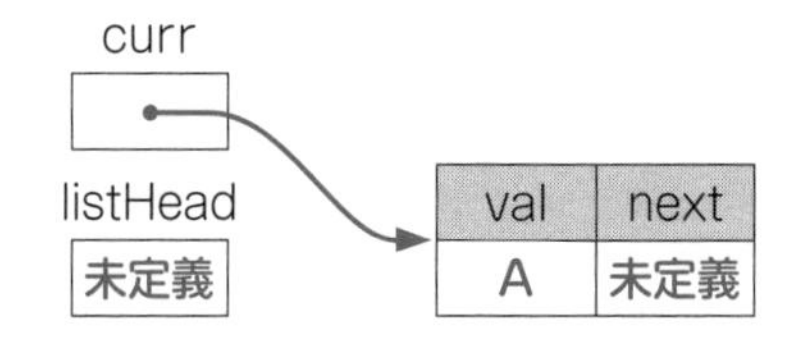

- C行でcurrは，コンストラクタListElementにより初期化される値Aのインスタンスを参照する。[こう解く インスタンス図]（➡p.182）

③ **空所に選択肢を当てはめてトレースする。**

ア [a]は「未定義」，[b]は「curr」を当てはめてトレースします。

	トレース表	条件式	qVal
D	5: if (listHead が [a]) 未定義	T	
E	6: listHead ← curr		

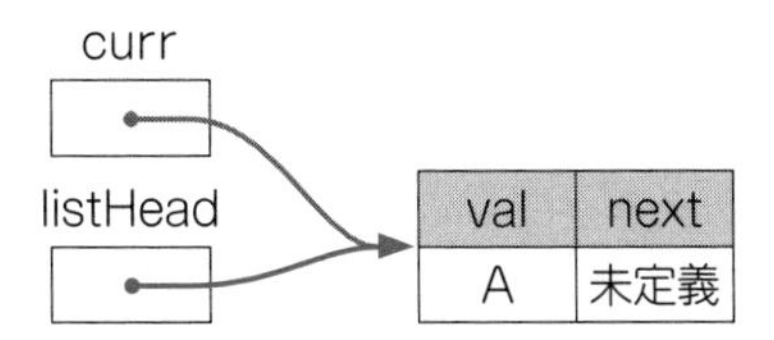

- E行でlistHeadの矢印の先端は，currの参照先である値Aのインスタンスにする。**[矢印の先端]**（➡p.191）

このあと，手続appendが終了するため，currの内容（**インスタンスへの参照**の矢印）は消去されます。変数currが局所変数だからです。**[局所変数と大域変数]**（➡p.059）

次に「② append("B")」を行います。

F	2: ○append(文字型: qVal)		B
G	4: curr ← ListElement(qVal)		

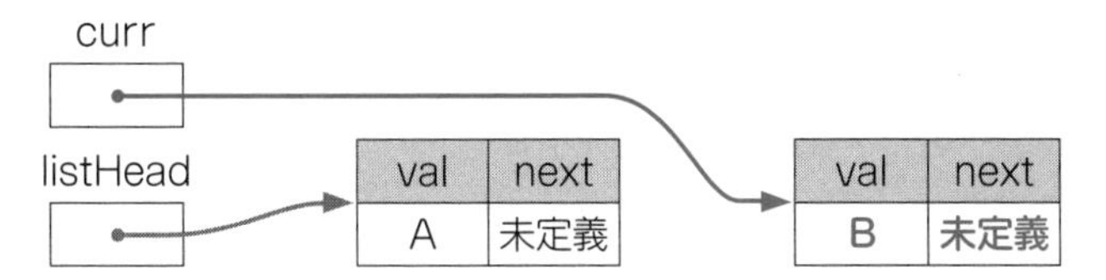

- G行でcurrは，コンストラクタListElementにより初期化される値Bのインスタンスを参照する。

H	5: if (listHead が [a]) 未定義	F	
I	8: prev ← listHead		
J	9: while (prev.next が 未定義でない)	F	
K	12: prev.next ← [b] curr		

第11章 問題演習

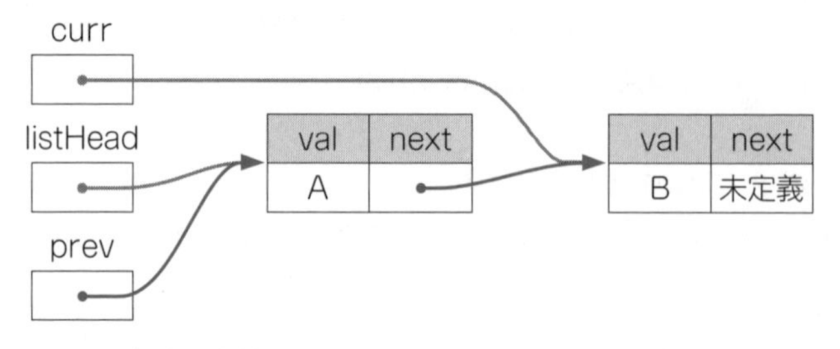

- I行でprevの矢印の先端は，listHeadの参照先である値Aのインスタンスにする。
- J行でprev.nextは，K行よりも前は未定義だったため条件式はF（偽）。
- K行でprev.nextの矢印の先端は，currの参照先である値Bのインスタンスにする。

④ 処理結果と異なる場合，不正解。別の選択肢で③を行う。全選択肢が済んだら②に戻る。

処理結果は，リストが値A➡値Bであるべきで，単方向リストの先頭の要素への参照を格納するlistHeadからたどると，今回は値A➡値Bをたどるため，**ア**は正しいです。念のため，別の選択肢で③を行います。

③ 空所に選択肢を当てはめてトレースする。

イ　[a] は「未定義」，[b] は「curr.next」を当てはめてトレースします。トレース表のD行～J行は**ア**と同じため，省略します。

	トレース表	条件式	qVal
K	12:　prev.next ← [b] curr.next		

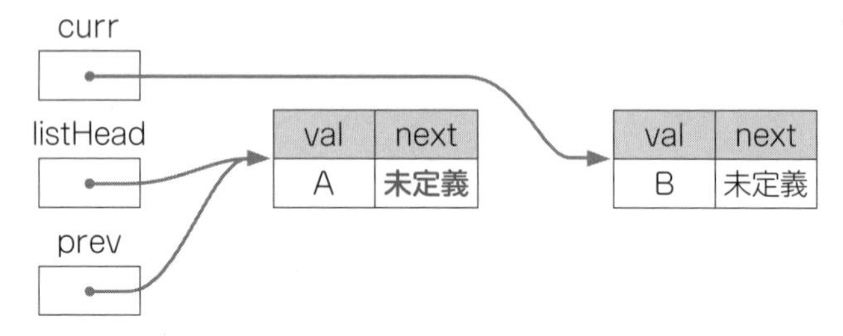

- K行でprev.nextは，未定義となり，どのインスタンスも参照しない。**[未定義への参照は存在しない]**（➡p.192）

④ 処理結果と異なる場合，不正解。別の選択肢で③を行う。全選択肢が済んだら②に戻る。

処理結果は，リストが値A➡値Bであるべきなのに，今回は値Aしかたどらないため，**イ**は不正解です。別の選択肢で③を行います。

③ 空所に選択肢を当てはめてトレースする。

ウ [a] は「未定義」，[b] は「listHead」を当てはめてトレースします。D行～J行は**ア**と同じため，省略します。

	トレース表	条件式	qVal
K	12:　prev.next ← [b]　listHead		

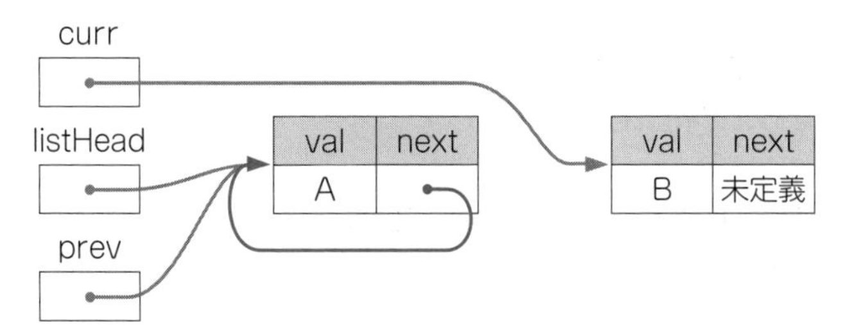

- K行でprev.nextの矢印の先端は，listHeadの参照先である値Aのインスタンスにする。

④ 処理結果と異なる場合，不正解。別の選択肢で③を行う。全選択肢が済んだら②に戻る。

値Aのインスタンスが循環参照におちいっています。**[プログラムの視点 自分が自分を参照する循環参照は，不正解]** (➡p.224) 処理結果は，リストが値A➡値Bであるべきなのに，今回は値A➡値A…と永久に処理が進みません。**ウ**は不正解です。別の選択肢で③を行います。

③ 空所に選択肢を当てはめてトレースする。

エ [a] は「未定義でない」，[b] は「curr」を当てはめてトレースします。

	トレース表	条件式	qVal
D	5: if (listHead が [a])　未定義でない	F	
E	8:　prev ← listHead		
F	9:　while (prev.next が 未定義でない)	F	

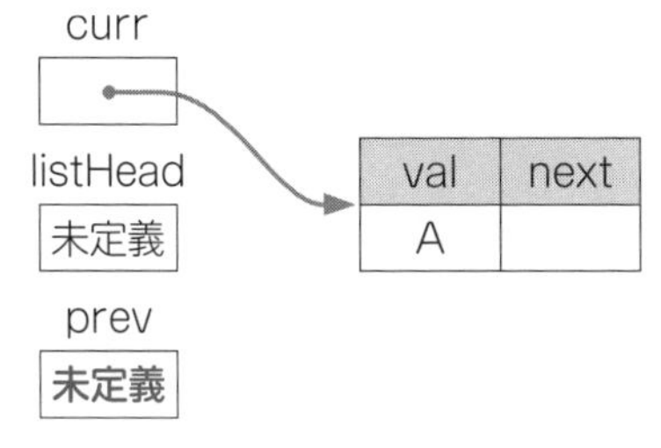

- F行でprevが未定義であり，prevが参照しているインスタンスは存在しない。そのため，prev.nextを利用できない。

第11章 問題演習

④ 処理結果と異なる場合，不正解。別の選択肢で③を行う。全選択肢が済んだら②に戻る。

prev.nextを利用できないため，**エ**は不正解です。なお，[a]は**エ**と**オ**と**カ**が同じため，**エ**だけでなく**オ**と**カ**も不正解です。

よって，正解は**ア**です。

なお，この問題では**第４章**の**［ありえない選択肢］**（➡p.145）を使えます。最初に活用しておけば，当てはめる選択肢を減らせるでしょう。

［こう解く 値を格納して利用する ではないのは不正解］（➡p.156）を使って解きます。

[b]は「値を格納するが，値を利用しない変数がある」**〈基準１〉**を満たします。なぜなら4行で「`curr ← ListElement(qVal)`」により，currのメンバ変数に値を格納しますが，[b]にcurr以外の選択肢を選ぶと，currを利用しないためです。

その対策として，currを利用する選択肢を空所に入れます。つまり，currを利用する**ア**，**イ**，**エ**，**オ**を[b]に入れます。

よって，不正解は**ウ**，**カ**で，正解の可能性があるのは**ア**，**イ**，**エ**，**オ**です。
これにより，正解の可能性がある選択肢を，６択➡４択へと減らせます。

第2部

情報セキュリティ

科目Bの20問中，4問（20%）は情報セキュリティ分野からの出題です。出題数は多くはありませんが，知識と着眼点を習得し，考え方を理解することで得点を稼げる取り組みやすい分野です。

アクセスキー d（小文字のディー）

▶傾向と対策

科目Ｂの出題傾向と対策をまとめました。

◆傾向：人的対策・組織的対策

2023年からの基本情報技術者試験（科目Ｂの情報セキュリティ分野）は，**技術寄り**から**利用者側寄り**へ出題範囲が様変わりしました。具体的には，情報セキュリティマネジメント試験の出題範囲に100%含まれるようになりました。それまでの基本情報技術者試験とは，大きく異なる新たな内容が出題されます。例えば，暗号化（公開鍵暗号方式 など）・認証・ネットワークプロトコルなどの**技術的対策**は出題範囲から除外されました。

情報セキュリティマネジメント試験〈科目Ｂ〉の出題範囲

基本情報技術者試験〈科目Ｂ〉
情報セキュリティ分野の出題範囲

◆対策：虎の巻

その対策として，利用者側からの情報セキュリティ対策の出題内容を調査分析し，「**虎の巻**」をまとめました。

例えば，「マルウェア感染が疑われる場合の**初動対応**は，こうすべきだ」と出題者が受験者に答えてもらいたい内容，つまり「**出題者が受験者に問いたい内容**」があります。

それらを収集するために，過去問題をもとに徹底的に分析しました。対象は，基本情報技術者試験・情報セキュリティマネジメント試験・応用情報技術者試験・情報処理安全確保支援士試験などの過去問題です。

その結果，多くの過去問題で**同じ・似た内容**が**複数回**，**出題**されており，基本情報技術者試験でも出題される可能性が十分あるため，それらを覚えやすい形式でまとめました。

この内容を事前に学習しておけば，高得点を望めるでしょう。

本書に同梱された**赤シート**を活用して，**赤色文字**の箇所を確認するとよいでしょう。

第2部 情報セキュリティ

第1章 虎の巻

利用者側寄りの情報セキュリティ対策の試験問題を解く際に必要となる，どんなリスクと対策が存在するのか，習得すべき着眼点と考え方，関連用語をまとめました。試験対策としてはもちろんですが，実際の仕事でも活かせるため，その意味でも「虎の巻」と言えるでしょう。

初動対応

インシデント*1発生直後に行う最初の対応のことです。

*1：インシデント
やりたいことができない状況。

◆感染が疑われる場合の初動対応

感染直後や感染が疑われる場合に行う初動対応は，次のとおりです。

- 組織内の**情報集約窓口***2・CSIRT(シーサート)*3・上長に連絡する。
- パスワードを変更する。
  不正アクセスが疑われる場合，そのシステムのパスワードを変更するのが，暫定的(ざんていてき)な対処方法。
- **脆弱性修正プログラム**（セキュリティパッチ）を適用する。
  対象はOS・ミドルウェア*4・ソフトウェア。脆弱性に対応したセキュリティパッチがある場合，それを適用する。
- ソフトウェアの利用を停止する。
  脆弱性をもつソフトウェアの利用をとりあえず停止する。ただし，ビジネスに影響が出る場合，経営者・上長からの事前承認が必要。

*2：情報集約窓口
インシデント対応チームともいう。

*3：CSIRT
情報セキュリティのインシデント発生時に対応する組織。

*4：ミドルウェア
OSとソフトウェアの中間にあり両者を仲立ちするソフトウェア。例えば，Webサーバ・DBMS（データベース管理システム）・アプリケーションサーバ。

- **ネットワークから切り離す。**
  感染した情報機器をネットワークから切り離す。情報機器を隔離する，**オフライン**にするともいう。具体的には，**LANケーブル**を抜く，かつ，**無線LAN**を**オフ**にする。**マルウェア**[*5]が他の情報機器と通信し，被害を拡大させる事態を防ぐために。ただし，他の部署に影響が出る場合，他の部署からの事前承認が必要。

- 他の情報機器で新たに添付ファイルを開いたり，不審なURLにアクセスしたりしない。

- ただし，Webブラウザに表示された警告メッセージの場合は，無視したり，Webブラウザを閉じたりする。リンクをクリックしたり，問合せ電話番号に連絡したりしない。あくまでも警告メッセージの表示のみで，ファイルは暗号化されておらず，**ランサムウェア**[*6]ではないため。

- 攻撃の送信元IPアドレスからの通信をファイアウォール（FW）で遮断するように，担当者に依頼する。

◆やってはいけない初動対応

行うべきでない初動対応は，次のとおりです。

✕感染した情報機器を電源オフにする・**再起動**する。
メモリ上にある情報（攻撃手法・攻撃による流出情報）を残しておき，**デジタルフォレンジックス**[*7]で活用する。電源オフにすると，それらを実施できなくなる。また，電源オフにする間にマルウェアの被害が広がる可能性があるため。

✕感染したPCを**初期化**[*8]する。ファイルを操作する。
PCのHDD[*9]やSSD[*10]上に保存された情報（攻撃手法・攻撃による流出情報）を残しておき，デジタルフォレンジックスで活用するため。初期化・操作すると，それらを実施できなくなる。

***5：マルウェア**
利用者の意図しない動作をするソフトウェア全般のこと。

***6：ランサムウェア**
コンピュータのファイルやシステムを使用不能にし，その復旧と引き換えに金銭を要求するソフトウェア。

***7：デジタルフォレンジックス**
情報セキュリティの犯罪の証拠となるデータを収集・保全すること。

***8：初期化**
ここではインストールし直すこと。

***9：HDD**
Hard Disk Driveの略。HDDとSSDを合わせて，内蔵ストレージともいう。

***10：SSD**
Solid State Driveの略。フラッシュメモリを用いてデータの読み書きを行う記録媒体。ハードディスクの代替として普及している。

ただし，証拠保全の必要性だけでなく，**業務を復旧**させる必要性の両面からその対応を決定する必要がある。

◆感染被害の拡大の確認方法

他の情報機器に感染を拡大させたり，インターネットに情報を送信させたりしないために，感染被害の拡大を確認する方法は，次のとおりです。

- 最新のマルウェア定義ファイルで，**フルスキャン**を行い，マルウェアが他に**検出**されないかを確認する。
- 他の情報機器で，マルウェアによる**警告メッセージ**が表示されないかを確認する。
- ランサムウェアの場合，**拡張子**が**変更**されたファイルが，他の情報機器にないかを確認する。

虎の巻では，試験で問われる次の２点に着目しましょう。

◆いつ（事前に・定期的に・即座に など）

情報セキュリティ対策を**いつ**行うかが誤っているため，不正解になる選択肢があります。例えば，ファイルのバックアップは，ファイル暗号化型のランサムウェアの感染**前**に行う必要があります。事**後**にバックアップを取るような選択肢は誤りです。

◆バランス（よいことばかりではない。やり過ぎると…）

情報セキュリティ対策を行うと，その対策による**デメリット**が生じることがあります。試験では，そのちょうどよい**バランス**の選択肢を選ぶ必要があります。なお，本書では「ただし」に続く文章の中に，対策によるデメリットを記載しています。

出題例1　〔情報セキュリティマネジメント試験 平成28年秋 午後問3 抜粋〕

利用については図2に示すＰ社基盤情報システム利用規程（以下，利用規程という）を整備している。

> 4. 情報セキュリティインシデント（以下，インシデントという）の発生時には，その対応として第一に被害拡大防止に努め，第二に証拠保全に努めること。

図2　利用規程（抜粋）

〔インシデントの発見と初動対応〕

連絡を受けたB課長は，利用規程にのっとり，①Eさんに初動対応を指示し，併せてA部長に報告した。

設問1　〔インシデントの発見と初動対応〕について，(1）に答えよ。

(1)　本文中の下線①について，次の（ⅰ）～（ⅴ）のうち，B課長がEさんに指示すべき初動対応だけを全て挙げた組合せを，解答群の中から選べ。

（ⅰ）EさんのPCのHDD内のフォルダとファイルに対して何も操作をしない。
（ⅱ）EさんのPCの電源を強制切断し，かつ，電源ケーブルを電源コンセントから外す。
（ⅲ）EさんのPCをLANから切り離す。
（ⅳ）EさんのPCを再起動する。
（ⅴ）EさんのPCを使ってEさんの基盤情報システムへのログインパスワードを変更する。

解答群

ア　（ⅰ）　　イ　（ⅰ），（ⅲ）　　ウ　（ⅰ），（ⅳ），（ⅴ）
エ　（ⅱ），（ⅲ）　　オ　（ⅱ），（ⅴ）　　カ　（ⅲ），（ⅳ），（ⅴ）
キ　（ⅲ），（ⅴ）　　ク　（ⅳ），（ⅴ）

《解説》

初動対応については，図2の4で，「**…インシデントの発生時には，その対応として第一に被害拡大防止に努め，第二に証拠保全に努めること**」と記述があります。それに該当する初動対応を選びます。

（ｉ）は，正しいです。**証拠保全**に該当します。仮にHDD内のフォルダとファイルを削除すると，証拠を失いかねないためです。

（ⅱ）は，電源を強制切断すると，**被害拡大防止**にはなるかもしれませんが，PCのメモリ上にある情報を失い，証拠を失いかねません。

（ⅲ）は，正しいです。ネットワーク（LAN）から切り離すことは，**被害拡大防止**に該当します。

（ⅳ）は，再起動により，PCのメモリ上にある情報などの証拠を失いかねません。

（ⅴ）は，感染が疑われるEさんのPCを使って，ログインパスワードを変更すると，その途中でネットワークにつながるため，被害を拡大させかねません。

指示すべき初動対応は，（ｉ），（ⅲ）だけです。

よって，正解は**イ**です。

◯ 構成管理

情報機器・ソフトウェア・関連資料についての**最新状況**を**構成管理データベース***11に登録する活動です。インシデント発生時の影響範囲，その後の情報システム変更時の**対象**範囲を，そのデータベースをもとに**迅速に把握**・対応することを目的としています。また，同じ目的で，**IT資産管理ツール**を使うことがあります。

***11：構成管理データベース**
英語で，Configuration Management Database（CMDB）ともいう。

◆構成管理データベースに登録するもの

- OS・ミドルウェア・ソフトウェアを対象に，その**名称**と**バージョン**情報をデータベースに登録する。
- 常に最新状況に，情報を更新する。

◎ マルウェア対策ソフト

マルウェアを検出・削除し，情報機器にマルウェアが感染することを防ぐための製品です。ワクチンソフトと同義語です。代表的なマルウェア検出方法として，パターンマッチング法と振舞い検知法があります。

- パターンマッチング法
  あらかじめマルウェアの特徴（**シグネチャコード**[*12]）を定義したマルウェア定義ファイルを用意し，それに合致するかどうかでマルウェアの有無を調べる方法。ただし，マルウェア定義ファイルに定義されていない未知のマルウェアは，検出できない。

- 振舞い検知法[*13]
  パターンマッチング法を補うための方法で，プログラムが行う危険な行動（振舞い）を検出した時点で，マルウェア対策ソフトは，マルウェアに感染したと判断する。**動的解析**の一種。例えば，ファイルの書込み・コピー・削除，通信量の異常増加を危険な行動とみなす。

  ただし，正規のソフトウェアの振舞いが異常と判定される場合がある。その場合，そのソフトウェアを判定対象の除外リストに登録し，誤検知が生じないようにする。

マルウェア対策ソフトを使用する際の注意点は，次のとおりです。

- **マルウェア対策ソフト**[*14]の**マルウェア定義ファイル**[*15]を**最新**化する。最新のマルウェア情報をもとにスキャンをするために。

- **リアルタイムスキャン**だけでは，すり抜けるマルウェアもあるため，**定期的**に**フルスキャン**を行う。リアルタイムスキャ

***12：シグネチャコード**
マルウェアであると識別できる，プログラムコード中の特徴のある一部分。英語で，signature code。

***13：振舞い検知法**
ビヘイビア法ともいう。語源は，behavior（振舞い）から。

***14：マルウェア対策ソフト**
いわゆるウイルス対策ソフトと同義。

***15：マルウェア定義ファイル**
パターンファイルともいう。

ンとフルスキャンの違いは，次のとおり。

- **リアルタイムスキャン**
  読み書きしたり実行したりしたファイルを対象に行うスキャン。この時点では未知のマルウェアで，その後判明したマルウェアは，この時点のスキャンでは検知できない。

- **フルスキャン**
  HDDやSSDに保存されたすべてのファイルを対象に行うスキャン。最新のマルウェア定義ファイルに登録されたマルウェアを検知する。

- **脆弱性修正プログラム**（セキュリティパッチ）を適用する。
  対象はOS・ミドルウェア・ソフトウェア。脆弱性に対応したセキュリティパッチがある場合，それを適用する。

- 感染が疑われる場合，**オフライン**[*16]でマルウェア定義ファイルを更新し，フルスキャンを行う。
  具体的には，別の情報機器で最新のマルウェア定義ファイルをダウンロードし，USBメモリを経由して感染が疑われる情報機器にコピーする。マルウェア対策ソフトに手動で適用させたうえで，フルスキャンを行う。ネットワークを経由してマルウェア定義ファイルを適用させると，ネットワーク経由で他へマルウェア感染が拡大する危険性があるため。

- 定期的に**バックアップ**する。
  被害に遭（あ）う場合に備え，事前にデータを複製（コピー）しておくこと。

2要素認証

なりすまし[*17]を防ぐために，認証方法（知識認証・所有物認証・生体認証）のうち，異なる認証方法を2つ組み合わせる方式です。例えば，料金支払いの際に，クレジットカード（IC

***16：オフライン**
ネットワークから切り離された状況を意味する。ローカルと同義。反意語はオンライン。

***17：なりすまし**
本人でないのに，本人のふりをすること。

カード）で所有物認証を行うだけでなく，暗証番号（PIN）で知識認証を行い，安全性を高めます。

利用者認証は，認証方法により，知識認証・所有物認証・生体認証の３つに分けられます。

- **知識**認証　：本人のみが知る**情報**により認証する。
- **所有物**認証：本人のみが持つ**物**により認証する。
- **生体**認証　：本人のみがもつ**身体**的特徴・**行動**的特徴により認証する。

◆２要素認証と２段階認証

関連する用語の違いは，次のとおりです。

- ２要素認証：異なる認証方法を２つ組み合わせる方式。
- ２段階認証：同一の認証方法を２つ組み合わせる方式。

◆所有物認証の例

２要素認証の例を挙げます。パスワードによる**知識**認証に加え，次の４つのうちのひとつを対象に，ログイン先から**認証キー**が送信されます。受け取った利用者は，この認証キーをログイン先の画面に入力することで，それを持っているという**所有物**認証となります。

- スマートフォンのアプリ
- メール
- SMS*18
- 携帯用トークン*19

また，認証キーは**ワンタイムパスワード***20でもあります。その入力作業を所定の時間内に行うことで，利用者が今，入力したことが確かめられます。ただし，それらを紛失した場合，認証キーを画面に入力できなくなり，結果としてログインできなくなるという課題があります。

***18：SMS**
Short Message Service（ショートメッセージサービス）の略。電話番号を宛先にして短い文章を送受信できる。

***19：携帯用トークン**

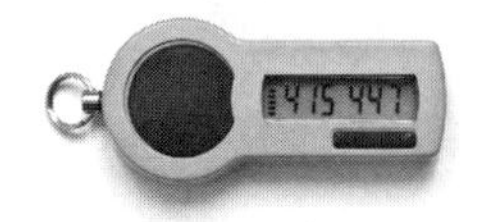

携帯用トークン

***20：ワンタイムパスワード**
１回限り有効な使い捨てパスワード。認証のたびにパスワードを作り，時間が経過するとパスワードは無効になる。仮にパスワードが盗聴されても，次回は異なるパスワードに変わるため，不正利用を防止できる。

出題例2 〔情報セキュリティマネジメント試験 平成28年秋 午後問1 抜粋〕

〔問題点の整理，対策の検討〕

U課長は，Xサービスを B社へのファイル提供に利用したこと自体が誤りであったとして，表2のように，Xサービスを業務で利用することの問題点とその理由を指摘した。

表2 Xサービスを業務で利用することの問題点とその理由

番号	問題点	理由
3	d	インターネット上で提供される社外のITサービスを業務で利用する場合は，なりすましのリスクを軽減するために２要素認証などの強固な対策が必要であると，情報セキュリティ関連規程に定めているから。

設問2 〔問題点の整理，対策の検討〕について，(1) に答えよ。

(1) 表2中の d に入れる字句はどれか。解答群のうち，最も適切なものを選べ。

dに関する解答群

ア スマートフォンやタブレットから利用できる。

イ 操作の履歴情報が提供されない。

ウ 通信中の情報が暗号化されない。

エ 登録したファイルに対するウイルスチェック機能をもたない。

オ メールアドレスとパスワードだけで利用できる。

《解説》

表の見出し（問題点と理由）をもとにまとめると，「なりすましのリスクを軽減するために２要素認証などの強固な対策が必要である」から，[d]は問題だということです。なりすましのリスクの軽減や，２要素認証という対策が必要になるような事象が[d]に入ります。

ア，**イ**，**ウ**，**エ**は，なりすましのリスクの軽減や２要素認証とは無関係です。

オは，正解です。パスワードだけだと，知識認証だけのため２要素認証ではなく，なりすましのリスクの軽減が必要になります。

● 相互牽制(けんせい)[*21]

誤りや不正行為を防止するために，次のことを行います。

- **職務を分離**[*22]し，ダブルチェック[*23]により互いに確認し合い，**相互牽制**を行う。
- 相互牽制を行っていることを**周知徹底**し，**抑止効果**を狙う。

相互牽制が機能していない現状を出題させたり，その改善策を問うたりする設問が出題されます。具体的には，次のとおりです。

*21：牽制
相手の自由な行動をおさえ，妨(さまた)げること。

*22：職務を分離
担当を分担すること。

*23：ダブルチェック
ここでは，ある事柄の確認を，１人でなく複数人で行うこと。

◆ダブルチェックによる相互牽制が機能しない例

✕業務をやりっ放しで，その後に**承認**を受けるプロセスがない場合。
✕データ入力について，１人で，**入力**権限をもち，かつ**承認**権限ももつ場合。
✕利用者IDの管理について，１人で，**操作**権限をもち，かつ**承認**権限ももつ場合。

◆周知徹底の目的

相互牽制を行っていることを広く知らせて，情報共有する目的は，次のとおりです。

- 情報を不正に社外に持ち出すのが難しいことが分かるから。
- 不正を隠し通せないことが分かるから。

出題例3 〔情報セキュリティマネジメント試験 平成30年秋 午後問1 抜粋〕

〔手口と対策〕

L課長は，今回の出来事を教訓としてF社で改善すべき点がないか，情報セキュリティリーダであるS主任と話し合った。そのときの会話を次に示す。

S主任：振込依頼情報の作成前に，M主任が自分一人の判断で取引先口座マスタ中のB社の口座情報を変更できたという問題があります。対策として，［ f1 ］ことを進めます。振込依頼書の承認が省略できたという問題については，［ f2 ］ことを進めます。これによって，振込依頼書の書類を廃止でき，操作結果が社内システムに自動的に記録できるようにもなります。

設問5 〔手口と対策〕について，(5) に答えよ。

(5) 本文中の［ f1 ］，［ f2 ］に入れる，次の（ⅰ）～（ⅵ）の組合せはどれか。fに関する解答群のうち，最も適切なものを選べ。

（ⅰ）F社会計システムから共有フォルダに出力した後の振込依頼データはL課長がデジタル署名を付与してから保管する

（ⅱ）F社会計システムの取引先口座マスタの登録及び変更のワークフローシステムを導入し，その申請権限と承認権限を分離する

（ⅲ）IBサービスでの振込（承認）の承認者を，振込依頼書の承認者と同一人物にする

（ⅳ）IBサービスでの振込の承認を実行する時に，もう一度，取引先の口座情報の変更の証憑と突き合わせて確認する

（ⅴ）取引先口座マスタを登録，変更するときに取引先から入手すべき証憑の種類をマニュアルに明記する

（ⅵ）振込依頼情報を申請するワークフローシステムをF社会計システムに導入し，かつ，振込依頼情報の申請権限と承認権限を分離する

ｆに関する解答群

	f1	f2
ア	(ⅱ)	(ⅰ)
イ	(ⅱ)	(ⅲ)
ウ	(ⅱ)	(ⅵ)
エ	(ⅳ)	(ⅰ)
オ	(ⅳ)	(ⅲ)
カ	(ⅳ)	(ⅵ)
キ	(ⅴ)	(ⅰ)
ク	(ⅴ)	(ⅲ)
ケ	(ⅴ)	(ⅵ)

《解説》

◆ f1

「**M主任が自分一人の判断で…変更できたという問題があります**」という記述についての対策として，（ⅱ）などが該当するかを検討します。

（ⅱ）は，正しいです。「**申請**権限と**承認**権限を分離する」ことにより，ダブルチェックによる相互牽制が機能します。**[相互牽制]**（➡p.304）

（ⅳ）は，二度チェックをするだけで，ダブルチェック（ある事柄の確認を，１人でなく複数人で行うこと）とは異なります。

（ⅴ）は，証憑（しょうひょう）（結果を立証するための裏付け）の種類が正しくても，「**自分一人の判断で変更できた**」場合，対策とならないため，誤りです。

◆ f2

空所の周辺にある，次の記述に（ⅰ）などが該当するかを検討します。

- 「振込依頼書の承認が省略できたという問題」　… **承認の省略**
- 「これによって，振込依頼書の書類を廃止でき」　… **書類の廃止**

（ⅰ）は，デジタル署名により，振込依頼データの改ざんの対策にはなりますが，**承認の省略・書類の廃止**ができるわけではありません。

（iii）は，**承認の省略**とは無関係です。また，振込依頼書の**書類の廃止**ができるわけではありません。

（vi）は，正しいです。「振込依頼情報の申請権限と承認権限を分離する」ことで，**承認の省略**の対策になります。また，「振込依頼情報を申請するワークフローシステムをF社会計システムに導入」することで，**書類の廃止**も可能です。

よって，正解は**ウ**です。

▶ **トラップ** 2つの条件（**承認の省略・書類の廃止**）を両方満たす対策であるべきなのに，両方の確認を怠ることを狙ったトラップです。この場合，1つめは条件を満たすか，2つめは条件を満たすかを調べるために，根拠の個数を数えて，そのすべてを満たす選択肢を選ぶ必要があります。

根拠の個数を数えて，そのすべてを満たす選択肢を選ぶ。

◎ 最小権限[*24]の原則

情報システムやファイルなどにアクセスするための権限は，「**必要である者**だけに対して**必要な分**だけを与え，必要のない者には与えない」という考え方です。必要以上の権限を与えると，不正アクセスする危険性があるからです。

- 特権ユーザ[*25]とは，特権的アクセス権[*26]（一般ユーザの利用者IDの登録・削除・アクセス制御などの特別な操作権限）をもつユーザ。**特権ID・システム管理者**ともいう。
- 特権ユーザは，「どの利用者が，どの情報システムやファイルに対し，何ができるか」の権限を設定する。
- その際に，**必要最小限**の権限のみを与える設定にする。

***24：最小権限**
need-to-know，必要最小限の権限ともいう。

***25：特権ユーザ**
例えば，WindowsではAdministrator，Linuxではroot。

***26：特権的アクセス権**
特権ともいう。いわゆる管理者権限のこと。

出題例 4

〔基本情報技術者試験 平成21年秋 午前問43〕

問 利用者情報を管理するデータベース（利用者データベース）がある。利用者データベースを検索し，検索結果を表示するアプリケーションに与えるデータベースのアクセス権限として，セキュリティ管理上適切なものはどれか。ここで，権限の範囲は次のとおりとする。

〔権限の範囲〕

参照権限：　利用者データベースのレコードの参照が可能
更新権限：　利用者データベースへのレコードの登録，変更，削除が可能
管理者権限：利用者データベースのテーブルの参照，登録，変更，削除が可能

ア　管理者権限　　イ　更新権限　　ウ　参照権限　　エ　参照権限と更新権限

《解説》

最小権限の原則にもとづき，「必要である者だけに対して必要な分だけを与え，必要のない者には与えない」ようにします。利用者データベースを検索し，表示するアプリケーションに必要なのは，レコード（テーブルの行）を参照する権限のみです。登録，変更，削除は必要ありません。

正解：ウ

◘ 利用者IDの共用[*27]

利用者IDの共用によるリスクは，次のとおりです。

- 情報機器を操作した者を**特定できない**という状況を狙われて，不正に操作されるリスク。
- **異動者**や**退職者**など，利用資格を失った者に情報機器を不正に操作されるリスク。
- 共用者の1人がパスワードを変更した際に，他の共用者に変更後のパスワードを伝えるための**メモ**を書き，そのメモからパスワードが漏えいし，不正に操作されるリスク。

◆利用者IDの共用への対策

利用者IDの共用への対策は，次のとおりです。

- 1つの情報システムには，1人に対して1つの利用者IDのみ登録する。つまり複数人で同じ利用者IDを共用しない。
- 利用者IDやパスワードの再利用を禁止する。つまり，一度，無効にした利用者IDやパスワードの使い回しをしない。
- 退職・人事異動により利用者IDが**不要**になった場合や，**不正使用**された場合，**即座**に利用者IDを**無効**にする。
- 利用者ID・パスワードを紛失した場合の代替手段を準備しておく。業務に支障をきたさないために。

***27：共用**
共同で使うこと。

出題例 5 〔情報セキュリティマネジメント試験 平成28年春 午前問15〕

問 システム管理者による内部不正を防止する対策として，適切なものはどれか。

ア システム管理者が複数の場合にも，一つの管理者IDでログインして作業を行わせる。

イ システム管理者には，特権が付与された管理者IDでログインして，特権を必要としない作業を含む全ての作業を行わせる。

ウ システム管理者の作業を本人以外の者に監視させる。

エ システム管理者の操作ログには，本人にだけアクセス権を与える。

《解説》

ア：1つの情報システムでは，1人に対して1つの利用者IDのみ登録します。複数人で同じ利用者IDを共用しないようにします。不正アクセスを防ぐためです。

イ：システム管理者には，**最小権限**（need-to-know）のみ与えるべきで，特権を必要としない作業を，管理者IDで行うべきではありません。(➡p.307)

ウ：正解です。誤りや不正行為を防止するために，職務を分離し，ダブルチェックにより互いに確認し合い，**相互牽制**を取り入れます。(➡p.304) システム管理者の不正を発見したり，未然に防いだりするために監視すべきです。

エ：操作ログを改ざん・消去されるおそれがあります。操作ログへのアクセス権を，本人に与えてはいけません。

正解：ウ

PCの共用

家庭・学校・図書館・インターネットカフェなどで，複数人で1台のPCを共用することによるリスクは，次のとおりです。

- キーロガー*28をインストールされ，入力した利用者ID・パスワードが不正に盗まれるリスク。
- ログアウトしない場合，直前の利用者IDを攻撃者に不正に利用されるリスク。

***28：キーロガー**
スパイウェアの一種で，コンピュータへのキー入力を監視し記録するソフトウェア。

◆PCの共用への対策

PCの共用への対策は，次のとおりです。

- 時間が経過すると，ログイン状態を**自動**で**ログアウト**させる機能を有効にする。
- 利用者IDを共用しない。
- オートコンプリート機能（Webブラウザに認証情報を保存する機能）を無効にする。これにより，PCの利用者が入力した認証情報（利用者ID・パスワード）が攻撃者やマルウェアによって悪用されるのを防ぐ。

メールアドレスのなりすまし

メールアドレスのなりすましにより，**標的型攻撃メール***29やBEC*30の被害に遭うリスクがあります。

***29：標的型攻撃メール**
標的となる組織に存在するメールアドレスに送りつけるメール。

***30：BEC**
ビジネスメール詐欺。取引先になりすましをして，偽のメールを送りつけ，金銭をだまし取る詐欺の手口

◆メールアドレスのなりすましへの対策

メールアドレスのなりすましへの対策は，次のとおりです。

- メールアドレスをよく見る。
- なりすましのメールアドレスの出題例は，次のとおり。
  例 普段使われているメールアドレス：YYYY@interior-bsha.com
  例 なりすましのメールアドレス　　：YYYY@interiar-bsha.com
- 「メールが不審である」と気付けるかを確認するために，組織で**標的型攻撃訓練**を行う。

URLのなりすまし

URLのなりすましにより，フィッシング*31やスミッシング*32の被害に遭うリスクがあります。

◆URLのなりすましへの対策

URLのなりすましへの対策は，次のとおりです。

- URLをよく見る。
- Webブラウザのブックマーク（お気に入り）から目的のWebサイトにアクセスする。SEOポイズニング*33への対策にもなる。
- プロキシサーバのURLフィルタリング機能(➡p.329)を使う。
- ただし，URLフィルタリングのリストに登録する前に，なりすましをされたURLに利用者がアクセスすれば，被害に遭う。

***31：フィッシング**
有名企業や金融機関などを装った偽のメールを送りつけ，偽のWebサイトに誘導して，個人情報を入力させてだまし取る行為。

***32：スミッシング**
携帯電話・スマートフォンのSMSを利用して，有名企業・金融機関を装ったメッセージを送りつけ，フィッシングサイトに誘導する行為。

***33：SEOポイズニング**
検索サイトの検索結果の上位に，マルウェアに感染させるWebサイトを表示する行為。

本人へのなりすまし

攻撃者が利用者本人になりすましをした場合，標的型攻撃メールやBECの被害に遭うリスクがあります。

◆本人へのなりすましへの対策

本人へのなりすましへの対策は，次のとおりです。

- メール送信者のなりすまし対策として，メールとは別の手段で本人確認する。例えば，電話・郵便で確認する。
- 取引先から受信したメールを攻撃者に自動転送する**設定**が行われると，取引先とのメールのやり取りを盗聴できる。攻撃者はそれを利用し，あたかも取引先になりすましをして，偽のメールを送りつける。その対策として，自動転送する設定を禁止する技術的対策を行う。

- のぞき見防止フィルタ

正面方向のみに光を通し，画面左右からののぞき見を防止する。PCのディスプレイに配置する。**ソーシャルエンジニアリング**[*34]の一種である**ショルダハッキング**[*35]対策になる。

- クリアスクリーン
  PCを無操作のまま一定時間が経過すると，スクリーンをロックする機能。次回使用時には，ログインパスワードの入力が必要となる。これにより，のぞき見や不正な利用者によるPCの操作を防ぐ。

- 顔認証
  顔認証によりログインする。また，一定時間が経過するたびに，顔認証を行う機能を有効にする。利用者以外の顔を検知したり，離席中だったりした場合，画面をロックする。

- 顔写真
  ログイン時に自動的に利用者の顔写真を撮影し，ログに残す機能を有効にする。これにより，なりすましがあったかを後で分析できる。

- アンチパスバック[*36]
  共連れ(ともづれ)[*37]などにより入室（または退室）の記録がない場合，認証を拒否して，退室（または入室）できないようにすること。ただし，入退室時の共連れを防げるが，入室時も退室時も共連れした場合は防げない。

◎ 人へのなりすまし

Webサイトのログインなどの入力画面で，人でなく**ボット**[*38]が自動で何回もログインを試行し，その結果，ブルートフォース攻撃の被害に遭うリスクがあります。

◆人へのなりすましへの対策

人へのなりすましへの対策は，次のとおりです。

***34：ソーシャルエンジニアリング**
技術を使わずに，人の心理的な隙(すき)や行動のミスにつけ込んで，秘密情報を盗み出す方法。

***35：ショルダハッキング**
肩越しに，PCの画面や入力作業をのぞき見すること。

***36：アンチパスバック**
語源は，認証用カードを後ろの人に渡して（pass back），共連れを行う方法に対抗する（anti）ことから。

***37：共連れ**
侵入者が，正規の利用者と共に不正に入退室すること。背後に潜(ひそ)み，認証時に一緒に入り込み，2人以上が1回の認証で同時に入退室する。

***38：ボット**
感染した情報機器を，インターネット経由で外部から操(あやつ)ることを目的とした不正プログラム。

- Webサイトの入力画面にCAPTCHA（キャプチャ）[*39]を表示してその中の文字を入力させる。
- なお，その人が誰なのかという**利用者認証**ができるわけではない。あくまでもボットでなく人が入力したことが分かるだけである。
- ただし，利用者がCAPTCHAの文字が読めなかったり，利用法が分からなかったりする場合は，次の画面へ進めなくなる。

***39：CAPTCHA**
プログラムは読み取れないが，人間なら読み取れる形状の文字。CAPTCHAの例は，次のとおり。

語源は，Completely Automated Public Turing test to tell Computers and Humans Apart（コンピュータと人間を区別するための，完全に自動化された公開チューリングテスト）から。チューリングテストとは，コンピュータは知能をもつかどうかを判定するテスト。

パスワードクラック

パスワードクラック（**辞書攻撃**・**ブルートフォース攻撃**・**パスワードリスト攻撃**）に対抗するために，次の対策を打ちます。

◆辞書攻撃への対策

辞書攻撃（パスワードに単語を使う人が多いことを悪用し，辞書の単語を利用してパスワードを推察する方法）への対策は，次のとおりです。

- パスワードに使用する文字の種類を増やす。英字（大文字・小文字）・数字・記号を交ぜる。
- パスワードを長くする。
- 辞書にある単語を使わない。

◆ブルートフォース攻撃への対策

ブルートフォース攻撃（パスワードの可能な組合せをしらみつぶしにすべて試す方法）への対策は，次のとおりです。

- ロックアウト[*40]・アカウントロック
  ある回数以上パスワードを誤入力した場合，その利用者IDを使用禁止にする。
- ただし，正規の利用者が何回もパスワードを間違えると，ログインできなくなるため，ロックされて一定時間が経過する

***40：ロックアウト**
語源は，lock out（締め出す，排除する）から。アカウントロックと同義語。

と，ロックを解除するように設定する。この時間が長いほど，時間当たりの攻撃回数は減り，安全性が高まる。

- ロックアウト・アカウントロックは，**リバースブルートフォース攻撃**[*41]への対策にはならない。この攻撃は1つの利用者IDについて，何度もログインを試すわけではないので。

***41：リバースブルートフォース攻撃**
1つの利用者IDについて，様々なパスワードを試すブルートフォース攻撃とは対照的に，1つのパスワードについて，様々な利用者IDを試す方法。

◆パスワードリスト攻撃への対策

パスワードリスト攻撃（利用者ID・パスワードを使い回す利用者が多いことから，あるWebサイトやシステムから流出した利用者IDとパスワードのリストを使って，別のWebサイトやシステムへの不正ログインを試みる攻撃）への対策は，次のとおりです。

- システムやWebサイトでそれぞれ**異なる**パスワードを利用する。つまり，他のシステムやWebサイトで，同じ利用者IDとパスワードの**使い回し**をしない。

◆パスワードクラック全般への対策

パスワードクラック全般への対策は，次のとおりです。

- システムやWebサイト内で，**ログイン履歴**を表示する。前回ログインした日時を表示すれば，利用者は，自分のログインでないものを見つけられ，不正ログインの発生状況に気付ける。
- ログインしたことを通知するアプリ・メール・SMSの内容を利用者が確認する。

- **リスクベース認証**
  不正アクセスを防ぐ目的で，普段と異なる利用環境から認証を行った場合に，追加で認証を行うための仕組み。例えば，認証時の，IPアドレス・OS・Webブラウザなどが，普段と異なる場合に，攻撃者からのなりすましでないことを確認するため，合言葉による追加の認証を行うこと。

◎ 盗難・紛失

情報機器の盗難・紛失が起きた場合，内容を盗み取られるなどのリスクがあります。

◆盗難・紛失への対策

盗難・紛失への対策は，次のとおりです。

- 持ち出した情報機器を移動中は肌身離さず持つ。電車の網棚に置いたりしない。

- BIOS*42 パスワード
  PCのハードウェアに設定し，PCの起動時に入力を求められるパスワード。別のハードウェアでは，BIOSパスワードが機能しないため，内蔵ストレージを抜き取り，攻撃者のPCに接続すれば，内蔵ストレージの内容は読み取られる。

- HDDパスワード
  HDDに設定し，HDDをPCに接続した際に入力を求められるパスワード。攻撃者のPCに接続した場合にもHDDパスワードの入力を求められるため，情報漏えい対策になる。

- セキュアブート
  CDやDVDからPCを起動することを禁止する機能。これにより，CDやDVDから起動し，それらに格納されたプログラムにより，PCのOSを操作して内容を盗み取ることを防げる。

- HDD全体の**暗号化**
  HDD全体やSSD全体を暗号化する機能。これにより，復号鍵が分からない限り，その内容を盗み取ることを防げる。

- OSへのログインパスワード
  OS起動時などに現れる，OSのログイン画面で入力するパスワード。

***42：BIOS（バイオス）**
主にOSの起動や，PCと他の接続機器との入出力を制御するプログラム。PC起動時に最初に実行される。

- セキュリティワイヤ

  情報機器と机を結ぶための金属製の**チェーン**。情報機器の不正な持出しを防ぐ。

- 中が透(す)けて見える鞄(かばん)

  私物の鞄の持込みを禁止する代わりに貸し出す鞄。秘密書類や情報機器の持出しを防ぐ。

- クライアント認証

  正規でない情報機器からのアクセスを制限するための仕組み。**端末認証**を行う。事前に情報機器に**クライアント証明書**[*43]をインストールしておく。サーバやシステムは，その情報機器からのアクセスのみを許可する。

- グローバルIPアドレス[*44]

  正規でない情報機器からのアクセスを制限するための仕組み。**接続元の認証**を行う。利用者は情報機器から，グローバルIPアドレスを割り当てられた機器を経由して，インターネット上のサービスを利用する。そのサービスでは，許可されたグローバルIPアドレスからのアクセスのみを許可する。

- 耐(たい)タンパ性(せい)[*45]

  ICカードなどの，中身の細工(さいく)・改ざん・偽造(ぎぞう)に対する耐性。例えば，耐タンパ性があるICカードでは，ICチップに触ると，記憶内容が破壊されて，外部から盗み見されることを防ぐ技術が使われている。

◆盗難・紛失後の初動対応

盗難・紛失が起きた後の対応例は，次のとおりです。

- リモートワイプ

  遠隔地から，情報機器のデータの**消去**を行う。

***43：クライアント証明書**
デジタル証明書の一種。

***44：グローバルIPアドレス**
インターネットに直接接続する機器に割り当てられたIPアドレス。インターネットにおける電話番号の役割を担う。

***45：耐タンパ性**
語源は，tamper（改ざんする）＋ resistant（耐える・抵抗力のある）から。

- スマートフォンのロック
  遠隔地から，スマートフォンを使えないように設定する。

- **クライアント証明書**の失効
  失効の手続きを**認証局**に対して行うと，CRL*46に掲載される。これにより，サーバやシステムはそのクライアント証明書が無効と判断し，アクセスを拒否する。

***46：CRL**
有効期限内にもかかわらず，失効したデジタル証明書のシリアル番号と失効した日時の一覧。語源は，Certificate Revocation List（証明書失効リスト）から。

出題例6 〔情報セキュリティマネジメント試験 令和4年サンプル問題 科目A問11〕

問 利用者PCの内蔵ストレージが暗号化されていないとき，攻撃者が利用者PCから内蔵ストレージを抜き取り，攻撃者が用意したPCに接続して内蔵ストレージ内の情報を盗む攻撃の対策に該当するものはどれか。

ア 内蔵ストレージにインストールしたOSの利用者アカウントに対して，ログインパスワードを設定する。
イ 内蔵ストレージに保存したファイルの読取り権限を，ファイルの所有者だけに付与する。
ウ 利用者PC上でHDDパスワードを設定する。
エ 利用者PCにBIOSパスワードを設定する。

《解説》

ア，イ：内蔵ストレージを攻撃者のPCに接続し，専用のソフトウェアで操作すれば，ファイルを盗まれます。

ウ：正解です。**HDDパスワード**とは，HDDに設定し，HDDをPCに接続した際に入力を求められるパスワードです。攻撃者のPCに接続した場合にもHDDパスワードの入力を求められるため，情報漏えい対策になります。

エ：**BIOSパスワード**とは，PCのハードウェアに設定し，PCの起動時に入力を求められるパスワードです。別のハードウェアでは，BIOSパスワードが機能しないため，内蔵ストレージを抜き取り，攻撃者のPCに接続すれば，内蔵ストレージの内容は読み取られます。

正解：ウ

ログ[47]

インシデント発生後に，異常を検知するための尺度として利用される通信履歴です。

- ログを記録できる機器は，**プロキシサーバ**・**ファイアウォール**（FW）・その他，問題中に記述がある機器。
- ログを記録する複数の機器間の時刻同期[48]のために，NTP[49]プロトコル[50]を用いて，NTPサーバから正確な時刻を取得する。
- 時刻を同期させないと，複数の機器のログに記録された事象の時系列での把握がしにくく，前後関係が分かりにくくなる。
- **ログ収集システム**により，各機器のログを集約し管理する。
- 攻撃者が管理者権限を用いて，ログを**改ざん**・**消去**した形跡はないかを確認する。

取得すべきログは，利用者・管理者による情報システムの操作記録です。具体的には，次のとおりです。

- 利用者ID。だれがしたか。
- ログインの日時。いつログインしたか。
- ログアウトの日時。いつログアウトしたか。
- アクセス成功の記録。いつ何を対象にアクセス成功したか。
- アクセス失敗の記録。いつ何を対象にアクセス失敗したか。
- 特権操作の記録。管理者権限で，いつどのような操作をしたか。
- 無許可のアクセス。未認証の状態で，いつ何をしようとしたか。

バックアップ

障害発生時にデータを復元できるように，事前にデータを複

***47：ログ**
通信履歴。システムやネットワークで起きた異常を時系列に記録・蓄積したデータ。あとでたどったり，分析したりする目的で利用する。

***48：時刻同期**
ここでは，時刻を合わせること。

***49：NTP**
Network Time Protocol の略。

***50：プロトコル**
ネットワーク通信に必要な約束事・取り決め。

製（コピー）しておくことです。バックアップ先として，磁気テープ・外付けハードディスクなどが使われます。

データをバックアップするタイミングは，次のとおりです。

- マルウェア感染前にバックアップする。
- **定期的**にデータをバックアップする。

◆バックアップへのランサムウェア対策

ランサムウェアに感染する事前と事後とで，対策は分けられます。

バックアップ先へのランサムウェア感染を**未然に**防ぐ対策は，次のとおりです。

- バックアップの時だけバックアップ装置を接続する。
- バックアップ時以外は社内LANから切り離す。

ランサムウェア**感染後**でも，バックアップから確実に復旧させるための対策は，次のとおりです。

- バックアップをWORM（ワーム）*51 **メディア**に保管する。
  なお，WORMメディアとは，書込みは1回限りで，読取りは何回も可能な記憶媒体。例えば，CD-R・DVD-R・BD-R。一度書き込んだ情報は，消去も書き換えもできないため，故意に消される危険性があるデータを保存する場合に使う。

***51：WORM**
Write Once Read Manyの略。ライトワンスともいう。

◆災害によるバックアップの破損への対策

災害（火災や地震）によりバックアップを破損させないための対策は，次のとおりです。

- バックアップを複数個用意し，それぞれ**遠隔地**に保管する。
- バックアップを**クラウドストレージ**に保管する。

◆バックアップの方式

次の3種類の方式を組み合わせてバックアップします。例えば，月次でフルバックアップを取り，日次で差分バックアップを取ります。

●フルバックアップ

すべてのデータをバックアップします。

- 障害発生時の復元では，フルバックアップだけが必要。
- バックアップファイルのサイズが大きく，バックアップに時間がかかる。

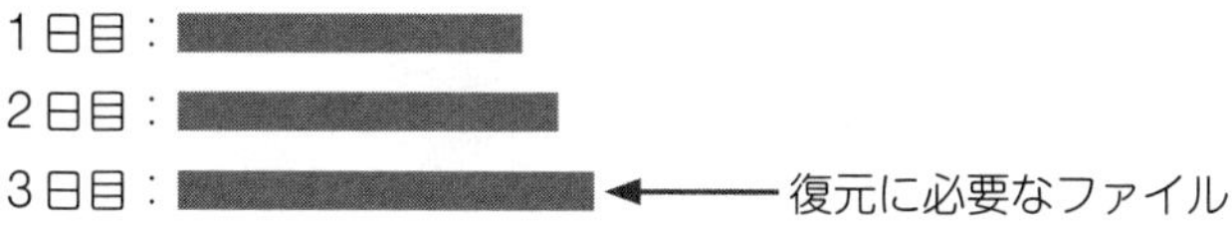

1日目：▬▬▬▬▬
2日目：▬▬▬▬▬▬
3日目：▬▬▬▬▬▬▬ ←――復元に必要なファイル

●差分バックアップ

前回のフルバックアップ以降に，作成・変更されたデータだけをバックアップします。次の図で，3日目の差分バックアップでは，2日目と3日目のデータがバックアップの対象になります。

- 復元では，フルバックアップと，直近の差分バックアップが必要。
- フルバックアップに比べ，サイズが小さく，時間がかからない。

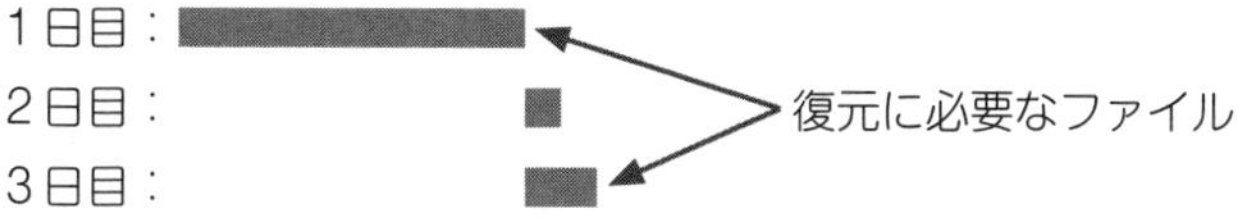

1日目：▬▬▬▬▬
2日目：　　　　　▪
3日目：　　　　　▬　　復元に必要なファイル（1日目・3日目）

●増分バックアップ

前回のフル・差分・増分バックアップ以降に作成・変更されたデータだけをバックアップします。次の図で，3日目の増分バックアップでは，前回（2日目の増分バックアップ）以降である3日目のデータだけがバックアップの対象になります。

- 復元では，フルバックアップと，すべての増分バックアップが必要。
- 差分バックアップに比べ，さらにサイズが小さい。

1日目：
2日目：
3日目：
復元に必要なファイル

◆バックアップの世代管理

最新のデータだけでなく，それ以前のデータもバックアップによる復元の対象にすることです。例えば，毎日1回バックアップを取る場合（日次バックアップという），1世代では1日前に，7世代は1日ごとに7日前まで復元できます。

その用途は，前日でなく数日前に削除したデータを復元したり，知らぬ間に感染したマルウェアの影響を受ける前のデータを復元したりすることです。

◆バックアップの類語

バックアップと似た意味をもつ用語は，次のとおりです。

- **バックアップ**
  障害発生時に**復元**するためにデータを複製すること。

- **アーカイブ**
  永久保管・**長期保管**するためにデータを保管すること。

- **レプリケーション**
  障害発生直後に速やかに稼働システムを切り替えるために，複数の機器において，同一のデータを同時に保持すること。

機密情報の持出し

内部不正で，情報システムの画面に表示された機密情報を持ち出す方法は，次のとおりです。

- 画面を書き写す。
- 画面の**スクリーンショット**[52]を取り，その画像を攻撃者に送信する。または，その画像を**USBメモリ**[53]などで持ち出す。
- **カメラ**で画面を撮影する。スクリーンショットを取れないような技術的対策が行われている場合に用いられる。

***52：スクリーンショット**
画面キャプチャともいう。

***53：USBメモリ**
外部記憶媒体（ばいたい）・可搬（かはん）型記憶媒体の一種。

◆機密情報の持出しへの対策

機密情報の持出しへの対策は，次のとおりです。

- 就業規則・利用規程で内部不正に当たる行為を禁止する。
- USBメモリを使用できないように，情報機器に技術的対策を行う。
- **監視カメラ**を設置して行動を記録する。事後の分析や**抑止**（よくし）効果のために。ただし，出入りする人が限られ，警備員などが**常時監視**しているのであれば，対策として十分。

初期設定の悪用

情報機器を初期設定の状態のままで使用することによるリスクは，次のとおりです。

- 初期設定のパスワードは脆弱（ぜいじゃく）なものがあり，**パスワード**が推測されるリスク。
- 初期設定の情報から，情報機器の機能により送付されるメールの**差出人アドレス**を読み取られるリスク。
  攻撃者がその差出人アドレスや，類似の差出人アドレスからメールを利用者に送り，利用者がそのメールを情報機器の機能により送られたメールと勘違いして，メール本文や添付ファイルを受信してマルウェア感染する。

- 初期設定の情報から，情報機器のメーカーが推測され，攻撃者に脆弱性情報を与えるリスク。

◆初期設定の悪用への対策

初期設定の悪用への対策は，次のとおりです。

- 初期設定のまま使用することなく，**初期設定**を変更する。
- 利用者ID作成時に，その利用者IDについては，次回ログイン時にパスワードの変更を強制する設定にする。つまり，初期パスワードでログインした際に，次回から利用するパスワードを再設定するようにする。

◎ 不正のトライアングル*54

「動機・プレッシャ」，「機会」，「正当化」という3つの要因のことで，すべてそろった場合に，**内部不正***55は発生するとされています。内部不正を防ぐには，組織が対策できる機会と動機・プレッシャを低減することが有効です。

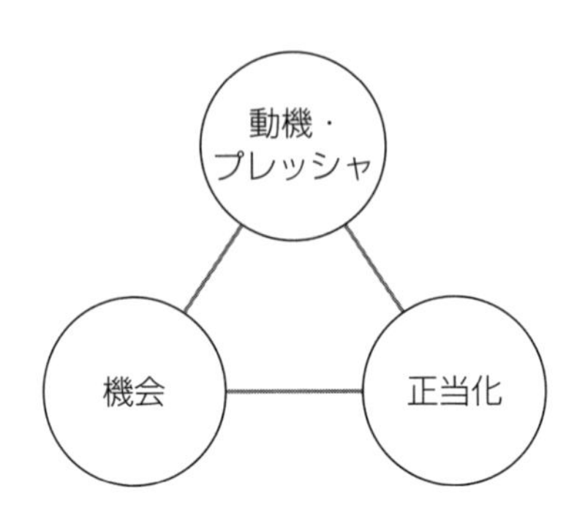

- 動機・プレッシャ
  処遇面の**不満**・借金による**生活苦**。例えば，人事評価が低い・仕事量が多い・達成が難しい**ノルマ***56の設定・不当な解雇。

- 機会
  不正行為を行える**状況**。例えば，アクセス制限の未設定・重

***54：不正のトライアングル**
米国の組織犯罪研究者ドナルド・R・クレッシーにより提唱された。

***55：内部不正**
組織内で起きる不正行為。違法行為だけでなく，組織内の情報セキュリティポリシ・規程に反する不正行為を含む。

***56：ノルマ**
ここでは，達成すべき数値目標。

要な内部情報にアクセスできる人が必要以上に多い場合。

- 正当化
  みずからを納得させる**自分勝手な理由付け**。例えば，自分にとって都合のよい解釈・他人への責任転嫁（てんか）・不満への報復。

◎ ファイルの受渡し

ファイルの受渡しの際に，「**パスワード付き圧縮ファイル**[*57]をメールに添付して送り，あとで別メールでそのパスワードを送る」という方法（**PPAP**[*58]ともいう）を使った場合のリスクは，次のとおりです。

- パスワード付き圧縮ファイルとパスワードを同じ経路で送っているため，両メールを両方とも**盗聴**されるリスク。
- マルウェア対策ソフトにより，パスワード付き圧縮ファイル内をスキャンできず，マルウェアを**検知**できないリスク。
- ブルートフォース攻撃により，パスワード付き圧縮ファイルのパスワードが**推測**されるリスク。

◆ファイルの受渡しへの対策

ファイルの受渡し時に盗聴されるリスクへの対策は，次のとおりです。

- メールサーバが，パスワード付き圧縮ファイルを受信した場合に，添付ファイルを削除し，メール本文に「添付ファイルを削除しました」などと追記してメール受信者に知らせる機能を使う。
- 認証機能のある**クラウドストレージ**にファイルを格納する。ファイル送信者はクラウドサービスに認証のうえ，ファイルを格納する。ファイル受信者は認証のうえ，そのファイルを入手する。

***57：パスワード付き圧縮ファイル**
パスワードにより暗号化されたZIPファイル。

***58：PPAP**
2020年，内閣府・内閣官房はこの方法を廃止する方針を打ち出した。語源は，Password付き圧縮ファイル，Passwordの送信，暗号化（Angou），Protocolの略とも言われる。

第1章 虎の巻

情報セキュリティ製品

サイバー攻撃の多様化・巧妙化に伴い，情報セキュリティ製品の種類も増加しています。ここでは，これまでに紹介していない製品を説明します。

◆IDS*59

ネットワークやホスト*60をリアルタイムで監視し，不正アクセスなどの異常を発見し，**管理者**に**通報**する製品です。

◆IPS*61

IDSを**拡張**し，異常の監視・管理者への通報だけでなく，自動的に攻撃自体を防ぐ製品です。

◆EDR*62

不正な挙動の**検知**と，マルウェア感染後の速やかな**インシデント対応**を目的に，組織内の**情報端末**を**監視**する製品です。マルウェア感染を未然に防ぐことが困難なため，感染後の対応を効率的に行うことに主眼を置いています。

◆SIEM（シーム）*63

サーバ・ネットワーク機器・セキュリティ関連機器・アプリケーションから集めた**ログ**を**分析**し，異常を発見した場合，**管理者**に**通知**して対策する仕組みです。巧妙化するサイバー攻撃に対抗するため，事前の予兆から異常を発見する機能や，リスクが顕在化*64したあとで原因を追跡するための機能が備わっています。

ネットワーク構成図

社内のネットワーク機器の構成を示す図です。典型的なネットワーク構成が出題されるため，それさえ覚えておけば，問題文を読解しやすくなります。

ファイアウォールにより社内のネットワークを区切った領域

***59：IDS**
Intrusion Detection System（侵入検知システム）の略。

***60：ホスト**
ネットワーク経由で，他の情報機器にサービスを提供するコンピュータ。

***61：IPS**
Intrusion Prevention System（侵入防止システム）の略。

***62：EDR**
Endpoint Detection and Responseの略。語源は，Endpoint（末端で）脅威をDetection（検知し）Response（対応）することを支援することから。

***63：SIEM**
Security Information and Event Management（セキュリティ情報イベント管理）の略。

***64：顕在化（けんざいか）**
リスクが現実になること。

には，DMZと社内ネットワークがあります。

◆ファイアウォール

ファイアウォールの特徴は，次のとおりです。

- インターネット（外部）と社内ネットワーク（内部）の境界に配置し，外部と内部との間の不正な通信の侵入を遮断する製品。
- ログ機能をもつ。

◆DMZ

DMZの特徴は，次のとおりです。

- 危険が多いインターネットと，安全な社内ネットワークの境界に位置し，どちらからもアクセス可能（下図の**OK①**と**OK②**）だが，そこから社内ネットワーク内へはアクセス禁止（下図の**NG①**）であるネットワーク上のエリア。
- ファイアウォール（FW）1台に，インターネット⇔DMZの間の制御と，DMZ⇔社内ネットワークの間の制御の2役を担わせる。DMZは両者の中間に位置する。
- 外部との通信が必要な機器を配置する。
  例 Webサーバ・プロキシサーバ・リバースプロキシサーバ（RPサーバ）・外部メールサーバ

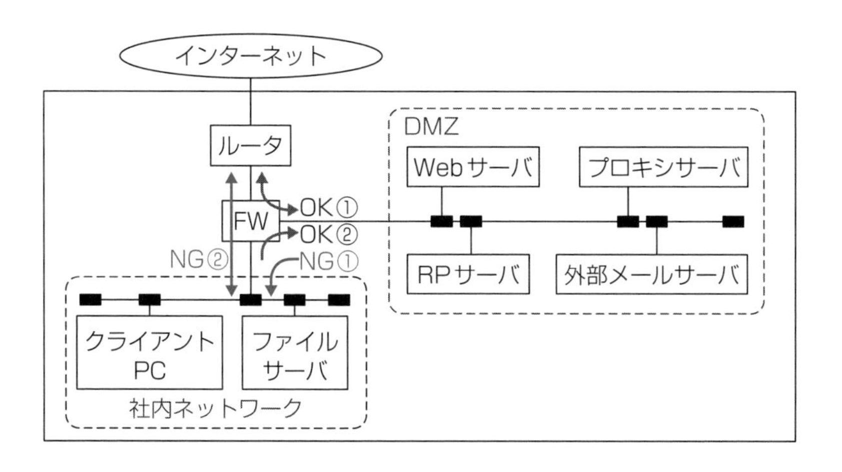

◆社内ネットワーク

社内ネットワークの特徴は，次のとおりです。

- インターネットからはアクセス禁止（前ページの図のNG②）であるネットワーク上のエリア。**イントラネット・内部ネットワーク・社内LAN・内部LAN・LAN・内部セグメント**ともいう。
- 外部との通信が不要で，内部との通信が必要な機器を配置する。
  例 クライアントPC*65・ファイルサーバ

***65：クライアントPC**
従業員などが使うPC。

◆ネットワーク構成図を描く

過去問題を抜粋した次の表現をネットワーク構成図で描いた例は，次のとおりです。

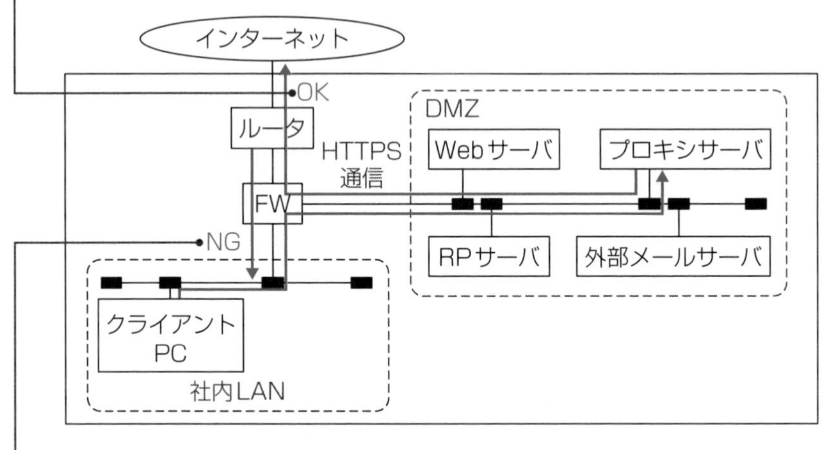

ネットワーク機器

ネットワーク構成図や問題文中に登場する機器と製品は，次のとおりです。

◆プロキシサーバ

インターネット（外部）と社内ネットワーク（内部）の境界に配置し，インターネットとの接続を代理する機器です。アクセス可能なWebサイトを制限します。主な機能は，次のとおりです。

- **ログ**
  ログに記録するのは，送信元の情報機器のIPアドレス，宛先のWebサイトのURL，日時・アクセスの成功と失敗の情報など。あとで痕跡（こんせき）をたどるために。

- **利用者認証**
  正規の利用者だけにプロキシサーバとの通信を許可し，プロキシサーバ経由でインターネットとの接続を可能にする。ログに，どの利用者の通信かを記録できる。

- **URLフィルタリング** *66
  利用者が閲覧するWebサイトを制限するために，指定したURLを許可･拒否する機能。ブラックリスト型とホワイトリスト型（➡p.330）により，URLを許可・拒否する。

- **コンテンツフィルタリング**
  利用者が閲覧するWebサイトを制限するために，Webサイトの内容を監視し，あらかじめ設定された条件に合致するWebサイトの閲覧を許可･拒否する機能。ブラックリスト型とホワイトリスト型により，Webサイトを許可・拒否する。例えば，Webサイトに含まれる，業務とは無関係の語句を，拒否の条件に設定する。

***66：URLフィルタリング**
Webフィルタリングともいう。

◆リバースプロキシサーバ

インターネットとWebサーバの境界に配置し，Webサーバとの接続を代理する機器です。暗号化通信における暗号化と復号など，Web閲覧者からの通信要求をWebサーバに代わって処理します。

◆NAS（ナス）*67

ネットワークに直接接続した外部記憶装置で，ファイルサーバ専用機です。

*67：NAS
Network Attached Storage の略。

◆ディレクトリサービス

ネットワークにつながった情報機器に関連した情報を一元管理するサービスです。例えば，利用者ID・フォルダやファイルのアクセス権・プリンタの情報。

◆WAF（ワフ）*68

Webアプリケーションへの攻撃に特化して防御する製品です。Webアプリケーションへの攻撃や，Webアプリケーションから外部へ不正に流出するデータの有無を，通信データの内容などから検出します。

*68：WAF
Web Application Firewallの略。

◆ブラックリスト型とホワイトリスト型

フィルタリングのルール設定には，ブラックリスト型とホワイトリスト型という2つの方式があります。

- **ブラックリスト型**
  使用を禁止する対象をまとめた一覧。多数あるソフトウェアの中から，禁止すべきソフトウェアをすべて特定するのは困難なため，漏れ・抜けがありうる。

- **ホワイトリスト型**
  使用を許可する対象をまとめた一覧。ホワイトリストに登録した以外のソフトウェアを使用できないため，業務に支障をきたす可能性がある。

出題例7 〔情報セキュリティマネジメント試験 平成29年春 午前問17〕

問 1台のファイアウォールによって，外部セグメント，DMZ，内部セグメントの三つのセグメントに分割されたネットワークがある。このネットワークにおいて，Webサーバと，重要なデータをもつデータベースサーバから成るシステムを使って，利用者向けのサービスをインターネットに公開する場合，インターネットからの不正アクセスから重要なデータを保護するためのサーバの設置方法のうち，最も適切なものはどれか。ここで，ファイアウォールでは，外部セグメントとDMZとの間及びDMZと内部セグメントとの間の通信は特定のプロトコルだけを許可し，外部セグメントと内部セグメントとの間の直接の通信は許可しないものとする。

ア　Webサーバとデータベースサーバを DMZ に設置する。
イ　Webサーバとデータベースサーバを内部セグメントに設置する。
ウ　Webサーバを DMZ に，データベースサーバを内部セグメントに設置する。
エ　Webサーバを外部セグメントに，データベースサーバを DMZ に設置する。

《解説》

問題文をネットワーク構成図で表すと，次のとおりです。

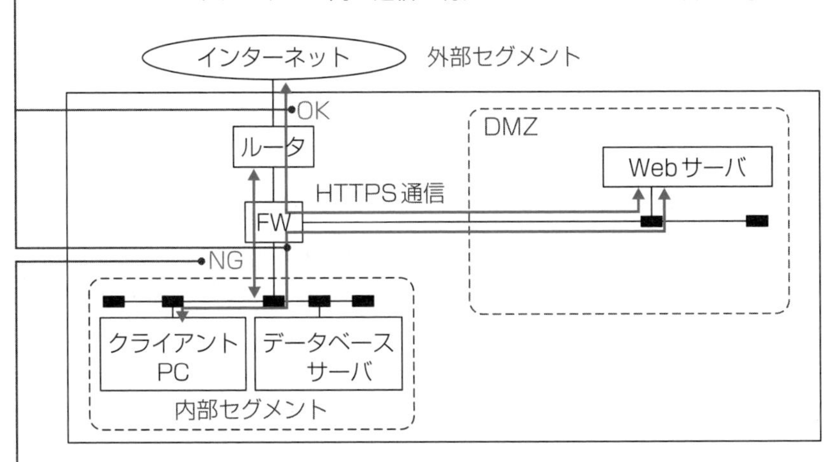

DMZとは，危険が多いインターネットと，安全な社内ネットワークの境界に位置し，どちらからもアクセス可能だが，そこから社内ネットワーク内へはアクセス禁止であるネットワーク上のエリアです。ファイアウォールを通る2つの経路の間に位置します。

Webサーバは，インターネットからの直接アクセスが必要なため，DMZに設置します。一方で，データベースサーバは，インターネットからの直接アクセスは不要なため，内部セグメント（社内ネットワーク）に設置します。

正解：ウ

◎ VPN[*69]接続

遠隔地から社内ネットワークにアクセスする際などに使う接続方式です。一般的には，社内ネットワークのDMZ上にVPNサーバを配置しておき，従業員は，自宅の情報機器からVPN接続用ソフトウェアを用いてVPNサーバへアクセスします。これにより，あたかも社内ネットワークに直接接続しているかのように，社内のサーバなどを利用できます。

関連する用語は，次のとおりです。

◆VDI[*70]

通常は，情報機器が行う処理を，サーバ上の仮想環境上で行い，情報機器にはその**画面だけ**を転送する方式です。アプリケーション・データなどはすべてサーバ上にあり，利用者の情報機器にはないことによるメリットは，次のとおりです。

- 情報機器の管理を，個人任せにせず，サーバ側で統括して行える。そのため，最新のマルウェア定義ファイル・**セキュリティパッチ**[*71]を速やかに適用でき，抜け・漏れを防げる。
- 情報機器にはデータが入っていないため，紛失・盗難があっても情報漏えいを防げる。

***69：VPN**
インターネットを経由した仮想の専用回線網。Virtual Private Network（仮想私設網）の略。

***70：VDI**
Virtual Desktop Infrastructure（仮想デスクトップ基盤）の略。

***71：セキュリティパッチ**
OS・ソフトウェアの脆弱性を修正するためのファイル。語源は，つぎはぎ用のあて布（patch）から。修正プログラムともいう。

◆モバイルルータ

持ち運びできる小型のWi-Fiルータです。ノートPCなどの情報機器を外出先でインターネット接続する際などに用います。

◆BYOD*72

個人所有（私物）の情報機器を業務で利用することです。メリットは，企業がPC・スマホなどの情報機器を購入せずに済むため，コストを削減できることです。また，利用者は，使い慣れた機器で仕事ができるため，仕事の生産性や効率が向上します。

一方で，デメリットは，私物の情報機器で業務上の情報を扱うため，機器を外部へ持ち出した際に，誤って情報が漏えいする危険性が増大することです。BYODを導入するのであれば，それに対応したルールづくりが必要です。

***72：BYOD**
Bring Your Own Device（私物の機器を業務で利用する）の略。

◎ クラウドサービス*73

自前でサーバ・ソフトウェアを用意しなくても，インターネット経由でそれらを使えるサービスです。クラウドサービスの特徴は，次のとおりです。

- 初期費用や保守運用費用を抑えられる。
- インターネット経由のため，反応速度が遅く，また，情報漏えいのリスクがある。
- 既存システムとの連携が少なく，利用期間が短い業務を早期に導入したい場合に活用する。

すべてが自前であるオンプレミスと，クラウドのサービスを利用する部分に応じて，SaaS・PaaS・IaaSがあります。このうち，クラウドサービス部分についてはクラウド事業者に運用管理責任があります。

***73：クラウドサービス**
語源は，インターネット上にあるサービスを雲（cloud）に見立てたことから。

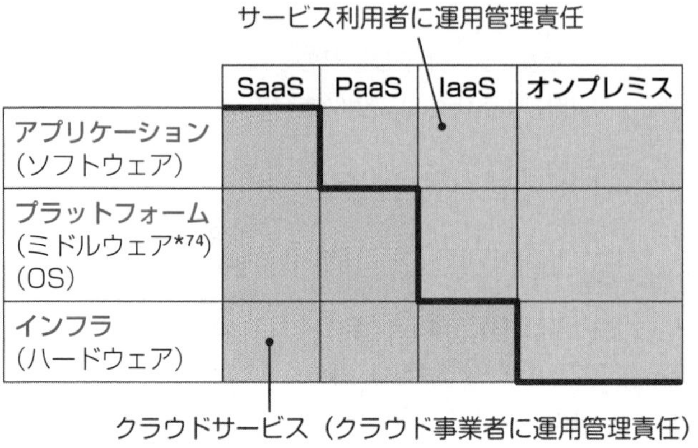

サービス利用者に運用管理責任

	SaaS	PaaS	IaaS	オンプレミス
アプリケーション（ソフトウェア）				
プラットフォーム（ミドルウェア*74）（OS）				
インフラ（ハードウェア）				

クラウドサービス（クラウド事業者に運用管理責任）

*74：ミドルウェア
OSとソフトウェアの中間にあり両者を仲立ちするソフトウェアです。例は，Webサーバ・DBMS（データベース管理システム）・アプリケーションサーバ。

◆SaaS（サース）*75

アプリケーション（ソフトウェア）をサービスとして提供する方式です。利用者は，インフラ・プラットフォームに加え，アプリケーションを導入・設置することなく，アプリケーションを利用できます。アプリケーションの例は，Webブラウザ上で閲覧できるメールソフト・スケジュール管理ソフトです。

*75：SaaS
Software as a Serviceの略。例は，Gmail，Googleカレンダー，Slack，Microsoft 365，OneDrive。

◆PaaS（パース）*76

アプリケーションを稼働させるための基盤（プラットフォーム）をサービスとして提供する方式です。利用者は，インフラに加え，プラットフォーム（OS・ミドルウェア）を導入・設置することなく，プラットフォームを利用できます。

*76：PaaS
Platform as a Serviceの略。例は，Amazon Web Services（AWS），Microsoft Azure，Google Cloud Platform。

◆IaaS（イアース）*77

インフラ（サーバ・CPU・ストレージなどのハードウェア）をサービスとして提供する方式です。利用者は，何もインストールされていない仮想マシンを提供され，インフラを導入・設置し，利用できます。インフラの例は，仮想マシン・仮想OSです。

*77：IaaS
Infrastructure as a Service の略。例は，Amazon Web Service（AWS）のAmazon Elastic Compute Cloud（EC2），Microsoft Azureの仮想マシン，Google Compute Engine。

◆オンプレミス*78

自組織の設備内に，サーバを導入・設置し，自社運用する方式です。

*78：オンプレミス
語源は，on premises（建物内で）から。

◎ 情報セキュリティの定義

情報セキュリティの定義 [*79]は，次のとおりです。

- 情報セキュリティとは，機密性，完全性，可用性を維持すること。

この3要素の説明は，次のとおりです。

- **機密性**
  ある**情報資産**にアクセスする**権限をもつ人**だけがアクセスでき，それ以外の人には公開されないこと。

- **完全性**
  情報資産の**正確さ**を維持し，**改ざん**させないこと。

- **可用性**（かようせい）
  必要なときは情報資産にいつでもアクセスでき，**アクセス不可能**がないこと。

◆情報資産・脅威・脆弱性

情報資産にある脆弱性を脅威が突くと，情報セキュリティが危険にさらされます。この3用語の説明は，次のとおりです。

- **情報資産**
  価値がある**データ**や**システム**。単にコンピュータ内に保存されたものだけでなく，記憶媒体そのもの・紙に書かれた情報・人の記憶や知識を含む。

- **脅威**（きょうい）
  情報資産を危険にさらす**攻撃**。
  [例] 不正アクセス・サイバー攻撃・誤操作。

***79：情報セキュリティの定義**
JIS Q 27001・ISMS (Information Security Management System) による定義。

- **脆弱性**（ぜいじゃくせい）

  脅威（攻撃）がつけ込める弱点。

  例 セキュリティホール・プログラムのバグ（欠陥（けっかん））。

▶確認しよう

□ 問1	感染が疑われる場合の初動対応を７つ挙げよ。(➡p.295)
□ 問2	次の用語を説明せよ。(➡p.295～296) • CSIRT　• ミドルウェア • デジタルフォレンジックス
□ 問3	やってはいけない初動対応を２つ挙げよ。(➡p.296)
□ 問4	感染被害の拡大の確認方法を３つ挙げよ。(➡p.297)
□ 問5	構成管理データベースに登録するものは何か。(➡p.299)
□ 問6	感染が疑われる場合，マルウェア対策ソフトで行うべきことを説明せよ。(➡p.301)
□ 問7	２要素認証と２段階認証の違いを説明せよ。(➡p.302)
□ 問8	相互牽制において「ダブルチェックによる相互牽制が機能しない例」を３つ挙げよ。(➡p.304)
□ 問9	最小権限の原則を説明せよ。(➡p.307)
□ 問10	次の用語を説明せよ。(➡p.311，313) • オートコンプリート機能　• クリアスクリーン • アンチパスバック　• 共連れ
□ 問11	CAPTCHAにより分かることは何か。(➡p.313)

□ 問12	次の用語を説明せよ。(➡p.316～317) • セキュアブート　• クライアント認証 • 耐タンパ性　• リモートワイプ
□ 問13	ログの用途を説明せよ。(➡p.319)
□ 問14	ログを記録する複数の機器間の時刻同期をする目的を説明せよ。(➡p.319)
□ 問15	バックアップへのランサムウェア対策を3つ挙げよ。(➡p.320)
□ 問16	災害によるバックアップの破損への対策を2つ挙げよ。(➡p.320)
□ 問17	不正のトライアングルの3つの要因を挙げよ。(➡p.324～325)
□ 問18	次の用語を説明せよ。(➡p.327～329) • DMZ　• プロキシサーバ • リバースプロキシサーバ　• WAF

トピックス

科目Bを解く順番

受験の際には，まず先に**情報セキュリティ**（問17～問20）を解答するとよいでしょう。記憶と読解により，比較的短時間で解けるため，先に終えておくのです。

次に，本命の**擬似言語**（問1～問16）です。トレースで解ける問題で，どれだけ正解を積み増すかが，この試験では合否を分けます。暗算でなんとなく解答せず，ていねいにトレースをしましょう。

科目Bの試験時間100分は，時間不足におちいる受験者が多いです。難問にこだわり過ぎず，「正解できる問題で誤答しない」ことに主眼を置き，慎重に解答を進めるとよいでしょう。

トピックス

サンプル問題にチャレンジ！

情報セキュリティ分野の次のサンプル問題が公開されています。本書の付録として，解説PDFファイルをダウンロードできるため，ぜひチャレンジすることをおすすめします。**[付録 解説PDFファイル]** (➡p.016)

なぜなら，**事例**を体験できるためです。正解するためには，**第1章**の**「虎の巻」**に掲載された**知識**・**着眼点**・**考え方**に加え，事例について記述された長めの問題文と表や図から，設問で問われる部分を抽出し，それを根拠にして解答する必要があります。その経験を積めるのです。

- **付録1**：**擬似言語**の**サンプル問題・解説**　21問
  擬似言語　16問（2022年12月26日公開）
  擬似言語　 5問（2023年 7月 6日公開）
  ※解説PDFファイルのみを提供。問題冊子は情報処理推進機構（IPA）のWebサイトからダウンロードしてください。

- **付録2**：**情報セキュリティ**の**サンプル問題・解説**　12問
  基本情報技術者試験・情報セキュリティマネジメント試験〈科目B〉のサンプル問題と解説PDFファイル

- **付録3**：**情報セキュリティ**の**模擬問題・解説**　12問
  過去の情報セキュリティマネジメント試験から抜粋した問題と解説PDFファイル

- **付録4**：**情報セキュリティ**の**サンプル問題・解説**　12問
  情報セキュリティマネジメント試験〈科目B〉のサンプル問題と解説PDFファイル

アクセスキー　3（数字のさん）

第2章 問題演習

基本情報技術者試験の情報セキュリティ分野の出題範囲は，すべて情報セキュリティマネジメント試験の出題範囲に含まれています。この章では，情報セキュリティマネジメント試験のサンプル問題を中心に解き，実践力を身につけます。

問題2－1 〔情報セキュリティマネジメント試験 令和4年サンプル問題 科目B問49〕

A社は，放送会社や運輸会社向けに広告制作ビジネスを展開している。A社は，人事業務の効率化を図るべく，人事業務の委託を検討することにした。A社が委託する業務（以下，B業務という）を図1に示す。

- 採用予定者から郵送されてくる入社時の誓約書，前職の源泉徴収票などの書類をPDFファイルに変換し，ファイルサーバに格納する。
（省略）

図1　B業務

委託先候補のC社は，B業務について，次のようにA社に提案した。

- B業務だけに従事する専任の従業員を割り当てる。
- B業務では，図2の複合機のスキャン機能を使用する。

- スキャン機能を使用する際は，従業員ごとに付与した利用者IDとパスワードをパネルに入力する。
- スキャンしたデータをPDFファイルに変換する。
- PDFファイルを従業員ごとに異なる鍵で暗号化して，電子メールに添付する。
- スキャンを実行した本人宛てに電子メールを送信する。
- PDFファイルが大きい場合は，PDFファイルを添付する代わりに，自社の社内ネットワーク上に設置したサーバ（以下，Bサーバという）に自動的に保存し，保存先のURLを電子メールの本文に記載して送信する。

図2　複合機のスキャン機能（抜粋）

A社は，C社と業務委託契約を締結する前に，秘密保持契約を締結して，C社を訪問し，業務委託での情報セキュリティリスクの評価を実施した。その結果，図3の発見があった。

- 複合機のスキャン機能では，電子メールの差出人アドレス，件名，本文及び添付ファイル名を初期設定[1]の状態で使用しており，誰がスキャンを実行しても同じである。
- 複合機のスキャン機能の初期設定情報はベンダーのWebサイトで公開されており，誰でも閲覧できる。

注[1]　C社の情報システム部だけが複合機の初期設定を変更可能である。

図3　発見事項

そこで，A社では，初期設定の状態のままではA社にとって情報セキュリティリスクがあり，対策が必要であると評価した。

設問　対策が必要であるとA社が評価した情報セキュリティリスクはどれか。解答群のうち，最も適切なものを選べ。

解答群

ア　B業務に従事する従業員が，B業務に従事する他の従業員になりすまして複合機のスキャン機能を使用し，PDFファイルを取得して不正に持ち出す。その結果，A社の採用予定者の個人情報が漏えいする。

イ　B業務に従事する従業員が，攻撃者からの電子メールを複合機からのものと信じて本文中にあるURLをクリックし，攻撃者が用意したWebサイトにアクセスしてマルウェア感染する。その結果，A社の採用予定者の個人情報が漏えいする。

ウ　攻撃者が，複合機から送信される電子メールを盗聴し，添付ファイルを暗号化して身代金を要求する。その結果，A社が復号鍵を受け取るために多額の身代金を支払うことになる。

エ　攻撃者が，複合機から送信される電子メールを盗聴し，本文に記載されているURLをSNSに公開する。その結果，A社の採用予定者の個人情報が漏えいする。

《解説》

問題中の「**初期設定の状態のままではA社にとって情報セキュリティリスクがあり，対策が必要である**」をもとに検討します。具体的には「**電子メールの差出人アドレス，件名，本文及び添付ファイル名を初期設定の状態で使用しており**」が該当します。

特に電子メールの差出人アドレス（宛先アドレスではない）が特定のものであり，かつ，その「**初期設定情報はベンダーのWebサイトで公開されて**」いるため，悪用される危険性があります。

アは，初期設定の状態とは無関係なため誤りです。また，「**B業務だけに従事する専任の従業員を割り当てる**」とあるため，他の従業員になりすましをしても，専任の従業員の中に不正を働いた者がいることが明らかであり，内部不正は起きにくいでしょう。

イは，正解です。初期設定の状態の差出人アドレスからの電子メールや，類似の差出人アドレスからの電子メールを複合機からのものと信じるリスクがあります。

ウは，初期設定の状態とは無関係なため誤りです。また，添付ファイルは書類をスキャンしたものであり，原本が存在し復旧できるため，多額の身代金を支払うことにはなりません。

エは，初期設定の状態とは無関係なため誤りです。また，「**URLをSNSに公開**」しても，PDFファイルは「**自社の社内ネットワーク上に設置したサーバ…に自動的に保存**」されたものであり，社内ネットワーク以外からアクセスするのは困難なため個人情報が漏えいしません。

▶ トラップ　ウとエの「攻撃者が，複合機から送信される電子メールを盗聴し」は，初期設定の状態であるものが，電子メールの差出人アドレスでなく，宛先アドレスだと勘違いすることを誘った選択肢です。

問題2－2 〔基本情報技術者試験 令和4年サンプル問題 科目B問18〕

A社はIT開発を行っている従業員1,000名の企業である。総務部50名，営業部50名で，ほかは開発部に所属している。開発部員の9割は客先に常駐している。現在，A社におけるPCの利用状況は図1のとおりである。

1　A社のPC
- 総務部員，営業部員及びA社オフィスに勤務する開発部員には，会社が用意したPC（以下，A社PCという）を一人1台ずつ貸与している。
- 客先常駐開発部員には，A社PCを貸与していないが，代わりに客先常駐開発部員がA社オフィスに出社したときに利用するための共用PCを用意している。

2　客先常駐開発部員の業務システム利用
- 客先常駐開発部員が休暇申請，経費精算などで業務システムを利用するためには共用PCを使う必要がある。

3　A社のVPN利用
- A社には，VPNサーバが設置されており，営業部員が出張時にA社PCからインターネット経由で社内ネットワークにVPN接続し，業務システムを利用できるようになっている。規則で，VPN接続にはA社PCを利用すると定められている。

図1　A社におけるPCの利用状況

A社では，客先常駐開発部員が業務システムを使うためだけにA社オフィスに出社するのは非効率的であると考え，客先常駐開発部員に対して個人所有PCの業務利用（BYOD）とVPN接続の許可を検討することにした。

設問　客先常駐開発部員に，個人所有PCからのVPN接続を許可した場合に，増加する又は新たに生じると考えられるリスクを二つ挙げた組合せは，次のうちどれか。解答群のうち，最も適切なものを選べ。

（一）　VPN接続が増加し，可用性が損なわれるリスク
（二）　客先常駐開発部員がA社PCを紛失するリスク
（三）　客先常駐開発部員がフィッシングメールのURLをクリックして個人所有PCがマルウェアに感染するリスク

（四）　総務部員が個人所有PCをVPN接続するリスク
（五）　マルウェアに感染した個人所有PCが社内ネットワークにVPN接続され，マルウェアが社内ネットワークに拡散するリスク

解答群

ア　（一），（二）　　イ　（一），（三）　　ウ　（一），（四）
エ　（一），（五）　　オ　（二），（三）　　カ　（二），（四）
キ　（二），（五）　　ク　（三），（四）　　ケ　（三），（五）
コ　（四），（五）

《解説》

関連する用語は，次のとおりです。

BYOD	個人所有（私物）の情報機器を業務で利用すること。メリットは，企業がPC・スマホなどの情報機器を購入せずに済むため，コストを削減できること。また，利用者は，使い慣れた機器で仕事ができるため，仕事の生産性や効率が向上する。 一方で，デメリットは，私物の情報機器で業務上の情報を扱うため，機器を外部へ持ち出した際に，誤って情報が漏えいする危険性が増大すること。BYODを導入するのであれば，それに対応したルールづくりが必要。BYODはBring Your Own Device（私物の機器を業務で利用する）の略。
VPN接続	遠隔地から社内ネットワークにアクセスする際などに使う接続方式。一般的には，企業のネットワークのDMZ上にある**VPNサーバ**で利用者認証を行い，遠隔地から社内ネットワークにアクセスする。VPNはインターネットを経由した仮想の専用回線網。VPNはVirtual Private Network（仮想私設網）の略。
可用性（かようせい）	必要なときは情報資産にいつでもアクセスでき，アクセス不可能がないこと。
フィッシング	有名企業や金融機関などを装（よそお）った偽（にせ）のメールを送りつけ，偽のWebサイトに誘導して，個人情報を入力させてだまし取る行為。語源は，元々はfishing（釣り）から。ただし，つづりは，phishingに変化した。

問題文をもとにしたネットワーク構成図は，次のとおりです。

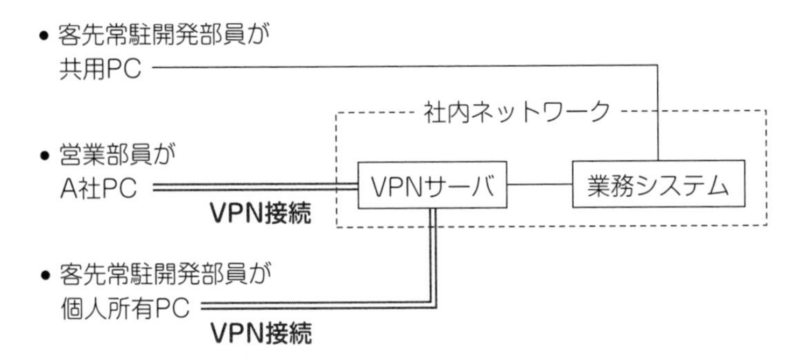

問題文に「**客先常駐開発部員に，個人所有PCからのVPN接続を許可した場合に**」と，あえて限定する表現があるため，その場合に考えられるリスクについて検討します。

(一) は，適切です。新たに客先常駐開発部員が個人所有PCでVPN接続するため，アクセス数が増加してパンク状態となり，アクセス不可能になるリスクが考えられます。具体的には，従来は営業部員50名のうちの出張時の場合だけがVPN接続の可能性があったのに対し，今回は客先常駐開発部員810名（開発部900名のうちの９割）が対象となり，VPN接続のアクセス数の大幅な増加となりうるためです。

(二) は，「**・客先常駐開発部員には，A社PCを貸与していない**」とある一方で，客先常駐開発部員が「**A社PC**」を使うという記述が問題中にありません。

(三) は，「**客先常駐開発部員に，個人所有PCからのVPN接続を許可した場合に**」マルウェアに感染するリスクが高まるわけではありません。

(四) は，「**客先常駐開発部員に対して個人所有PCの業務利用（BYOD）とVPN接続の許可**」とある一方で，「**総務部員が個人所有PCをVPN接続する**」という記述が問題中にありません。

(五) は，適切です。個人所有PCがVPN接続を経由して社内ネットワークに接続するため，個人所有PCのマルウェアが社内ネットワークに拡散するリスクが考えられます。

よって，正解は**エ**です。

問題2－3 〔情報セキュリティマネジメント試験 令和4年サンプル問題 科目B問56〕

A社は学習塾を経営している会社であり，全国に50の校舎を展開している。A社には，教務部，情報システム部，監査部などがある。学習塾に通う又は通っていた生徒（以下，塾生という）の個人データは，学習塾向けの管理システム（以下，塾生管理システムという）に格納している。塾生管理システムのシステム管理は情報システム部が行っている。塾生の個人データ管理業務と塾生管理システムの概要を図1に示す。

- 教務部員は，入塾した塾生及び退塾する塾生の登録，塾生プロフィールの編集，模試結果の登録，進学先の登録など，塾生の個人データの入力，参照及び更新を行う。
- 教務部員が使用する端末は教務部の共用端末である。
- 塾生管理システムへのログインには利用者IDとパスワードを利用する。
- 利用者IDは個人別に発行されており，利用者IDの共用はしていない。
- 塾生管理システムの利用者のアクセス権限には参照権限及び更新権限の2種類がある。参照権限があると塾生の個人データを参照できる。更新権限があると塾生の個人データの参照，入力及び更新ができる。アクセス権限は塾生の個人データごとに設定できる。
- 教務部員は，担当する塾生の個人データの更新権限をもっている。担当しない塾生の個人データの参照権限及び更新権限はもっていない。
- 共用端末のOSへのログインには，共用端末の識別子（以下，端末IDという）とパスワードを利用する。
- 共用端末のパスワード及び塾生管理システムの利用者のアクセス権限は情報システム部が設定，変更できる。

図1　塾生の個人データ管理業務と塾生管理システムの概要

教務部は，今年実施の監査部による内部監査の結果，Webブラウザに塾生管理システムの利用者IDとパスワードを保存しており，情報セキュリティリスクが存在するとの指摘を受けた。

設問 監査部から指摘された情報セキュリティリスクはどれか。解答群のうち，最も適切なものを選べ。

解答群

ア　共用端末と塾生管理システム間の通信が盗聴される。

イ　共用端末が不正に持ち出される。

ウ　情報システム部員によって塾生管理システムの利用者のアクセス権限が不正に変更される。

エ　教務部員によって共用端末のパスワードが不正に変更される。

オ　塾生の個人データがアクセス権限をもたない教務部員によって不正にアクセスされる。

《解説》

監査部から受けた指摘は「Webブラウザに塾生管理システムの利用者IDとパスワードを保存しており，情報セキュリティリスクが存在する」です。

たしかに，図1のとおり，塾生管理システムでは利用者IDの共用はしていません。しかし共用端末のOSへのログインパスワードは共用しています。なぜなら「・共用端末のOSへのログインには，共用端末の識別子（以下，端末IDという）とパスワードを利用する」とあるからです。つまり，「共用端末の」の部分は「識別子」と「パスワード」の両方ともを説明しており，共用端末の識別子（端末ID）と，共用端末のパスワードでログインしています。つまり，共用端末のパスワードは，共用のパスワードです。

そのため，利用者は共用端末へは端末IDと，共用端末のパスワードでログインし，そのうえでWebブラウザを用いて塾生管理システムへログインします。その際の塾生管理システムでの利用者IDは共用していません。

具体的には，次のとおりです。

- 教務部員
  ⬇ … 共用端末の識別子（端末ID）・共用端末のパスワード
- 共用端末
  ⬇ … 利用者ID（共用していない）・パスワード
- 塾生管理システム

そこで，Webブラウザのオートコンプリート機能（Webブラウザに認証情報を保存する機能）により，塾生管理システムへの利用者IDとパスワードがWebブラウザに保存されていると，他の利用者IDで塾生管理システムへログインできるのです。

図1の「**・教務部員は，担当する塾生の個人データの更新権限をもっている。担当しない塾生の個人データの参照権限及び更新権限はもっていない**」にもかかわらず，他の利用者IDで塾生管理システムへログインすることにより可能となる情報セキュリティリスクを検討します。

アの通信の盗聴，**イ**の共用端末の不正持出しは，Webブラウザに保存された利用者IDとパスワードとは無関係です。

ウは，Webブラウザに保存された利用者IDとパスワードとは無関係です。また，Webブラウザに保存された利用者IDとパスワードでは端末のパスワードを変更できません。

エは，図1の「**・共用端末のパスワード…は情報システム部が設定，変更できる**」とあり，教務部員が変更できるという記述はありません。

オは，正解です。Webブラウザに保存された利用者IDとパスワードを用いて他の利用者になりすましをすることで不正にアクセスできます。

▶ **トラップ** 「利用者IDの共用はしていない」との記述が，塾生管理システムの利用者IDか，OSログイン時の利用者IDかのどちらのことかを勘違いさせる表現を使い，誤答を狙っています。

問題2－4　〔情報セキュリティマネジメント試験 令和4年サンプル問題 科目B問59〕

A社は従業員200名の通信販売業者である。一般消費者向けに生活雑貨，ギフト商品などの販売を手掛けている。取扱商品の一つである商品Zは，Z販売課が担当している。

〔Z販売課の業務〕

現在，Z販売課の要員は，商品Zについての受注管理業務及び問合せ対応業務を行っている。商品Zについての受注管理業務の手順を図1に示す。

商品Zの顧客からの注文は電子メールで届く。

(1) 入力

販売担当者は，届いた注文（変更，キャンセルを含む）の内容を受注管理システム[1)]（以下，Jシステムという）に入力し，販売責任者[2)]に承認を依頼する。

(2) 承認

販売責任者は，注文の内容とJシステムへの入力結果を突き合わせて確認し，問題がなければ承認する。問題があれば差し戻す。

注[1)]　A社情報システム部が運用している。利用者は，販売責任者，販売担当者などである。

注[2)]　Z販売課の課長1名だけである。

図1　受注管理業務の手順

〔Jシステムの操作権限〕

Z販売課では，Jシステムについて，次の利用方針を定めている。

［方針1］　ある利用者が入力した情報は，別の利用者が承認する。

［方針2］　販売責任者は，Z販売課の全業務の情報を閲覧できる。

Jシステムでは，業務上必要な操作権限を利用者に与える機能が実装されている。

この度，商品Zの受注管理業務が受注増によって増えていることから，B社に一部を委託することにした（以下，商品Zの受注管理業務の入力作業を行うB社従業員を商品ZのB社販売担当者といい，商品ZのB社販売担当者の入力結果をチェックするB社従業員を商品ZのB社販売責任者という）。

第2章　問題演習

委託に当たって，Z販売課は情報システム部にJシステムに関する次の要求事項を伝えた。

［要求1］ B社が入力した場合は，A社が承認する。

［要求2］ A社の販売担当者が入力した場合は，現状どおりにA社の販売責任者が承認する。

上記を踏まえ，情報システム部は今後の各利用者に付与される操作権限を表1にまとめた。

表1 操作権限案

利用者 ＼ 付与される操作権限	Jシステム		
	閲覧	入力	承認
a	○		○
（省略）	○	○	
（省略）	○		
（省略）	○	○	

注記 ○は，操作権限が付与されることを示す。

設問 表1中の a に入れる適切な字句を解答群の中から選べ。

解答群

ア Z販売課の販売責任者

イ Z販売課の販売担当者

ウ Z販売課の要員

エ 商品ZのB社販売責任者

オ 商品ZのB社販売担当者

《解説》

問題中の記述をもとに根拠を探します。

[a]は，閲覧権限と承認権限だけがあります。関連する記述は，図1の「(1) …販売責任者[2)]に承認を依頼する」，「(2) 販売責任者は…問題がなければ承認する」です。さらに**注**[2)]に「Z販売課の課長1名だけである」とあります。つまり，承認するのはZ販売課の課長である販売責任者です。

委託に当たっての［要求1］には「B社が入力した場合は，A社が承認する」とあり，かつ［要求2］には「A社の販売担当者が入力した場合は，現状どおりにA社の販売責任者が承認する」とあるため，承認するのは委託後も引き続き，Z販売課の課長である販売責任者です。

よって，正解は**ア**です。

問題2－5

〔基本情報技術者試験 令和4年サンプル問題 問6〕

製造業のA社では，ECサイト（以下，A社のECサイトをAサイトという）を使用し，個人向けの製品販売を行っている。Aサイトは，A社の製品やサービスが検索可能で，ログイン機能を有しており，あらかじめAサイトに利用登録した個人（以下，会員という）の氏名やメールアドレスといった情報（以下，会員情報という）を管理している。Aサイトは，B社のPaaSで稼働しており，PaaS上のDBMSとアプリケーションサーバを利用している。

A社は，Aサイトの開発，運用をC社に委託している。A社とC社との間の委託契約では，Webアプリケーションプログラムの脆(ぜい)弱性対策は，C社が実施するとしている。

最近，A社の同業他社が運営しているWebサイトで脆弱性が悪用され，個人情報が漏えいするという事件が発生した。そこでA社は，セキュリティ診断サービスを行っているD社に，Aサイトの脆弱性診断を依頼した。脆弱性診断の結果，対策が必要なセキュリティ上の脆弱性が複数指摘された。図1にD社からの指摘事項を示す。

（一） Aサイトで利用しているDBMSに既知の脆弱性があり，脆弱性を悪用した攻撃を受けるおそれがある。
（二） Aサイトで利用しているアプリケーションサーバのOSに既知の脆弱性があり，脆弱性を悪用した攻撃を受けるおそれがある。
（三） ログイン機能に脆弱性があり，Aサイトのデータベースに蓄積された情報のうち，会員には非公開の情報を閲覧されるおそれがある。

図1　D社からの指摘事項

設問　図1中の項番（一）～（三）それぞれに対処する組織の適切な組合せを，解答群の中から選べ。

解答群

	（一）	（二）	（三）
ア	A社	A社	A社
イ	A社	A社	C社
ウ	A社	B社	B社
エ	B社	B社	B社
オ	B社	B社	C社
カ	B社	C社	B社
キ	B社	C社	C社
ク	C社	B社	B社
ケ	C社	B社	C社
コ	C社	C社	B社

《解説》

関連する用語は，次のとおりです。

PaaS（パース）	アプリケーションを稼働させるための基盤（プラットフォーム）をサービスとして提供する方式。利用者は，インフラに加え，プラットフォームを導入・設置することなく，プラットフォームを利用できます。プラットフォームの例は，OS・ミドルウェア。
ミドルウェア	OSとソフトウェアの中間にあり両者を仲立ちするソフトウェア。例えば，Webサーバ・DBMS（データベース管理システム）・アプリケーションサーバ。

各社の内容をまとめます。

- A社は，Aサイトで製品販売。
- B社のPaaS上のDBMSとアプリケーションサーバをAサイトは利用。
- C社は，Aサイトの開発，運営。Webアプリケーションプログラムの脆弱性対策を実施。

それをもとに，項番（一）～（三）に対処する組織を検討します。

（一） はDBMSの脆弱性のため，B社が対処します。

（二） はOSの脆弱性であり，PaaSはOSとミドルウェア（今回はDBMSとアプリケーションサーバ）というプラットフォームを提供する方式のため，B社が対処します。

（三） はログイン機能の脆弱性のため，AサイトのWebアプリケーションプログラムの脆弱性対策を実施するC社が実施します。

よって，正解は**オ**です。

トピックス

受験者の生の声

著者が勤務する専門学校の学生による受験後の感想は，次のとおりです。なお，専門学校の授業では，本書を教科書として活用しています。

- **緊張**してしまい，試験に集中できなかった。試験中に何度か**深呼吸**をして，自分を落ち着かせた。
- **本人確認書類**（運転免許証・学生証など）を持っていないため，受験を拒まれた人を試験会場で見かけた。
- 試験会場に着くまでは落ち着いていたが，試験室に入った瞬間からとても緊張して焦った。
- 試験初めの受験者向けチュートリアルは重要。画面の**白黒反転**（目の疲れを抑える）・**後で見直す**（目印を付ける）・**縮小表示**（長いプログラムを見渡す）など，便利な機能の紹介があるため。
- 序盤に時間を使い過ぎて，見直しの時間を確保できなかった。**時間配分**は重要。
- エアコンからの風の直撃に遭い，寒くて集中できなかった。上着を持っていけばよかった。
- 試験中に**白紙のメモ用紙**と**ボールペン**を使用できた。ただし，ボールペンでは消せないため，試験の学習時のシャープペンシルとは異なり，とまどった。
- 追加の**メモ用紙**は，監督員を呼べばもらえる。また，メモ用紙は，科目A終了後の休憩時間開始前に試験監督員により回収される。科目Bの開始前に科目B用の新しいメモ用紙が配布される。
- 自分の得意な分野や，解けそうな問題から先に解いた方が，焦らずに解答に集中できる。
- 書籍の内容を3周繰り返した。**1周目**は理解できるまでじっくりと読む。練習問題は初めから解説を読み，トレース表を真似して描く。**2周目**は忘れた内容を見直し，練習問題は解説をできるだけ見ずに解く。自分流に簡略化したトレース表を描く。**3周目**は，時間を計測して（1問5分），すべて自力で解く。
- 公開されているサンプル問題がまだ数少ないので，その貴重な問題を書籍付録の**解説PDFファイル**をもとに繰り返し解いた。[**トピックス サンプル問題にチャレンジ！**] (➡p.338)
- 情報セキュリティ分野は知識と着眼点を習得すると，点数が取りやすい。書籍の**「虎の巻」** (➡p.295) を丸暗記した。
- 「絶対に**合格**するぞ」と自分に言い聞かせて，誘惑に負けずに学習に臨んだ。

索引

タ

チ

テ

ト

ナ

ニ

ネ

ノ

ハ

ヒ

フ

著者紹介

橋本 祐史（はしもと ゆうじ）

学校法人河合塾学園 トライデントコンピュータ専門学校に勤務。学生が抱（かか）える「分からない」という悩みをなくすために，情報処理技術者試験の対策授業で使うオリジナル教材を数多く執筆。その一部が，参考書として出版されている。名古屋市在住。著書は，次のとおり。

- 『情報処理教科書 出るとこだけ！ 基本情報技術者［科目B］第3版』（2022年12月，翔泳社）
- 『情報処理教科書 出るとこだけ！ 情報セキュリティマネジメント テキスト＆問題集［科目A］［科目B］2023年版』（2022年11月，翔泳社）
- 『情報処理教科書 出るとこだけ！ 情報セキュリティマネジメント テキスト＆問題集 2022年版』（2021年11月，翔泳社）
- 『情報処理教科書 出るとこだけ！ 情報セキュリティマネジメント テキスト＆問題集 2021年版』（2021年2月，翔泳社）
- 『情報処理教科書 出るとこだけ！ 基本情報技術者［午後］第2版』（2019年12月，翔泳社）
- 『情報処理教科書 出るとこだけ！ 情報セキュリティマネジメント テキスト＆問題集 2020年版』（2019年11月，翔泳社）
- 『情報処理教科書 出るとこだけ！ 応用情報技術者［午後］』（2019年1月，翔泳社）
- 『情報処理教科書 出るとこだけ！ 情報セキュリティマネジメント 2019年版』（2018年12月，翔泳社）
- 『情報処理教科書 出るとこだけ！ 情報セキュリティマネジメント 2018年版』（2017年11月，翔泳社）
- 『情報処理教科書 出るとこだけ！ 基本情報技術者［午後］』（2017年7月，翔泳社）
- 『情報処理教科書 出るとこだけ！ 情報セキュリティマネジメント 2017年版』（2016年11月，翔泳社）
- 『情報処理教科書 情報セキュリティマネジメント 2016年秋期』（2016年6月，翔泳社）
- 『情報処理教科書 情報セキュリティマネジメント 要点整理＆予想問題集』（2016年1月，翔泳社，共著）
- 『基本情報技術者午後問題 橋本のわかって解く！表計算教室』（2013年9月，技術評論社）

装丁・本文デザイン：植竹裕（UeDESIGN）
組版：株式会社シンクス
イラスト提供：ケイーゴ・K / PIXTA（ピクスタ）

情報処理教科書
出るとこだけ！ 基本情報技術者［科目B（ビー）］第4版

2017年 7月18日 初 版 第1刷発行
2019年 12月 4日 第2版 第1刷発行
2022年 12月22日 第3版 第1刷発行
2023年 10月23日 第4版 第1刷発行
2024年 2月 5日 第4版 第3刷発行

著　者　橋本 祐史（はしもと ゆうじ）
発行人　佐々木 幹夫
発行所　株式会社 翔泳社（https://www.shoeisha.co.jp/）
印　刷　昭和情報プロセス株式会社
製　本　株式会社 国宝社

©2023 HASHIMOTO Yuji

本書は著作権法上の保護を受けています。本書の一部または全部について（ソフトウェアおよびプログラムを含む）、株式会社翔泳社から文書による許諾を得ずに、いかなる方法においても無断で複写、複製することは禁じられています。

本書へのお問い合わせについては、002 ページに記載の内容をお読みください。

造本には細心の注意を払っておりますが、万一、乱丁（ページの順序違い）や落丁（ページの抜け）がございましたら、お取り替えします。03-5362-3705 までご連絡ください。

ISBN978-4-7981-8252-0　　Printed in Japan